曹永忠，王仁杰，何柳霖，
周柏綸，李奇陽，葛志聖，郭耀文 著

使用ESP32開發
智慧燈管裝置
MQTT控制篇

Using ESP32 to Develop an Intelligent Light Tube
Device Controlled basedon MQTT Broker Message

自序

物聯網系列系列的書是我出版至今十多年，出書量也破百本大關，到今日最受歡迎的系列。當初出版電子書是希望能夠在教育界開一門 Maker 自造者相關的課程，沒想到一寫就已過十多年，繁簡體加起來的出版數也已也破一百七十多本的量，這些書都是我學習當一個 Maker 累積下來的成果。

這本書是之前筆者在國立暨南國際大學 109 年光電科技在職碩士班期間，在物聯網系統整合開發與設計課程中教學生如何運用氣氛燈泡相同電路與原理，開發一個輕鋼架 LED 燈管之智慧燈管，隨著課程進展，筆者教導上課學生一步一步從原理、電路、到洞洞板實作、輕鋼架 LED 燈座與 LED 日光燈管改裝，融入到課程之中，到今年已經超過五年了，上課的學生也都順利取得碩士學位並在社會之中貢獻專長，歷時這麼長的時間才將書籍出書，只因為筆者一直忙於大學教書與其他研究、論文、演講與實作，當然期間也先出版許多專業書籍，到今天才有空將內容付梓出版，真是歷時多年的時間來完成這個如何利用氣氛燈泡的原理與架構，修改到輕鋼架 LED 燈管之智慧燈管。

這本書是運用 NODEMCU-32S LUA WIFI 物聯網開發板，從之前的 NodeMCU 32S(38Pins)到今日特別為本書設計之第二代氣氛燈泡控制器，使用迷你型的 ESP32 C3 Super Mini 開發板，本書更是筆者之前寫過這些書:『藍芽氣氛燈程式開發(智慧家庭篇):Using Nano to Develop a Bluetooth-Control Hue Light Bulb (Smart Home Series)』、『Ameba 8710 Wifi 氣氛燈硬體開發(智慧家庭篇):Using Ameba 8710 to Develop a WIFI-Controled Hue Light Bulb (Smart Home Serise)』、『Ameba 氣氛燈程式開發(智慧家庭篇):Using Ameba to Develop a Hue Light Bulb (Smart Home)』、『Pieceduino 氣氛燈程式開發(智慧家庭篇):Using Pieceduino to Develop a WIFI-Controled Hue Light Bulb (Smart Home Serise)』(曹永忠, 許智誠, & 蔡英德, 2018, 2021b)、『Wifi 氣氛燈程式開發 (ESP32 篇):Using ESP32 to Develop a WIFI-Controled Hue Light Bulb (Smart Home Series)』(曹永忠, 楊志忠, 許智誠, & 蔡英德, 2020, 2021)，筆者已經可以透過物聯網中，強大的 MQTT Broker 伺服器與通訊，可以達到智慧家庭中多對多的控制與被控制的系統架構，比起原有只透過藍芽傳輸、WIFI 控制、無線網路等等控制 RGB Led 燈泡，但是我們發現，使用手機與藍芽，只能同時控制一顆燈泡，本書在教導學子上，學習產業可以實用的開發技術，更進一步介紹給讀者與學子學習之用。

筆者在學習、研究與教學上，常常思考著『如何駭入眾人現有知識寶庫轉換為我的知識』的思維，讓讀者與學子在受到筆者的啟蒙之後，可以駭入市售許多產品結構與設計思維，進而快速了解產品的機構運作原理與方法就不是一件難事了。更進一步我們可以將原有產品改造、升級、創新，並可以將學習到的技術運用其他技術或新技術領域，透過這樣學習思維與方法，可以更快速的掌握研發與製造的核心技術，相信這樣的學習方式，會比起在已建構好的開發模組或學習套件中學習某個新技術或原理，來的更踏實的多。

　　本系列的書籍，針對目前學習上的盲點，希望讀者當一位知識駭客，將現有產品的產品透過逆向工程的手法，進而了解核心控制系統之軟硬體，再透過簡單易學的 Arduino 單晶片與 C 語言，重新開發出原有產品，進而改進、加強、創新其原有產品固有思維與架構。如此一來，因為學子們進行『重新開發產品』過程之中，可以很有把握的了解自己正在進行什麼，對於學習過程之中，透過實務需求導引著開發過程，可以讓學子們讓實務產出與邏輯化思考產生關連，如此可以一掃過去陰霾，更踏實的進行學習。

　　這十年多以來的經驗分享，逐漸在這群學子身上看到發芽，開始成長，覺得 Maker 的教育方式，極有可能在未來成為教育的主流，相信我每日、每月、每年不斷的努力之下，未來 Maker 的教育、推廣、普及、成熟將指日可待。

曾永忠 於貓咪樂園

自序

時間過得飛快，來到暨大教書一轉眼已經將近 20 年，除了年歲增長之外，身邊學生的特質也有些改變，而近年來由於 AI 技術的發展，可以看到越來越多的同學使用這些工具來寫作業，不過，無論外在環境如何變化，【人】卻是不變的。從當學生開始我常常在想學習是怎麼一回事，於是就從自己的學習過程來觀察，小時候家裡買了一套電子積木，後來還有復刻版，可以搜尋-大人的科學，就可以看到它是甚麼，後來上高年級後就常跑台中的電子街，一直到離開台中去新竹念書，幾年下來，完全不懂原理也是玩得不亦樂乎，但是以現在的觀點來說，沒有寫出甚麼小論文、自主學習報告，更不用說去參加什麼比賽，可謂一事無成，但是在我大二的時候電子學電路學念一下就懂了，也由於大二這些科目成績還不錯，當時不用考試就直接念碩士班。這樣的經驗讓我了解到學習不在結果，反而過程是重要的，因為過程這些看似沒有任何成果產出或是錯誤的經驗，都是學習的養分，我把它稱為背景知識，當背景知識夠豐富，學習自然水到渠成甚至觸類旁通。所以我現在常常勉勵大學新鮮人，由於電機領域有很多不太好念的基礎科目，對新鮮人來說都是第一次接觸，沒有任何背景知識，學習自然挫折滿滿，這時候能夠做的就是咬牙念下去，即使一個學期下來還是不知所云，但是這些過程就會累積成為自己的背景知識，當未來某天要用的時候念第二次，這些背景知識的作用就會跑出來，然後就會有"原來是這樣啊"的感覺了。

曾老師在創客領域耕耘多年，多年下來整理出版了無數的書籍，其內容都是他自己把硬體模組連接好，進行軟體測試，最後系統軟硬體整合，把這些過程與經驗整理成書，非常適合有興趣動手做的讀者來閱讀。本書在曾老師的規劃下完成，介紹了基於 ESP32 的燈具設計原理與基於 MQTT 協定的網路控制方式，形成了一個基礎的物聯網系統，適合想要進行遠端控制的讀者，未來可以應用於即時 LED 看板類型的應用，也可以利用 ESP32 來控制其它的周邊，例如開關、風扇、或讀取感測器數據等，就可以構成一個智慧化的系統。

最後順帶提一下當老師最常被問到的問題，那就是現在 AI 這麼厲害，未來會不會找不到工作，我們還需要學習嗎?事實上我現在寫程式也離不開 AI 了，的確可以大大提升工作的效率，但是，AI 就算再怎麼厲害，它不會是你肚子裡的蛔蟲，有辦法去感知你的想法，它只會針對你的問題去回答，如果你的問題是垃圾，那你就會得到垃圾的答案啊，因此，如果你發現，看網路影片別人用起來很神，可是自己想要做其他任務的時候到處碰壁，那就代表你不會問啊。而如何提升發問的品質呢?簡單來說就是增加自己背景知識的深度與廣度，又如何增加呢?那還要回歸學習這條路啊，因此，鼓勵大家學習不要心裡老是惦記著 CP 值，只要認真去做，這些過程產生的經驗是不會背叛你的，絕對在未來某天會帶給你喜悅。

　　　　　　　　　　　　　　　郭耀文 於國立暨南國際大學

　　　　　　　　　　　　　　　　　　電機工程學系

目　錄

自序 ii

自序 vi

目　錄 ix

圖目錄 xvii

表目錄 xxix

物聯網系列 .... - 1 -

開發板介紹 .... - 4 -

  NodeMCU-32S Lua WiFi 物聯網開發板 .... - 4 -

  ESP32 C3 Super Mini 物聯網開發板 .... - 8 -

    外接電源 .... - 14 -

    進入燒錄模式 .... - 14 -

  章節小結 .... - 16 -

控制 LED 燈泡 .... - 18 -

  控制 LED 發光二極體 .... - 18 -

  發光二極體 .... - 19 -

  控制 LED 程式 .... - 23 -

  解說控制 LED 程式 .... - 25 -

章節小結 .... - 28 -

控制雙色 LED 燈泡 .... - 30 -

 雙色 LED 模組 .... - 30 -

 控制雙色 LED 程式 .... - 33 -

 解說控制雙色 LED 程式 .... - 36 -

 章節小結 .... - 39 -

控制全彩 LED 燈泡 .... - 41 -

 全彩發光二極體 .... - 41 -

 全彩 LED 模組 .... - 43 -

 控制全彩 LED 程式 .... - 46 -

 解釋控制全彩 LED 程式 .... - 50 -

 章節小結 .... - 54 -

控制 WS2812 燈泡模組 .... - 57 -

 WS2812B 全彩 LED 模組特點 .... - 58 -

 主要應用領域 .... - 59 -

 串列傳輸 .... - 59 -

 WS2812B 全彩 LED 模組 .... - 60 -

 民間延伸應用 .... - 63 -

 多形狀模組之延伸應用 .... - 64 -

 安裝 WS2812B 函式庫 .... - 65 -

函式庫下載與安裝 .... - 66 -

手動安裝函式庫 .... - 76 -

控制 WS2812B 全彩 LED 模組 .... - 78 -

開發控制 WS2812B 的程式 .... - 81 -

解說控制 WS2812B 的程式 .... - 90 -

章節小結 .... - 105 -

智慧燈管裝置專案架構介紹 .... - 107 -

MQTT Broker 傳輸架構介紹 .... - 108 -

MQTT Broker 伺服器基本運作原理 .... - 110 -

MQTT Broker 伺服器基本應用 .... - 111 -

MQTT Broker 伺服器基本元素 .... - 112 -

MQTT Broker 伺服器基本常見之設計方法 .... - 115 -

設計客戶端邏輯 .... - 116 -

性能與擴展性 .... - 116 -

測試與偵測 .... - 116 -

MQTT Broker 伺服器示例應用場景 .... - 117 -

智能家居系統 .... - 117 -

車聯網 .... - 117 -

健康監控 .... - 117 -

非接觸式操控面板之系統架構 .... - 118 -

- xi -

建立發佈者與訂閱者交互關係之系統架構 .... - 119 -

發佈者與訂閱者的交互過程 .... - 120 -

交互的核心：MQTT Broker 伺服器 .... - 121 -

發佈者與訂閱者的關係 .... - 121 -

例子說明 .... - 123 -

JSON 簡介 .... - 125 -

WS2812B 模組電路介紹 .... - 131 -

WS 2812B 電路組立 .... - 135 -

開發透過命令控制 WS2812B 顯示顏色之程式 .... - 138 -

解釋透過命令控制 WS2812B 顯示顏色之程式 .... - 152 -

使用 WS2812B 模組 .... - 163 -

控制命令解釋 .... - 164 -

章節小結 .... - 175 -

硬體開發與組裝 .... - 177 -

第二代氣氛燈泡與智慧燈管控制器 .... - 178 -

硬體組立 .... - 179 -

筆者開發之智慧燈泡 .... - 179 -

筆者開發之智慧燈管 .... - 181 -

控制器組立 .... - 182 -

認識第二代氣氛燈泡控制器 PCB .... - 184 -

第二代氣氛燈泡控制器 PCB 組立步驟 .... - 190 -

組立 E27 金屬燈座殼 .... - 223 -

接出 E27 金屬燈座殼電力線 .... - 224 -

接出 AC 交流電線 .... - 226 -

準備 WS2812B 彩色燈泡模組 .... - 230 -

WS2812B 彩色燈泡模組電路連接 .... - 231 -

NODEMCU-32S LUA WIFI 物聯網開發板置入燈泡 .... - 234 -

確認開發板裝置正確 .... - 236 -

裁減燈泡隔板 .... - 238 -

WS2812B 彩色燈泡模組黏上隔板 .... - 238 -

WS2812B 彩色燈泡隔板放置燈泡上 .... - 240 -

蓋上燈泡上蓋 .... - 240 -

完成組立 .... - 241 -

燈泡放置燈座與插上電源 .... - 242 -

插上電源 .... - 242 -

智慧燈管組立 .... - 244 -

章節小結 .... - 253 -

MQTT Broker 模式開發 .... - 256 -

MQTT Broker 控制架構 .... - 257 -

受控端控制命令 .... - 258 -

發布與訂閱主題之設定 .... - 258 -

控制命令之設計與解析 .... - 259 -

開發 MQTT Broker 伺服器讀取控制命令系統 .... - 261 -

ESP32 C3 Super Min 開發板腳位圖介紹 .... - 262 -

從 MQTT Broker 伺服器讀取控制命令 .... - 262 -

主程式程式解釋 .... - 266 -

MQTTLib 程式解釋 .... - 286 -

commlib 程式解釋 .... - 304 -

initPins 程式解釋 .... - 329 -

進行測試 .... - 350 -

發送控制命令到 MQTT Broker 伺服器程式 .... - 356 -

ESP32 C3 Super Min 開發板腳位圖介紹 .... - 358 -

透過簡易命令轉換控制命令傳送到 MQTT Broker .... - 358 -

MQTT_Publish_ESP32_C3 主程式解釋 .... - 364 -

MQTTLib 解釋 .... - 387 -

initPins 程式解釋 .... - 418 -

進行測試 .... - 441 -

解析控制命令控制 WS2812B 燈泡 .... - 448 -

透過 MQTT Broker 伺服器接受彩色發光命令控制燈泡 ... - 453 -

開發透過 MQTT Broker 伺服器接受彩色發光命令控制燈

泡程式 .... - 454 -

主程式程式解釋 .... - 459 -

MQTTLib 程式解釋 .... - 477 -

initPins 程式解釋 .... - 511 -

進行測試 .... - 534 -

透過 MQTT Broker 伺服器接受燈泡開啟關閉命令控制燈泡 ... - 540 -

開發透過 MQTT Broker 伺服器接受燈泡開啟關閉命令控制燈泡程式 .... - 541 -

MQTT_Subscribe_to_WS2812B_ESP32_C3 主程式解釋 - 545 -

MQTTLib 副函式庫解釋 .... - 570 -

WS2812BLib 副函式庫解釋 .... - 597 -

進行測試 .... - 634 -

章節小結 .... - 644 -

本書總結 .... - 645 -

作者介紹 .... - 646 -

附錄 .... - 650 -

NodeMCU 32S 腳位圖 .... - 650 -

ESP32 C3 Super Mini 腳位圖 .... - 651 -

建國老師開發燈泡 PCB 板圖 .... - 652 -

建國老師開發燈泡 PCB 板圖（二代圖）............................... - 654 -

建國老師開發燈泡控制器組立圖 .... - 658 -

第一代變壓器腳位圖 .... - 659 -

燈泡變壓器腳位圖 .... - 660 -

雲端書庫官網 .... - 661 -

參考文獻 .... - 662 -

圖目錄

圖 1 NodeMCU-32S Lua WiFi 物聯網開發板 .... - 5 -

圖 2 ESP32 Devkit CP2102 Chip 圖 .... - 7 -

圖 3 ESP32S ESP32S 腳位圖 .... - 8 -

圖 4 ESP32 C3 Super Mini 晶片外觀圖 .... - 9 -

圖 5 ESP32 C3 Super Mini 產品正反面圖 .... - 9 -

圖 6 ESP32 C3 Super Mini 功能方塊圖 .... - 11 -

圖 7 ESP32 C3 Super Mini 產品尺寸圖 .... - 12 -

圖 8 ESP32 C3 Super Mini 產品腳位圖 .... - 13 -

圖 9 ESP32 C3 Super Mini 腳位電路示意圖 .... - 15 -

圖 10 發光二極體 .... - 19 -

圖 11 發光二極體內部結構 .... - 20 -

圖 12 控制發光二極體發光所需材料表 .... - 21 -

圖 13 控制發光二極體發光連接電路圖 .... - 21 -

圖 14 控制發光二極體測試程式結果畫面 .... - 25 -

圖 15 雙色 LED 模組 .... - 30 -

圖 16 雙色 LED 模組腳位圖 .... - 31 -

圖 17 雙色 LED 模組測試程式結果畫面 .... - 36 -

圖 18 全彩發光二極體 .... - 42 -

圖 19 全彩發光二極體腳位 .... - 43 -

圖 20 全彩 RGB LED 模組 .... - 44 -

圖 21 全彩 RGB LED 模組測試程式結果畫面 .... - 50 -

圖 22 WS2812B 全彩 LED 模組 .... - 58 -

圖 23 串列傳輸_連接方法 .... - 60 -

圖 24 WS2812B 全彩 LED 模組 .... - 60 -

圖 25 WS2812B 全彩 LED 模組腳位 .... - 61 -

圖 26 WS2812B 全彩 LED 模組串聯示意圖 .... - 62 -

圖 27 WS2812B 全彩燈條串聯示意圖 .... - 63 -

圖 28 電音三太子平繡僮仔與 WS2812B 全彩燈條整合圖 - 64 -

圖 29 許多不同形狀等 WS2812B 全彩 led 模組圖 .... - 65 -

圖 30 GIT HUB 的網頁 .... - 67 -

圖 31 請註冊 Github .... - 67 -

圖 32 請登入 Github .... - 68 -

圖 33 登入 Github .... - 68 -

圖 34 登入 Github 後 .... - 69 -

圖 35 點選開始查詢 .... - 69 -

圖 36 輸入要查詢關鍵字 .... - 70 -

圖 37 列出查詢結果 .... - 70 -

圖 38 找到要查詢的函式庫 .... - 71 -

圖 39 點選要進入的函式庫 .... - 72 -

圖 40 進到我們要的函式庫 .... - 73 -

圖 41 點選下載函式庫 .... - 74 -

圖 42 下載函式庫壓縮檔 .... - 75 -

圖 43 選擇下載檔案儲存目錄 .... - 75 -

圖 44 選擇管理程式庫 .... - 76 -

圖 45 匯入 ZIP 程式庫 .... - 76 -

圖 46 選擇匯入 ZIP 程式庫之路徑(資料夾) .... - 77 -

圖 47 匯入下載之 ZIP 程式庫 .... - 78 -

圖 48 確定匯入下載之 ZIP 程式庫 .... - 78 -

圖 49 控制 WS2812B 全彩 LED 模組所需材料表 .... - 79 -

圖 50 控制 WS2812B 全彩 LED 模組連接電路圖 .... - 80 -

圖 51 WS2812B 全彩 LED 模組測試程式程式結果畫面... - 90 -

圖 52 裝置控制開關之系統架構 .... - 110 -

圖 53 實體觸控平板開關系統架構 .... - 118 -

圖 54 MQTT Broker 架構下之多對多傳輸架構 .... - 124 -

圖 55 WS2812B 模組 .... - 132 -

圖 56 WS2812B 模組 .... - 133 -

圖 57 WS2812B 模組 .... - 135 -

圖 58 ESP32 C3 Super Mini 開發板接腳圖 .... - 136 -

圖 59　WS2812B RGB 全彩燈泡電路圖 .... - 138 -

圖 60 使用命令控制全彩發光二極體測試程式結果畫面 - 151 -

圖 61 WS2812B 模組 .... - 164 -

圖 62 輸入@255000000# .... - 166 -

圖 63 @255000000#結果畫面 .... - 166 -

圖 64 @255000000#燈泡顯示 .... - 167 -

圖 65 輸入@000255000# .... - 167 -

圖 66 @000255000#結果畫面 .... - 168 -

圖 67 @000255000#燈泡顯示 .... - 168 -

圖 68 輸入@000000255# .... - 169 -

圖 69 @000000255#結果畫面 .... - 170 -

圖 70 @000000255#燈泡顯示 .... - 170 -

圖 71 輸入 128128000# .... - 171 -

圖 72 128128000#結果畫面 .... - 172 -

圖 73 輸入@128128000# .... - 173 -

圖 74 @128128000#結果畫面 .... - 173 -

圖 75 @128128000#燈泡顯示 .... - 174 -

圖 76 輸入@000255255# .... - 174 -

圖 77 @000255255#結果畫面 .... - 175 -

圖 78 智慧家居之氣氛燈泡銷售網址 .... - 178 -

圖 79 智慧家居之氣氛燈泡銷售網址 ....- 179 -

圖 80 筆者開發之智慧燈泡 ....- 180 -

圖 81 LED 燈泡與燈座 ....- 181 -

圖 82 筆者開發之智慧燈管 ....- 182 -

圖 83 雲端書庫官網 ....- 183 -

圖 84 第二代氣氛燈泡與燈管_硬體組裝篇簡報封面 ....- 183 -

圖 85 第二代氣氛燈泡控制器 PCB 圖 ....- 184 -

圖 86 ESP32 C3 Super Mini ....- 185 -

圖 87 第二代氣氛燈泡控制器組立正面圖 ....- 188 -

圖 88 第二代氣氛燈泡控制器組立背面圖 ....- 188 -

圖 89 第二代氣氛燈泡控制器組立下側面圖 ....- 189 -

圖 90 第二代氣氛燈泡控制器組立下側面圖 ....- 189 -

圖 91 拿出三色 LED 燈泡 ....- 190 -

圖 92 插入三個 LED 燈泡 ....- 191 -

圖 93 焊接三個 LED 燈泡 ....- 192 -

圖 94 完成焊接三個 LED 燈泡 ....- 192 -

圖 95 取出電源指示燈電阻 ....- 193 -

圖 96 放上電源指示燈電阻 ....- 193 -

圖 97 焊接電源指示燈電阻 ....- 194 -

圖 98 完成焊接電源指示燈電阻 ....- 195 -

圖 99 拿出蕭特基二極體 .... - 196 -

圖 100 安裝蕭特基二極體 .... - 197 -

圖 101 焊接蕭特基二極體 .... - 197 -

圖 102 完成焊接蕭特基二極體 .... - 198 -

圖 103 取出安裝短線帽 .... - 199 -

圖 104 準備放置短線帽 .... - 200 -

圖 105 放置短線帽於 PCB 上 .... - 201 -

圖 106 放置短線帽 .... - 201 -

圖 107 焊接短線帽 .... - 202 -

圖 108 完成焊接短線帽 .... - 202 -

圖 109 取出 AC 端子座 .... - 203 -

圖 110 取出對準 AC 端子座 .... - 204 -

圖 111 注意 AC 端子座放置方向 .... - 205 -

圖 112 焊接 AC 端子座 .... - 205 -

圖 113 完成焊接 AC 端子座 .... - 206 -

圖 114 取出 XH2.54 4P 公座 .... - 206 -

圖 115 注意 XH2.54 4P 公座方向性 .... - 207 -

圖 116 從另外一個視角注意 XH2.54 4P 公座方向性 .... - 208 -

圖 117 焊接 XH2.54 4P 公座 .... - 208 -

圖 118 E27 金屬燈座零件 .... - 209 -

圖 119 安裝焊接 XH2.54 4P 公座 .... - 209 -

圖 120 取出 8P 杜邦母座兩個 .... - 210 -

圖 121 取出 ESP32 C3 Super Mini 開發板 .... - 211 -

圖 122 先把杜邦母座插上 ESP32 C3 Super Min 開發板 - 212 -

圖 123 準備放置插上的 ESP32 C3 Super Min 開發板 ... - 213 -

圖 124 焊接雙排 8P 杜邦母座 .... - 213 -

圖 125 安裝焊接雙排 8P 杜邦母座 .... - 214 -

圖 126 可以取下開發板確認焊接 OK .... - 214 -

圖 127 認識 Power(AC～5V) 零件 .... - 215 -

圖 128 準備放置 AC to DC 變壓器 .... - 216 -

圖 129 注意準備放置 AC to DC 變壓器方向 .... - 217 -

圖 130 放置 AC to DC 變壓器 .... - 217 -

圖 131 焊接 PCB 板上的 AC to DC 變壓器 .... - 218 -

圖 132 完成焊接 PCB 板上的 AC to DC 變壓器 .... - 218 -

圖 133 組立電路正面圖 .... - 219 -

圖 134 組立電路背面圖 .... - 219 -

圖 135 查看組立電路上側面圖 .... - 221 -

圖 136 查看組立電路下側面圖 .... - 221 -

圖 137 查看燈泡連接面圖 .... - 222 -

圖 138 E27 金屬燈座零件 .... - 223 -

- xxiii -

圖 139 E27 金屬燈座零件 .... - 224 -

圖 140 準備單心電線若干 .... - 224 -

圖 141 擷取兩條足夠長度之單心線(可同色或異色) ..... - 225 -

圖 142 接出 E27 金屬燈座殼電力線 .... - 226 -

圖 143 連接出 AC 電線 .... - 226 -

圖 144 合成燈底與電源頭 .... - 227 -

圖 145 E27 金屬燈座與 AC 單心線連接 .... - 228 -

圖 146 測試燈座 .... - 229 -

圖 147 WS2812B 彩色燈泡模組 .... - 230 -

圖 148 翻開 WS2812B 全彩 LED 模組背面 .... - 230 -

圖 149 找到 WS2812B 全彩 LED 模組背面需要焊接腳位 ...... - 231 -

圖 150 焊接好之 WS2812B 全彩 LED 模組 .... - 232 -

圖 151 控制 WS2812B 全彩 LED 模組連接電路圖 .... - 232 -

圖 152 連接好電路的 NODEMCU-32S LUA WIFI 物聯網開發板 .... - 234 -

圖 153 將燈泡連接面插頭 .... - 235 -

圖 154 整合ＷＳ２８１８Ｂ電路 .... - 235 -

圖 155 組立開發板之電路圖 .... - 236 -

圖 156 整合ＷＳ２８１８Ｂ電路 .... - 237 -

- XXIV -

圖 157 將 PCB 板置入燈泡 .... - 237 -

圖 158 裁減燈泡隔板 .... - 238 -

圖 159 WS2812B 彩色燈泡模組黏上隔板 .... - 239 -

圖 160 WS2812B 彩色燈泡隔板放置燈泡上 .... - 240 -

圖 161 蓋上燈泡上蓋 .... - 241 -

圖 162 完成組立 .... - 241 -

圖 163 燈泡放置燈座 .... - 242 -

圖 164 插上電源 .... - 243 -

圖 165 輕鋼架 LED 燈座介紹 .... - 244 -

圖 166 輕鋼架裝潢之 LED 燈座 .... - 245 -

圖 167 筆者開發之輕鋼架智慧燈管之示意電路圖 .... - 246 -

圖 168 插入燈管之輕鋼架 LED 燈座 .... - 247 -

圖 169 開發一個輕鋼架 LED 燈管之智慧燈管過程照片 .- 249 -

圖 170 使用洞洞板實作之控制器 .... - 249 -

圖 171 上課時間使用之 AC 轉 DC 變壓器 .... - 250 -

圖 172 從燈座取得交流電源示意圖 .... - 250 -

圖 173 WS2812B 電源與訊號線示意圖 .... - 251 -

圖 174 四支實作之智慧燈管 .... - 252 -

圖 175 WS2812B_Led 燈條 .... - 252 -

圖 176 整捆之 WS2812B_Led 燈條 .... - 253 -

圖 177 透過 MQTT 架構傳送控制命令操作智慧燈泡之架構設計 .... - 257 -

圖 178 ESP32 C3 開發板接腳圖 .... - 262 -

圖 179 MQTT Broker 伺服器讀取控制命令程式主流程 .- 349 -

圖 180 從 MQTT Broker 伺服器讀取控制命令程式接收訂閱訊息流程 .... - 350 -

圖 181 建立 MQTT Broker 連線 .... - 352 -

圖 182 訂閱測試主題內容 .... - 352 -

圖 183 發布主題之測試功能區 .... - 354 -

圖 184 MQTT BOX 收到發布內容圖 .... - 355 -

圖 185 從 MQTT Broker 伺服器讀取控制命令程式收到發布內容圖 .... - 355 -

圖 186 ESP32 C3 Super Min 開發板接腳圖 .... - 358 -

圖 187 發送控制命令到 MQTT Broker 伺服器主流程 ... - 440 -

圖 188 建立 MQTT Broker 伺服器連線 .... - 442 -

圖 189 訂閱測試主題內容 .... - 442 -

圖 190 Arduino IDE 主畫面 .... - 443 -

圖 191 Arduino IDE 監控視窗 .... - 444 -

圖 192 監控視窗字串輸入區 .... - 444 -

圖 193 輸入@255128000# .... - 445 -

- XXVI -

圖 194 MQTT Box 接收到送出之控制命令之 Json ...... - 447 -

圖 195 Arduino IDE 監控視窗收到發布控制命令 ...... - 448 -

圖 196 ESP32 C3 Super Min 開發板接腳圖 ...... - 451 -

圖 197 WS2812B RGB 全彩燈泡電路圖 ...... - 453 -

圖 198 讀取控制命令控制燈泡發光之控制流程 ...... - 533 -

圖 199 建立 MQTT Broker 伺服器連線 ...... - 535 -

圖 200 訂閱測試主題內容 ...... - 535 -

圖 201 MQTT Box 接收到送出之控制命令之 Json ...... - 537 -

圖 202 Arduino IDE 主畫面 ...... - 538 -

圖 203 Arduino IDE 監控視窗收到發布控制命令 ...... - 539 -

圖 204 實際電路控制 WS2812B 發光實照圖 ...... - 540 -

圖 205 讀取控制命令控制燈泡發光之控制流程 ...... - 633 -

圖 206 建立 MQTT Broker 伺服器連線 ...... - 635 -

圖 207 訂閱測試主題內容 ...... - 635 -

圖 208 MQTT Box 接收到送出之控制命令之 Json ...... - 637 -

圖 209 Arduino IDE 主畫面 ...... - 638 -

圖 210 Arduino IDE 監控視窗看上已連上網路與 MQTT 伺服器 ...... - 639 -

圖 211 燈泡 PCB 板之 WIFI 燈號 ...... - 640 -

圖 212 Arduino IDE監控視窗收到開啟燈光之發布控制命令

....- 641 -

圖 213 實際電路控制 WS2812B 發光實照圖 ....- 642 -

圖 214 Arduino IDE 監控視窗收到關閉燈光之發布控制命令
....- 643 -

圖 215 實際電路控制 WS2812B 關閉發光實照圖 ....- 644 -

表目錄

表 1 控制發光二極體發光接腳表 .... - 22 -

表 2 控制發光二極體測試程式 .... - 23 -

表 3 雙色 LED 模組接腳表 .... - 31 -

表 4 雙色 LED 模組測試程式 .... - 33 -

表 5 程式碼功能總覽 .... - 37 -

表 6 全彩 RGB LED 模組接腳表 .... - 44 -

表 7 全彩 RGB LED 模組測試程式 .... - 47 -

表 8 WS2812B 全彩 LED 模組腳位表 .... - 61 -

表 9 控制 WS2812B 全彩 LED 模組接腳表 .... - 80 -

表 10 WS2812B 全彩 LED 模組測試程式 .... - 82 -

表 11 WS2812B 全彩 LED 模組測試程式(Pinset.h) .... - 87 -

表 12 JSON 範例 .... - 127 -

表 13 XML 範例ドキュメント... - 128 -

表 14 WS2812B RGB 全彩燈泡接腳表 .... - 136 -

表 15 使用命令控制全彩發光二極體測試程式 .... - 138 -

表 16 使用命令控制全彩發光二極體測試程式(include 檔) ..... - 147 -

表 17 透過命令控制 WS2812B 顯示顏色之程式功能總覽- 163 -

- xxix -

表 18 第二代氣氛燈泡控制器接腳表 .... - 186 -

表 19 控制 WS2812B 全彩 LED 模組接腳表 .... - 233 -

表 20 控制 RGB LED 發出各種顏色之控制命令之 json 文件表
.... - 259 -

表 21 從 MQTT Broker 伺服器讀取控制命令程式 .... - 263 -

表 22 MQTT_Subscribe_ESP32_C3 主程式之關鍵函數與功能對照表 .... - 273 -

表 23 MQTT Broker 伺服器讀取控制命令程式(MQTTLib.h 檔)
.... - 274 -

表 24 MQTTLIB 檔函式庫一覽表 .... - 292 -

表 25 MQTT Broker 伺服器讀取控制命令程式(commlib.h 檔)- 293 -

表 26 commlib.h 檔函式庫一覽表 .... - 319 -

表 27 MQTT Broker 伺服器讀取控制命令程式(initPins.h 檔) .. - 320 -

表 28 initPins 檔函式庫一覽表 .... - 348 -

表 29 透過簡易命令轉換控制命令傳送到 MQTT Broker 程式
.... - 359 -

表 30 MQTT_Publish_ESP32_C3 主程式一覽表 .... - 374 -

表 31 透過簡易命令轉換控制命令傳送到 MQTT Broker 程式
(MQTTLib.h 檔) .... - 375 -

表 32 MQTT_Publish_ESP32_C3 之 MQTTLib.h 檔函式庫一覽

表 .... - 397 -

表 33 透過簡易命令轉換控制命令傳送到 MQTT Broker 程式（commlib.h 檔）.. - 398 -

表 34 透過簡易命令轉換控制命令傳送到 MQTT Broker 程式（initPins.h 檔）... - 409 -

表 35 initPins 檔函式庫一覽表 .... - 438 -

表 36 控制 RGB LED 發出各種顏色之控制命令之 json 文件表 .... - 448 -

表 37 WS2812B RGB 全彩燈泡接腳表 .... - 451 -

表 38 訂閱 MQTTBroker 伺服器接收訂閱內容顯示程式 - 455 -

表 39 MQTT_Subscribe_ESP32_C3 主程式之關鍵函數與功能對照表 .... - 468 -

表 40 訂閱 MQTTBroker 伺服器接收訂閱內容顯示程式（MQTTLib.h 檔）... - 468 -

表 41 MQTTLIB 檔函式庫一覽表 .... - 490 -

表 42 訂閱 MQTTBroker 伺服器接收訂閱內容顯示程式（commlib.h 檔）... - 490 -

表 43 訂閱 MQTTBroker 伺服器接收訂閱內容顯示程式（initPins.h 檔）... - 502 -

表 44 initPins 檔函式庫一覽表 .... - 531 -

表 45 解析控制命令控制燈泡開啟關閉程式 .... - 541 -

表 46 MQTT_Subscribe_to_WS2812B_ESP32_C3 主程式程式區塊與函式一覽表 .... - 556 -

表 47 解析控制命令控制燈泡開啟關閉程式(JSONLib.h 檔) . - 557 -

表 48 解析控制命令控制燈泡開啟關閉程式(MQTTLib.h 檔) - 558 -

表 49 MQTT_Subscribe_to_WS2812B_ESP32_C3 之 MQTTLib.h 檔函式庫一覽表 .... - 588 -

表 50 解析控制命令控制燈泡開啟關閉程式(WS2812BLib.h 檔) .... - 588 -

表 51 MQTT_Subscribe_to_WS2812B_ESP32_C3 之 WS2812Blib.h 檔函式庫一覽表 .... - 610 -

表 52 解析控制命令控制燈泡開啟關閉程式(commlib.h 檔) .. - 610 -

表 53 解析控制命令控制燈泡發光程式(initPins.h 檔) ... - 623 -

物聯網系列

本書是『ESP 系列程式設計』之『智慧家庭篇氣氛燈泡』的第六本書，是筆者針對智慧家庭為主軸，進行開發各種智慧家庭產品之小小書系列，主要是給讀者熟悉使用 Arduino Compatiable 開發板：ESP32 開發板(網址：http://www.ESP32.com/)來開發氣氛燈泡之商業版雛型(ProtoTyping)，進而介紹這些產品衍伸出來的技術、程式攥寫技巧，以漸進式的方法介紹、使用方式、電路連接範例等等。

ESP32 開發板最強大的特點：他是完全 Arduino Compatiable 開發板，並在板內加上無線模組：ESP32 WiFi Module，無線網路涵蓋距離，在不外加天線之下，就可以到達 20 公尺以上，這對於家庭運用上，不只是足夠，還是遠遠超過其需求。

更重要的是它的簡單易學的開發工具，最強大的是它網路功能與簡單易學的模組函式庫，幾乎 Maker 想到應用於物聯網開發的東西，可以透過眾多的周邊模組，都可以輕易的將想要完成的東西用堆積木的方式快速建立，而且價格比原廠 Arduino Yun 或 Arduino + Wifi Shield 更具優勢，最強大的是這些周邊模組對應的函式庫，因為開放硬體(Open Hardware)與開放原始碼(Open Source)機緣下，全世界有數以千萬計的科技、研發人員長久不斷的支持，讓 Maker 不需要具有深厚的電子、電機與電路能力，就可以輕易駕御這些模組。

所以本書要介紹台灣、中國、歐美等市面上最常見的智慧家庭產品：Led 燈泡與燈管，使用逆向工程的技巧，推敲出這些產品開發的可行性技巧，並以實作方式重作這些產品，讓讀者可以輕鬆學會這些產品開發的可行性技巧，進而提升各位 Maker 的實力，希望筆者可以推出更多的入門書籍給更多想要進入『ESP32 開發板』、『物聯網』這個未來大趨勢，所有才有這個物聯網系列的產生。

1
CHAPTER

開發板介紹

　　NODEMCU-32S LUA WIFI 物聯網開發板是一系列低成本，低功耗的單晶片微控制器，相較上一代晶片 ESP8266，NODEMCU-32S LUA WIFI 物聯網開發板 有更多的記憶體空間供使用者使用，且有更多的 I/O 口可供開發，整合了 Wi-Fi 和雙模藍牙。 ESP32 系列採用 Tensilica Xtensa LX6 微處理器，包括雙核心和單核變體，內建天線開關，RF 變換器，功率放大器，低雜訊接收放大器，濾波器和電源管理模組。

　　樂鑫(Espressif)[1]於 2015 年 11 月宣佈 ESP32 系列物聯網晶片開始 Beta Test，預計 ESP32 晶片將在 2016 年實現量產。如下圖所示，NODEMCU-32S LUA WIFI 物聯網開發板整合了 801.11 b/g/n/i Wi-Fi 和低功耗藍牙 4.2(Buletooth / BLE 4.2) ，搭配雙核 32 位 Tensilica LX6 MCU，最高主頻可達 240MHz，計算能力高達 600DMIPS，可以直接傳送視頻資料，且具備低功耗等多種睡眠模式供不同的物聯網應用場景使用。

NodeMCU-32S Lua WiFi 物聯網開發板

　　NodeMCU-32S Lua WiFi 物聯網開發板是 WiFi+ 藍牙 4.2+ BLE /雙核 CPU 的開發板(如下圖所示)，低成本的 WiFi+藍牙模組是一個開放源始

---

[1] https://www.espressif.com/zh-hans/products/hardware/esp-wroom-32/overview

碼的物聯網平台。

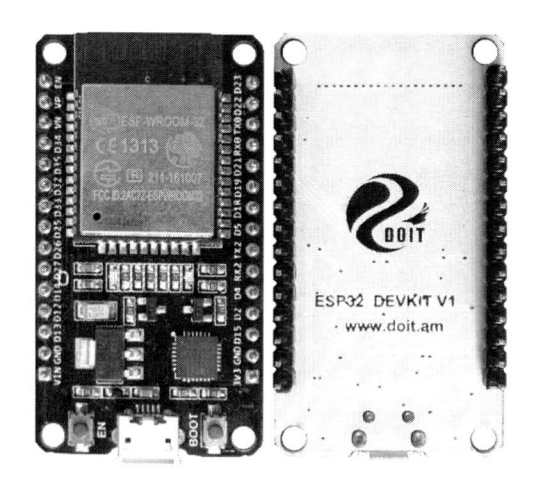

圖 1 NodeMCU-32S Lua WiFi 物聯網開發板

NodeMCU-32S Lua WiFi 物聯網開發板也支持使用 Lua 腳本語言編程，NodeMCU-32S Lua WiFi 物聯網開發板之開發平台基於 eLua 開源項目，例如 lua-cjson, spiffs.。NodeMCU-32S Lua WiFi 物聯網開發板是上海 Espressif 研發的 WiFi+藍牙芯片，旨在為嵌入式系統開發的產品提供網際網絡的功能。

NodeMCU-32S Lua WiFi 物聯網開發板模組核心處理器 ESP32 晶片提供了一套完整的 802.11 b/g/n/e/i 無線網路（WLAN）和藍牙 4.2 解決方案，具有最小物理尺寸。

NodeMCU-32S Lua WiFi 物聯網開發板專為低功耗和行動消費電子設備、可穿戴和物聯網設備而設計，NodeMCU-32S Lua WiFi 物聯網開發板整合了 WLAN 和藍牙的所有功能，NodeMCU-32S Lua WiFi 物聯網開發板同時提供了一個開放原始碼的平台，支持使用者自定義功能，用於不同的應用場景(曾永忠，蔡英德，& 許智誠，2022a，2022b，2023a，2023b，2023c)。

NodeMCU-32S Lua WiFi 物聯網開發板 完全符合 WiFi 802.11b/g/n/e/i 和藍牙 4.2 的標準，整合了 WiFi/藍牙/BLE 無線射頻和低功耗技術，並且支持開放性的 RealTime 作業系統 RTOS。

NodeMCU-32S Lua WiFi 物聯網開發板具有 3.3V 穩壓器，可降低輸入電壓，為 NodeMCU-32S Lua WiFi 物聯網開發板供電。它還附帶一個 CP2102 晶片(如下圖所示)，允許 NODEMCU-32S LUA WIFI 物聯網開發板與電腦連接後，可以再程式編輯、編譯後，直接透過串列埠傳輸程式，進而燒錄到 NODEMCU-32S LUA WIFI 物聯網開發板，無須額外的下載器。

圖 2 ESP32 Devkit CP2102 Chip 圖

NodeMCU-32S Lua WiFi 物聯網開發板的功能 包括以下內容：

- 商品特色：

    ◆ WiFi+藍牙 4.2+BLE

    ◆ 雙核 CPU

    ◆ 能夠像 Arduino 一樣操作硬件 IO

    ◆ 用 Nodejs 類似語法寫網絡應用

- 商品規格：

    ◆ 尺寸：49*25*14mm

    ◆ 重量：10g

    ◆ 品牌：Ai-Thinker

    ◆ 芯片：ESP-32

    ◆ Wifi：802.11 b/g/n/e/i

    ◆ Bluetooth：BR/EDR+BLE

    ◆ CPU：Xtensa 32-bit LX6 雙核芯

    ◆ RAM：520KBytes

    ◆ 電源輸入：2.3V~3.6V

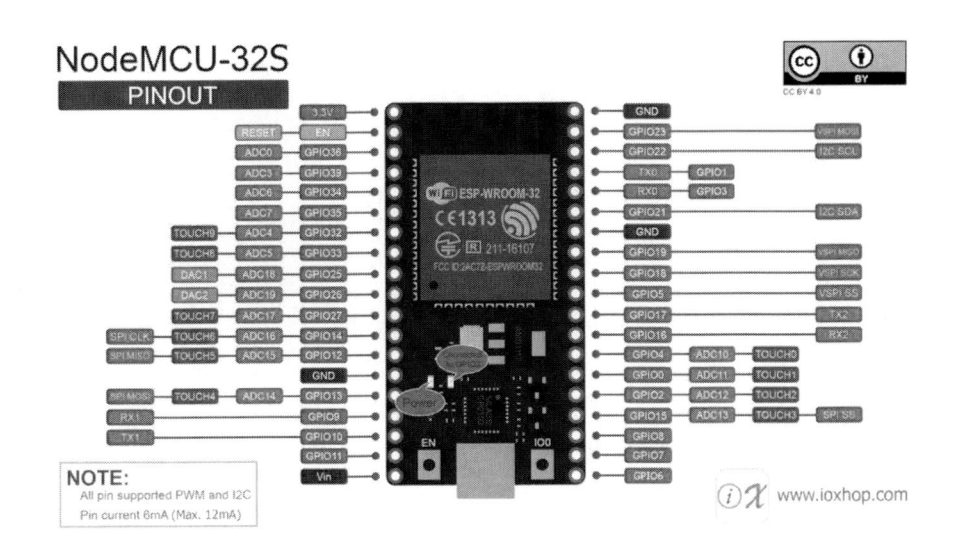

圖 3 ESP32S ESP32S 腳位圖

ESP32 C3 Super Mini 物聯網開發板

ESP32C3 SuperMini 是一款基於 Espressif ESP32-C3 WiFi/藍牙雙模晶片的物聯網迷你開發板。如下圖所示，該開發板採用 32 位元 RISC-V 單核處理器，運作頻率高達 160 MHz，內建 400KB SRAM 和 384KB ROM，並配備 4MB 的 Flash 記憶體。它支援 IEEE 802.11 b/g/n WiFi 和藍牙 5.0 LE 協定，具有出色的射頻性能。

圖 4 ESP32 C3 Super Mini 晶片外觀圖

如下圖所示，ESP32 C3 Super Mini 開發板採用最新的 USB Type C 介面，讓使用上與燒錄上，更加穩定與方便。

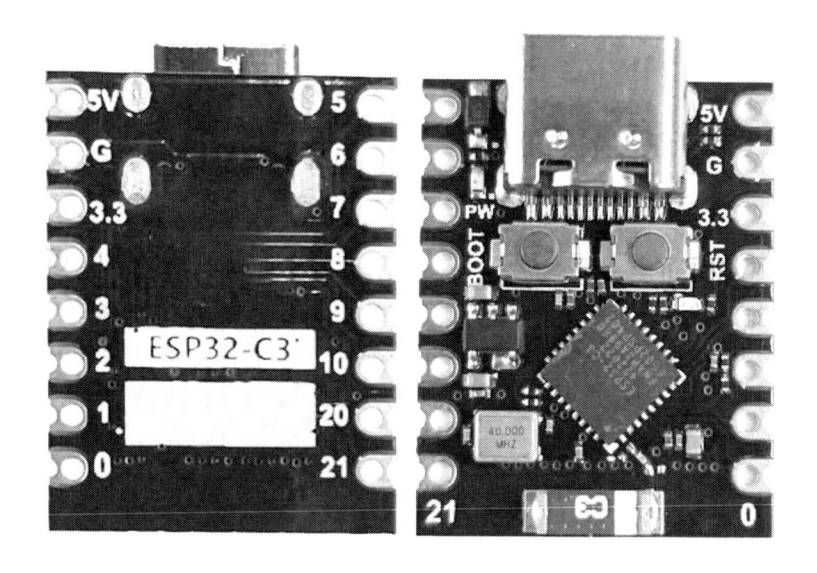

圖 5 ESP32 C3 Super Mini 產品正反面圖

如下圖所示，可以看到 ESP32C3 SuperMini 的功能區塊圖，大部分與前面介紹的 NodeMCU-32S Lua WiFi 物聯網開發板差異不大，但對於 WiFi 無線網路的加密與記憶體控管，顯然更為進步。

如下下圖所示，ESP32C3 SuperMini 的尺寸僅為 22.52 x 18 毫米，設計小巧，適合可穿戴設備和小型專案。它提供了豐富的介面，包括 11 個可用作 PWM 的數位 I/O 引腳、4 個可用作 ADC 的類比 I/O 引腳，以及 UART、I2C 和 SPI 等串行介面。板上還配備了重置按鈕和啟動模式按鈕，方便使用者操作。該開發板支援多種電源供應方式，可透過 USB Type-C 連接供電，或使用 3.3V 至 6V 的外部電源。 需要注意的是，USB 和外部供電不可同時使用。此外，板載 LED 藍燈連接於 GPIO8 引腳，方便進行指示和偵測。

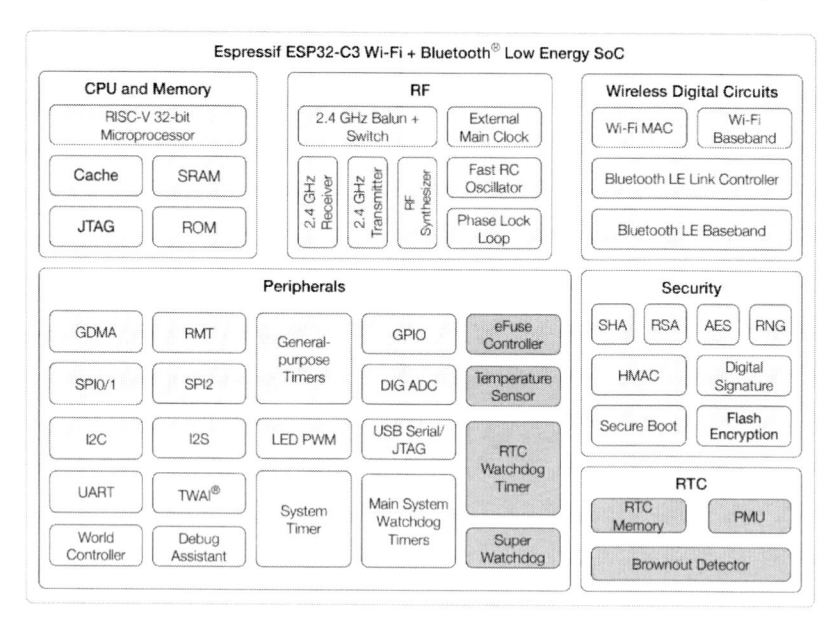

圖 6 ESP32 C3 Super Mini 功能方塊圖

綜合以上特點，ESP32C3 SuperMini 是一款高性能、低功耗且高性價比的物聯網迷你開發板，適用於低功耗物聯網應用和無線可穿戴設備開發。

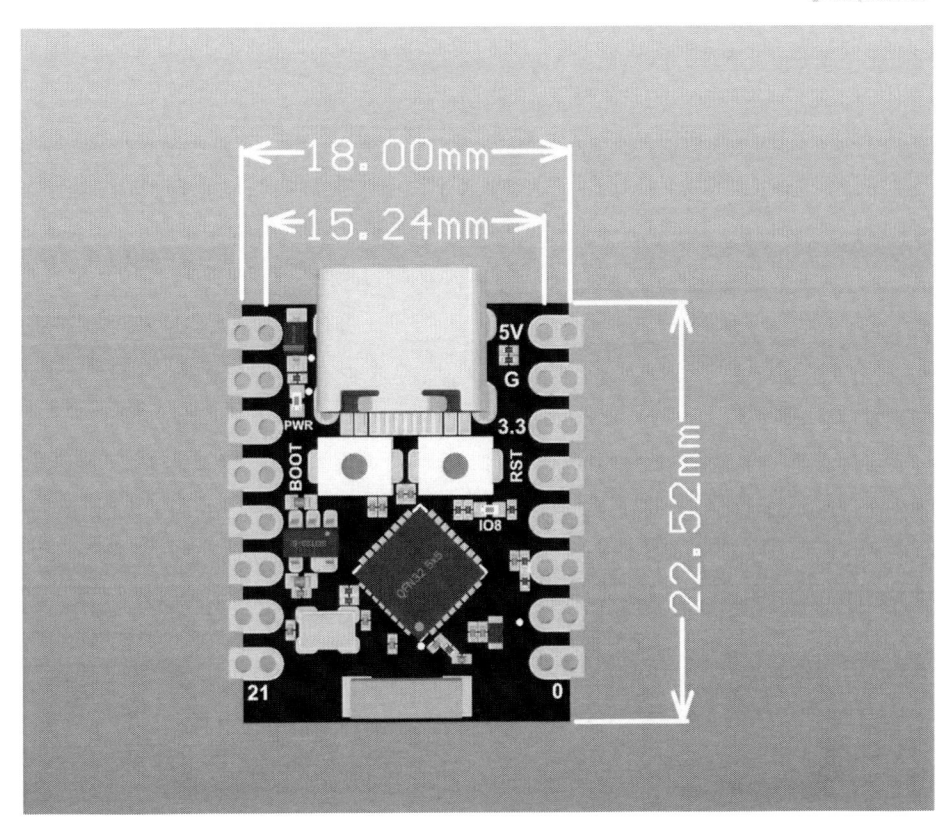

圖 7 ESP32 C3 Super Mini 產品尺寸圖

ESP32 C3 Super Mini 產品腳位圖如下：

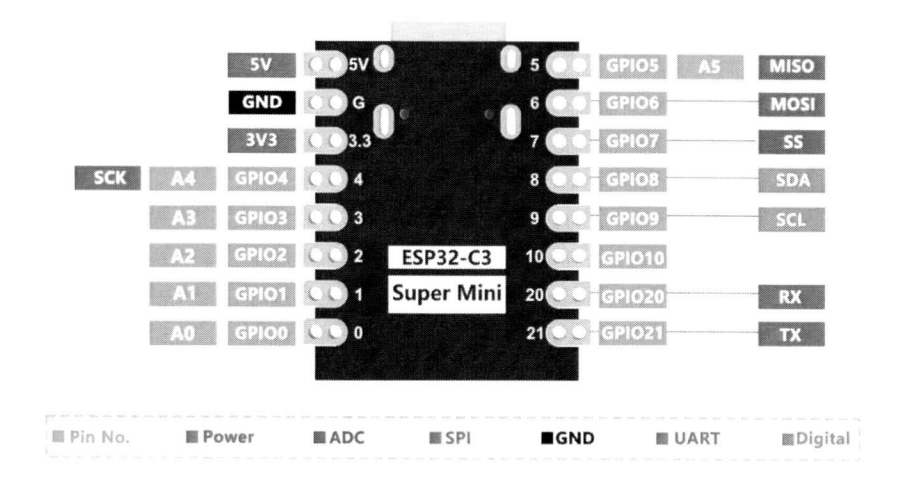

圖 8 ESP32 C3 Super Mini 產品腳位圖

ESP32 C3 Super Mini 產品規格如下：

- 強大的 CPU：ESP32-C3，32 位元 RISC-V 單核心處理器，運作頻率高達 160 MHz

- WiFi：802.11b/g/n 協定、2.4GhHz、支援 Station 模式、SoftAP 模式、SoftAP+Station 模式、混雜模式

- 藍牙：Bluetooth 5.0

- 超低功耗：深度睡眠功耗約 43μA

- 豐富的板子資源：400KB SRAM、384KB ROM 內建 4Mflash

- 晶片型號：ESP32C3FN4

- 超小尺寸：小至拇指（22.52x18mm）經典外形，適用於穿戴式裝

置和小型項目

- 可靠的安全功能：支援 AES-128/256、雜湊、RSA、HMAC、數位簽章和安全啟動的加密硬體加速器
- 豐富的介面：1xI2C、1xSPI、2xUART、11xGPIO(PWM)、4xADC
- 單面元件、表面黏著設計
- 板載 LED 藍燈： GPIO8 腳

外接電源

如果需要外部供電只需將外部電源+級連接到 5V 的位置，GND 接負極。（支援 3.3~6V 電源）。記得連接外部電源的時候，無法連接 USB，USB 和外部供電只能選擇一個

進入燒錄模式

如何進入下載模式：先按住 ESP32C3 的 BOOT 按鍵，然後按下 RESET 按鍵，放開 RESET 按鍵，再放開 BOOT 按鍵，此時 ESP32C3 會進入下載模式。（每次連線都需要重新進入下載模式，有時按一遍，連接埠不穩定會斷開，可以透過連接埠辨識聲音來判斷）。

由於 ESP32 C3 開發板製造商與整合板製造商都有差異，許多讀者購

買到的版本，目前筆者使用的版本，不需要按下上面的按鈕步驟，在 Arduino 開發板 IDE 開發工具在燒錄上傳模式下,並不需要按下上面的按鈕步驟，也可以完成燒錄上傳程式的功能了。

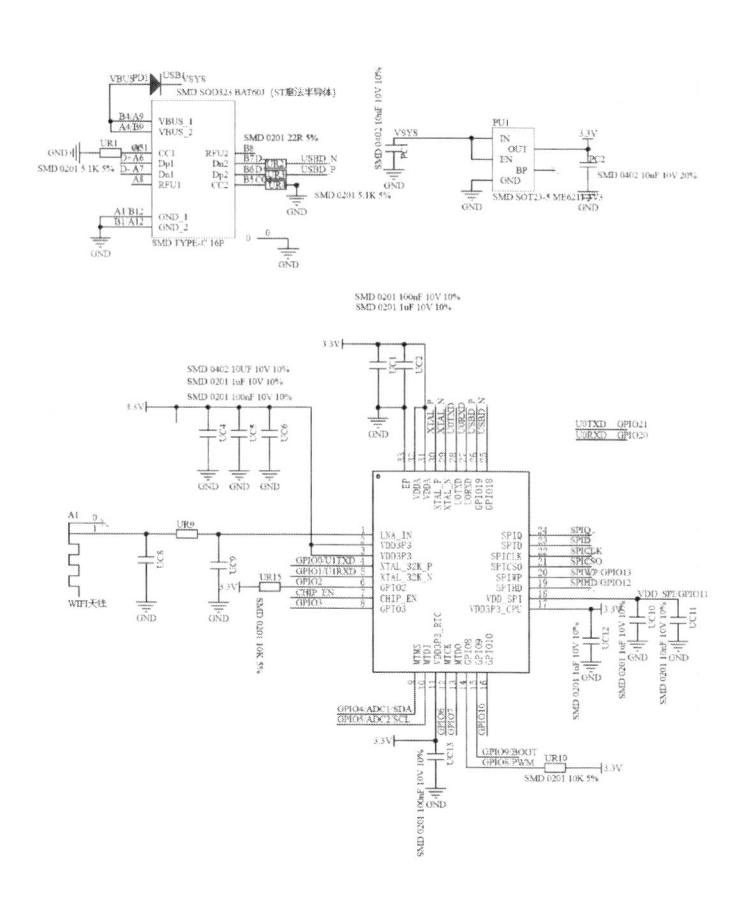

圖 9 ESP32 C3 Super Mini 腳位電路示意圖

章節小結

本章主要介紹之 NODEMCU-32S LUA WIFI 物聯網開發板介紹，至於開發環境安裝與設定，請讀者參閱『ESP32 程式設計(基礎篇):ESP32 IOT Programming (Basic Concept & Tricks)』一書(曹永忠, 2020a, 2020c)，透過本章節的解說，相信讀者會對 NODEMCU-32S LUA WIFI 物聯網開發板與 ESP 32 C3 相關系列開發板認識，有更深入的了解與體認。

2
CHAPTER

控制 LED 燈泡

控制 LED 發光二極體

本章主要是教導讀者可以如何使用發光二極體來發光，進而使用全彩的發光二極體來產生各類的顏色，由維基百科2中得知：發光二極體（英語：Light-emitting diode，縮寫：LED）是一種能發光的半導體電子元件，透過三價與五價元素所組成的複合光源。此種電子元件早在1962年出現，早期只能夠發出低光度的紅光，被惠普買下專利後當作指示燈利用。及後發展出其他單色光的版本，時至今日，能夠發出的光已經遍及可見光、紅外線及紫外線，光度亦提高到相當高的程度。用途由初時的指示燈及顯示板等；隨著白光發光二極體的出現，近年逐漸發展至被普遍用作照明用途(維基百科, 2016)。

發光二極體只能夠往一個方向導通（通電），叫作順向偏壓，當電流流過時，電子與電洞在其內重合而發出單色光，這叫電致發光效應，而光線的波長、顏色跟其所採用的半導體物料種類與故意摻入的元素雜質有關。具有效率高、壽命長、不易破損、反應速度快、可靠性高等傳統光源不及的優點。白光LED的發光效率近年有所進步；每千流明成本，也因為大量的資金投入使價格下降，但成本仍遠高於其他的傳統照明。雖然如

---

[2] 維基百科由非營利組織維基媒體基金會運作,維基媒體基金會是在美國佛羅里達州登記的501(c)(3)免稅、非營利、慈善機構(https://zh.wikipedia.org/)

此,近年仍然越來越多被用在照明用途上(維基百科,2016)。

讀者可以在市面上,非常容易取得發光二極體,價格、顏色應有盡有,可於一般電子材料行、電器行或網際網路上的網路商城、雅虎拍賣(https://tw.bid.yahoo.com/)、露天拍賣(http://www.ruten.com.tw/)、PChome 線上購物(http://shopping.pchome.com.tw/)、PCHOME 商店街(http://www.pcstore.com.tw/)...等等,購買到發光二極體。

發光二極體

如下圖所示,筆者可以購買您喜歡的發光二極體,來當作第一次的實驗。

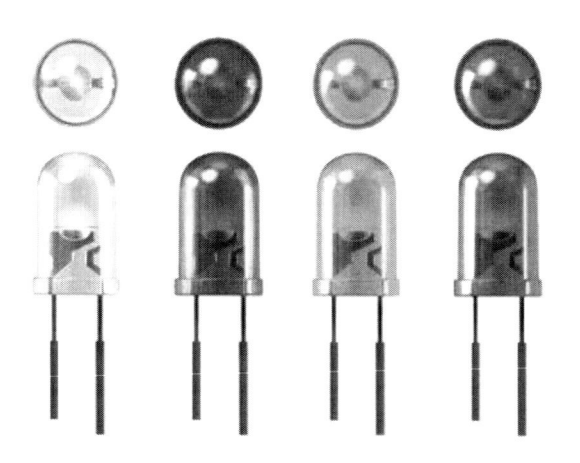

圖 10 發光二極體

如下圖所示，筆者可以在維基百科中，找到發光二極體的組成元件圖（維基百科，2016）。

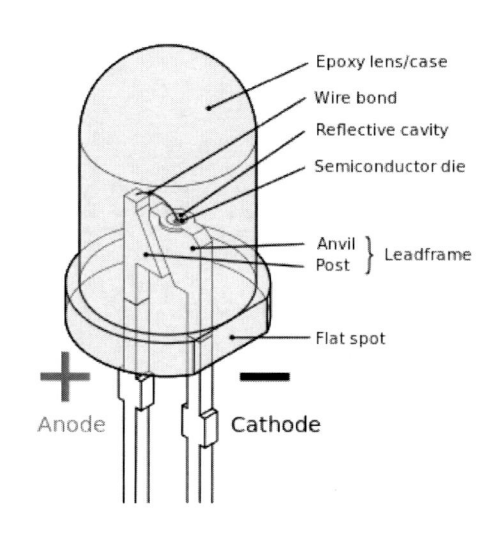

圖 11 發光二極體內部結構

資料來源:Wiki
https://zh.wikipedia.org/wiki/%E7%99%BC%E5%85%89%E4%BA%8C%E6%A5%B5%E7%AE%A1（維基百科，2016）

控制發光二極體發光

如下圖所示，這個實驗筆者需要用到的實驗硬體有下圖.(a)的 NODEMCU-32S LUA WIFI 物聯網開發板、下圖.(b) MicroUSB 下載線、下圖.(c)發光二極體、下圖.(d) 220 歐姆電阻：

(a). NodeMCU 32S開發板 　　　　(b). MicroUSB 下載線

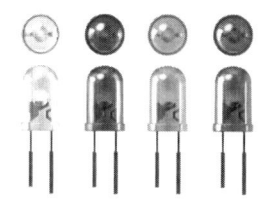

(c). 發光二極體 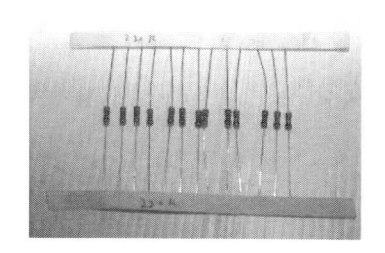　　　　　　　　(d). 220歐姆電阻

圖 12 控制發光二極體發光所需材料表

讀者可以參考下圖所示之控制發光二極體發光連接電路圖，進行電路組立。

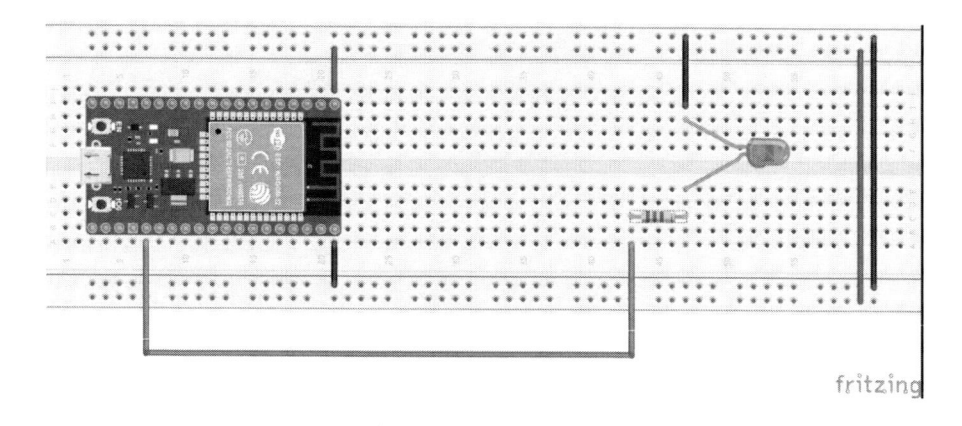

圖 13 控制發光二極體發光連接電路圖

讀者也可以參考下表之控制發光二極體發光接腳表,進行電路組立。

表 1 控制發光二極體發光接腳表

接腳	接腳說明	開發板接腳
1	麵包板 Vcc(紅線)	接電源正極(5V)
2	麵包板 GND(藍線)	接電源負極
3	220 歐姆電阻 A 端	開發板 GPIO2
4	220 歐姆電阻 B 端	LED 發光二極體(正極端)
5	LED 發光二極體(正極端)	220 歐姆電阻 B 端
6	LED 發光二極體(負極端)	麵包板 GND(藍線)

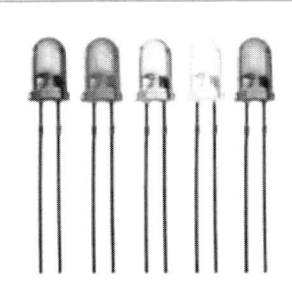

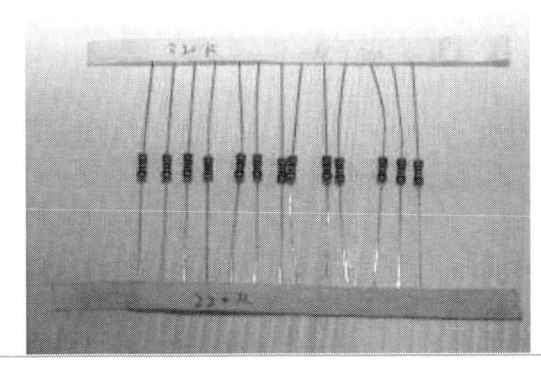

控制 LED 程式

筆者遵照前幾章所述，將 NODEMCU-32S LUA WIFI 物聯網開發板的驅動程式安裝好之後，筆者打開 NODEMCU-32S LUA WIFI 物聯網開發板的開發工具:Sketch IDE 整合開發軟體(安裝 Arduino 開發環境,請參考『ESP32 程式設計(基礎篇):ESP32 IOT Programming (Basic Concept & Tricks)』之『Arduino 開發 IDE 安裝』（曹永忠，2020a, 2020c, 2020f），安裝 NODEMCU-32S LUA WIFI 物聯網開發板 SDK 請參考『ESP32 程式設計(基礎篇):ESP32 IOT Programming (Basic Concept & Tricks)』之『安裝 ESP32 Arduino 整合開發環境』（曹永忠，2020a, 2020c, 2020d, 2020e)），編寫一段程式,,如下表所示之控制發光二極體測試程式,控制發光二極體明滅測試(曹永忠，2016；曹永忠，吳佳駿，許智誠，& 蔡英德，2016a, 2016b, 2016c, 2016d, 2017a, 2017b, 2017c；曹永忠，許智誠，& 蔡英德，2015a, 2015c, 2015d, 2015e, 2016a, 2016b；曹永忠，郭晉魁，吳佳駿，許智誠，& 蔡英德，2016, 2017)。

表 2 控制發光二極體測試程式

控制發光二極體測試程式(Blink_ESP32)
#define LedPin 2   // 這是一個預處理器指令,定義名為 LedPin 的常數,值為 2。此常數用於指代連接 LED 的腳位號碼,使程式碼更

易讀且易於修改。

void setup()

{

　　pinMode(LedPin, OUTPUT);　　// 此函數將由 LedPin 指定的腳位設定為輸出模式。在輸出模式下，該腳位可用於控制外部設備，如 LED，通過寫入高或低電壓級別來操作。

　　digitalWrite(LedPin, LOW);　　// 此函數向由 LedPin 指定的腳位寫入低電壓級別。對於大多數連接到 Arduino 的 LED，低電壓會關閉 LED。

}

void loop()

{

　　digitalWrite(LedPin, HIGH);　　// 此函數向由 LedPin 指定的腳位寫入高電壓級別。對於大多數連接到 Arduino 的 LED，高電壓會點亮 LED。

　　delay(1000);　　　　　　　　// 此函數使程式暫停 1000 毫秒，等於 1 秒。在此期間，程式不執行任何操作，等待後再繼續執行下一個語句。

　digitalWrite(LedPin, LOW);　　// 此函數向由 LedPin 指定的腳位寫入低電壓級別。對於大多數連接到 Arduino 的 LED，低電壓會關閉

}

程式下載網址：

https://github.com/brucetsao/ESP_LedTube/tree/main/Codes

如下圖所示，筆者可以看到控制發光二極體測試程式結果畫面。

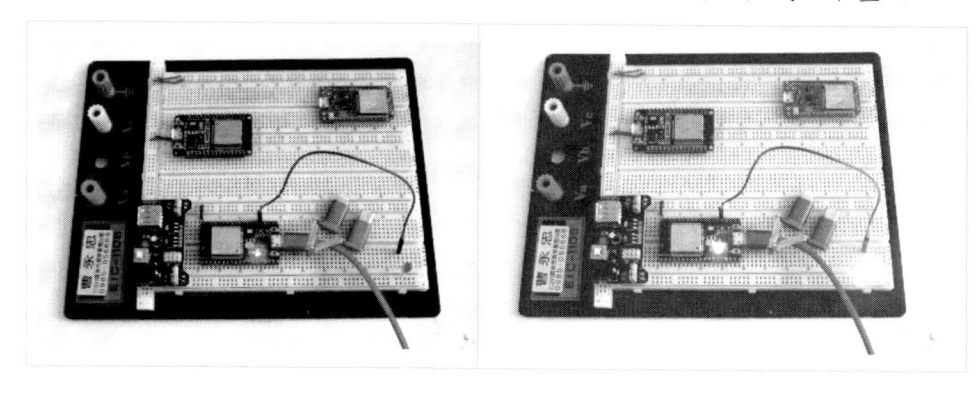

圖 14 控制發光二極體測試程式結果畫面

解說控制 LED 程式

　　#define LedPin 2

- 定義 LED 使用的腳位號碼為 2
- **解釋**：這行使用 #define 定義一個常數 LedPin，值為 2，代表 LED 連接到開發板的腳位 2。這種做法使程式碼更易讀，若需更改腳位，只需修改這一行。筆者使用技術術語如 "define" 和 "pin" 通常保留英文形式，確保與程式語言一致。註解強調了這是腳位號碼的定義，方便後續維護。

void setup() { ... } 程式區塊

- 此區塊的程式，為初始化函數：程式啟動時只執行一次，用於設定硬體開發板設定開發板腳位與設定，或用來宣告物件與基本設定等用處。
- **解釋**：setup() 函數是 Arduino 程式啟動時執行一次的初始化函數，用於設定腳位模式和其他初始設定。

這個部分，有的程式板載的燈號，會使用"LED_BUILTIN"的 define 變數，但實際上也是使用腳位 2，只不過使用"LED_BUILTIN"的 define 變數，並非適用於所有的開發板版本來使用，許多開發板在使用"LED_BUILTIN"的 define 變數來驅動板載的燈號，會產生錯誤或是實際上不能驅動板載的燈號。

pinMode(LedPin, OUTPUT);

- **繁體中文翻譯：** // 將腳位 2 (LedPin) 設定為輸出模式，可用於控制外部裝置如 LED
- **解釋：** pinMode( ) 函數設定腳位的模式，這裡將 LedPin（腳位 2）設為輸出模式，意味著可以輸出高低電壓來控制如 LED 的外部裝置。原始程式碼的註解有誤，我已更正為與腳位 2 相關的說明。

void loop() { ... } 程式區塊

- 此區塊的程式，用於設定硬體開發板重複執行固定的常態程式為主，或用來執行開發板主要運行的作業等用處。

指令解釋：

- digitalWrite(LedPin, HIGH); // 開啟 LED（HIGH 為電壓等級）
- digitalWrite(LedPin, LOW); // 關閉 LED（LOW 為電壓等級）
- delay(1000); // // 此函數使程式暫停 1000 毫秒，等於 1 秒。在此期間，程式不執行任何操作，等待後再繼續執行下一個語句。

章節小結

本章主要介紹之 NODEMCU-32S LUA WIFI 物聯網開發板使用與連接發光二極體，透過本章節的解說，相信讀者會對連接、使用發光二極體，並控制明滅，有更深入的了解與體認。

3
CHAPTER

控制雙色 LED 燈泡

雙色 LED 模組

使用 Led 發光二極體是最普通不過的事,筆者本節介紹雙色 LED 模組(如下圖所示),它主要是使用雙色 Led 發光二極體,雙色 Led 發光二極體有兩種,一種是共陽極、另一種是共陰極。

雙色 LED 通常有三個腳位:兩種顏色的陽極(或陰極)及共用陰極(或陽極)。程式中使用 analogWrite 表明腳位用於 PWM 控制亮度,符合共用陰極雙色 LED 的典型接法:共用陰極接地,兩種顏色的陽極分別連接到開發板的 PWM 腳位

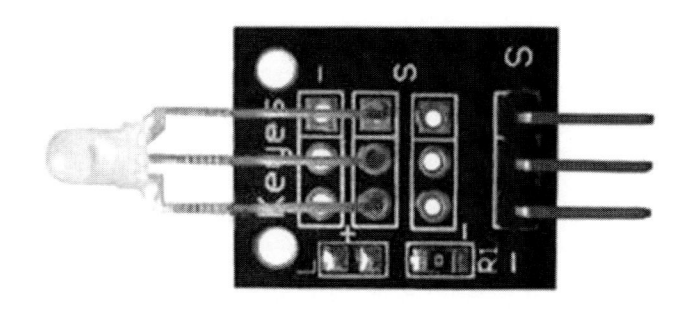

圖 15 雙色 LED 模組

本實驗是共陽極的用雙色 Led 發光二極體,如下圖所示,先參考雙色 Led 發光二極體的腳位接法,在遵照下表所示之雙色 LED 模組接腳表進行

電路組裝。

圖 16 雙色 LED 模組腳位圖

表 3 雙色 LED 模組接腳表

接腳	接腳說明	ESP32S 開發板接腳
S	Vcc 共陽極	電源（+5V）ESP32S +5V
2	Signal1 第一種顏色陰極	ESP32S GPIO 2
3	Signal2 第二種顏色陰極	ESP32S GPIO 15

| 接腳 | 接腳說明 | ESP32S 開發板接腳 |

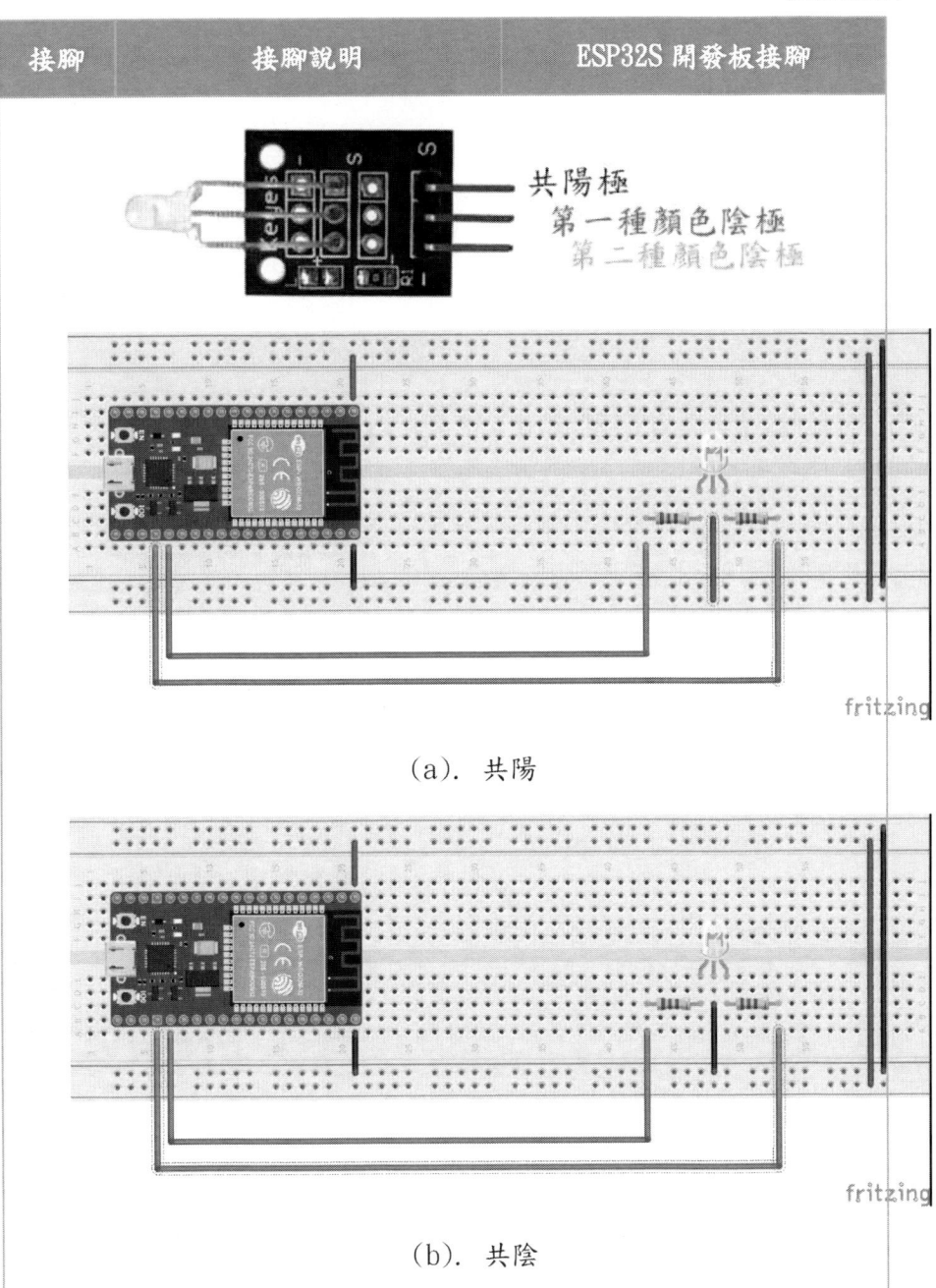

共陽極
第一種顏色陰極
第二種顏色陰極

（a）. 共陽

（b）. 共陰

控制雙色 LED 程式

筆者遵照前幾章所述,將 NODEMCU-32S LUA WIFI 物聯網開發板的驅動程式安裝好之後,筆者打開 NODEMCU-32S LUA WIFI 物聯網開發板的開發工具:Sketch IDE 整合開發軟體(安裝 Arduino 開發環境,請參考『ESP32 程式設計(基礎篇):ESP32 IOT Programming (Basic Concept & Tricks)』之『Arduino 開發 IDE 安裝』(曹永忠,2020a, 2020c, 2020f),安裝 NODEMCU-32S LUA WIFI 物聯網開發板 SDK 請參考『ESP32 程式設計(基礎篇):ESP32 IOT Programming (Basic Concept & Tricks)』之『安裝 ESP32 Arduino 整合開發環境』(曹永忠,2020a, 2020c, 2020d, 2020e)),編寫一段程式,如下表所示之雙色 LED 模組測試程式,筆者就可以讓雙色 LED 各自變換顏色,甚至可以達到混色的效果。

表 4 雙色 LED 模組測試程式

雙色 LED 模組測試程式(Dual_Led_ESP32)
/* 程式碼控制雙色 LED 的兩種顏色, 通過 PWM(脈寬調製)改變亮度, 創造漸變效果。

第一個循環使第一種顏色從全亮漸暗,

第二種顏色從全暗漸亮;

第二個循環則反之。

使用第 15 號腳位可能表明程式針對 ESP32 設計,

因 Arduino Uno 無此腳位。

*/

int Led1pin = 2;   // 雙色 LED 的第一種顏色腳位

int Led2pin =15;   // 雙色 LED 的第二種顏色腳位

int val;   // 用於控制亮度的變數

void setup() {

  pinMode(Led1pin, OUTPUT); // 設定 Led1pin 為輸出模式

  pinMode(Led2pin, OUTPUT); // 設定 Led2pin 為輸出模式

  Serial.begin(9600);   // 初始化序列通訊,波特率為
   9600

}

void loop()

```
{
    for(val=255; val>0; val--) // val 從 255 遞減到 1
    {
        analogWrite(Led1pin, val); // 設定第一種顏色的亮度為 val
        analogWrite(Led2pin, 255-val); // 設定第二種顏色的亮度為 255-val
        delay(15); // 等待 15 毫秒
    }
    for(val=0; val<255; val++) // val 從 0 遞增到 254
    {
        analogWrite(Led1pin, val); // 設定第一種顏色的亮度為 val
        analogWrite(Led2pin, 255-val); // 設定第二種顏色的亮度為 255-val
        delay(15); // 等待 15 毫秒
    }
    Serial.println(val, DEC); // 以十進制格式列印 val 的最終值
```

```
   }
```

資料來源:https://randomnerdtutorials.com/esp32-pwm-arduino-ide/

程式下載網址：

https://github.com/brucetsao/ESP_LedTube/tree/main/Codes

讀者可以看到本次實驗-雙色 LED 模組測試程式結果畫面。當然、如下圖所示，筆者可以看到雙色 LED 模組測試程式結果畫面。

圖 17 雙色 LED 模組測試程式結果畫面

解說控制雙色 LED 程式

程式目的

本程式碼控制雙色 LED 的兩種顏色，通過 PWM(脈寬調製)改變亮度，創造漸變效果。第一個循環使第一種顏色從全亮漸暗,第二種顏色從全暗漸亮;第二個循環則反之。由於使用 NodeMCU-32S Lua WiFi 物聯網開發板,所以使用第 15 號腳位,請注意若使用 Arduino Uno 無此腳位。

表 5 程式碼功能總覽

部分	功能描述	技術細節
變數宣告	定義 LED 腳位與亮度變數	Led1pin=2, Led2pin=15, val 為整數
setup 函數	設定腳位模式與序列通訊	輸出模式,9600 波特率
loop 第一循環	第一種顏色漸暗,第二種顏色漸亮	val 從 255 到 1,15ms 延遲
loop 第二循環	第一種顏色漸亮,第二種顏色漸暗	val 從 0 到 254,15ms 延遲
列印最終值	列印 val 的最終值(255)	序列輸出,十進制格式

變數宣告:

  int Led1pin = 2; // 雙色 LED 的第一種顏色腳位

  int Led2pin =15; // 雙色 LED 的第二種顏色腳位

  int val; // 用於控制亮度的變數

  這裡,Led1pin 和 Led2pin 分別對應雙色 LED 的兩種顏色腳位,val

用於儲存亮度值。需要注意的是，第 15 號腳位在標準 Arduino Uno 上不存在，可能適用於 NODEMCU-32S LUA WIFI 物聯網開發板系列的開發板

設定函數（setup）：

pinMode(Led1pin, OUTPUT); // 設定 Led1pin 為輸出模式

pinMode(Led2pin, OUTPUT); // 設定 Led2pin 為輸出模式

Serial.begin(9600); // 初始化序列通訊，波特率為 9600

此部分設定 LED 腳位為輸出模式，以便控制亮度，並啟動序列通訊用於偵測或輸出數據。

主循環函數（loop）：

第一個 for 循環：

for(val=255; val>0; val--) // val 從 255 遞減到 1

analogWrite(Led1pin, val); // 設定第一種顏色的亮度為 val

analogWrite(Led2pin, 255-val); // 設定第二種顏色的亮度為 255-val

delay(15); // 等待 15 毫秒

此循環使第一種顏色從全亮（255）漸暗到幾乎關閉（1），同時第二種顏色從關閉（0）漸亮到幾乎全亮（254）。

第二個 for 循環：

for(val=0; val<255; val++) // val 從 0 遞增到 254

analogWrite(Led1pin, val); // 設定第一種顏色的亮度為 val

analogWrite(Led2pin, 255-val); // 設定第二種顏色的亮度為 255-val

delay(15); // 等待 15 毫秒

此循環使第一種顏色從關閉（0）漸亮到幾乎全亮（254），同時第二種顏色從全亮（255）漸暗到幾乎關閉（1）。

Serial.println(val, DEC); // 以十進制格式列印 val 的最終值

循環結束後，val 為 255，列印此值可能用於偵測。

章節小結

本章主要介紹之 NODEMCU-32S LUA WIFI 物聯網開發板使用與連接雙色發光二極體，透過本章節的解說，相信讀者會對連接、使用雙色發光二極體，並控制不同顏色明滅，有更深入的了解與體認。

4
CHAPTER

控制全彩 LED 燈泡

前文介紹控制雙色發光二極體明滅(曾永忠, 吳佳駿, et al., 2016a, 2016b, 2016c, 2016d, 2017a, 2017b, 2017c; 曾永忠, 許智誠, & 蔡英德, 2015b, 2015f; 曾永忠, 許智誠, et al., 2016a, 2016b; 曾永忠, 郭晉魁, et al., 2017),相信讀者應該可以駕輕就熟,本章介紹全彩發光二極體,在許多彩色字幕機中(曾永忠, 許智誠, & 蔡英德, 2014; 曾永忠, 吳佳駿, et al., 2016a, 2016b, 2016c, 2016d, 2017a, 2017b, 2017c; 曾永忠, 許智誠, & 蔡英德, 2014a, 2014b, 2014c, 2014d, 2014e; 曾永忠, 許智誠, et al., 2016a, 2016b; 曾永忠, 郭晉魁, et al., 2017),全彩發光二極體獨佔鰲頭,更有許多應用。

讀者可以在市面上,非常容易取得全彩發光二極體,價格、種類應有盡有,可於一般電子材料行、電器行或網際網路上的網路商城、雅虎拍賣 (https://tw.bid.yahoo.com/) 、 露 天 拍 賣 (http://www.ruten.com.tw/) 、 PChome 線 上 購 物 (http://shopping.pchome.com.tw/) 、 PCHOME 商 店 街 (http://www.pcstore.com.tw/)...等等,購買到全彩發光二極體。

全彩發光二極體

如下圖所示,我們可以購買您喜歡的全彩發光二極體,來當作這次的實驗。

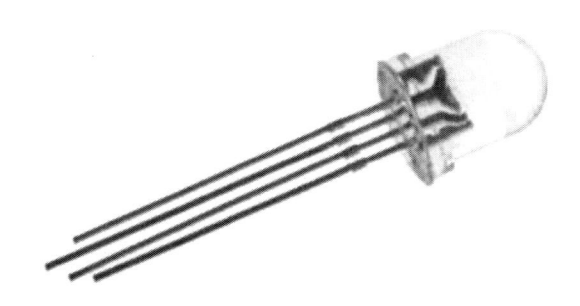

圖 18 全彩發光二極體

　　如下圖所示，一般全彩發光二極體有兩種，一種是共陽極，另一種是共陰極(一般俗稱共地)，只要將下圖(+)接在+5V 或下圖(-)接在 GND，用其他 R、G、B 三隻腳位分別控制紅色、綠色、藍色三種顏色的明滅，就可以產生彩色的顏色效果。

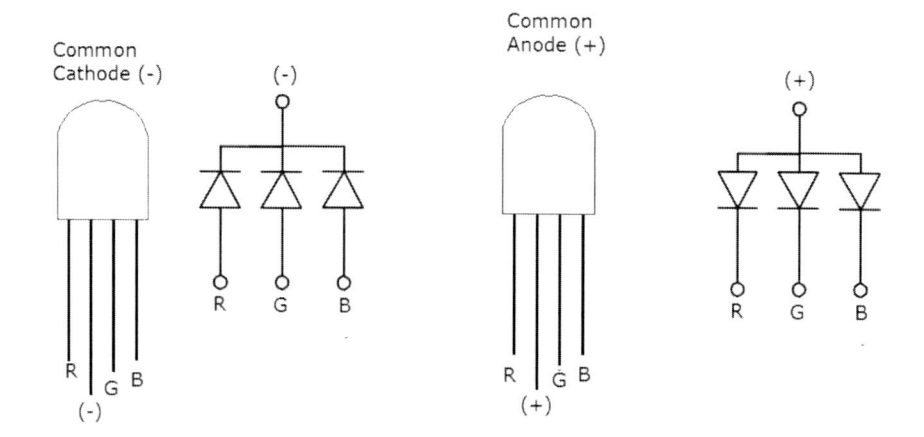

圖 19 全彩發光二極體腳位

全彩 LED 模組

使用 Led 發光二極體是最普通不過的事，筆者本節介紹全彩 RGB LED 模組(如下圖所示)，它主要是使用全彩 RGB LED 發光二極體，RGB Led 發光二極體有兩種，一種是共陽極、另一種是共陰極。

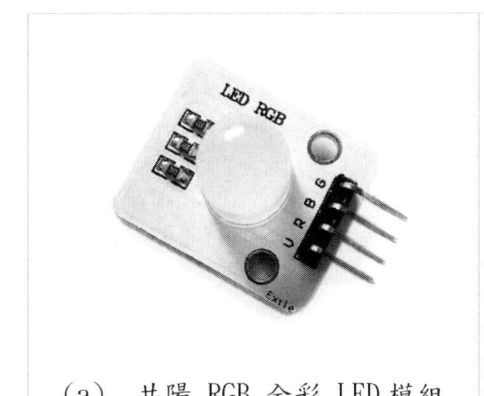

(a). 共陽 RGB 全彩 LED 模組　　　(b). 共陰 RGB 全彩 LED 模組

圖 20 全彩 RGB LED 模組

本實驗是共陰極的 RGB Led 發光二極體，先參考全彩 RGB LED 模組的腳位接法，在遵照下表所示之全彩 LED 模組腳位圖接腳表進行電路組裝。

表 6 全彩 RGB LED 模組接腳表

接腳	接腳說明	ESP32S 開發板接腳
S	共陰極	共地 ESP32S GND
2	第一種顏色陽極(Red)	ESP32S GPIO 15
3	第二種顏色陽極(Green)	ESP32S GPIO 2
4	第三種顏色陽極(Blue)	ESP32S GPIO 4

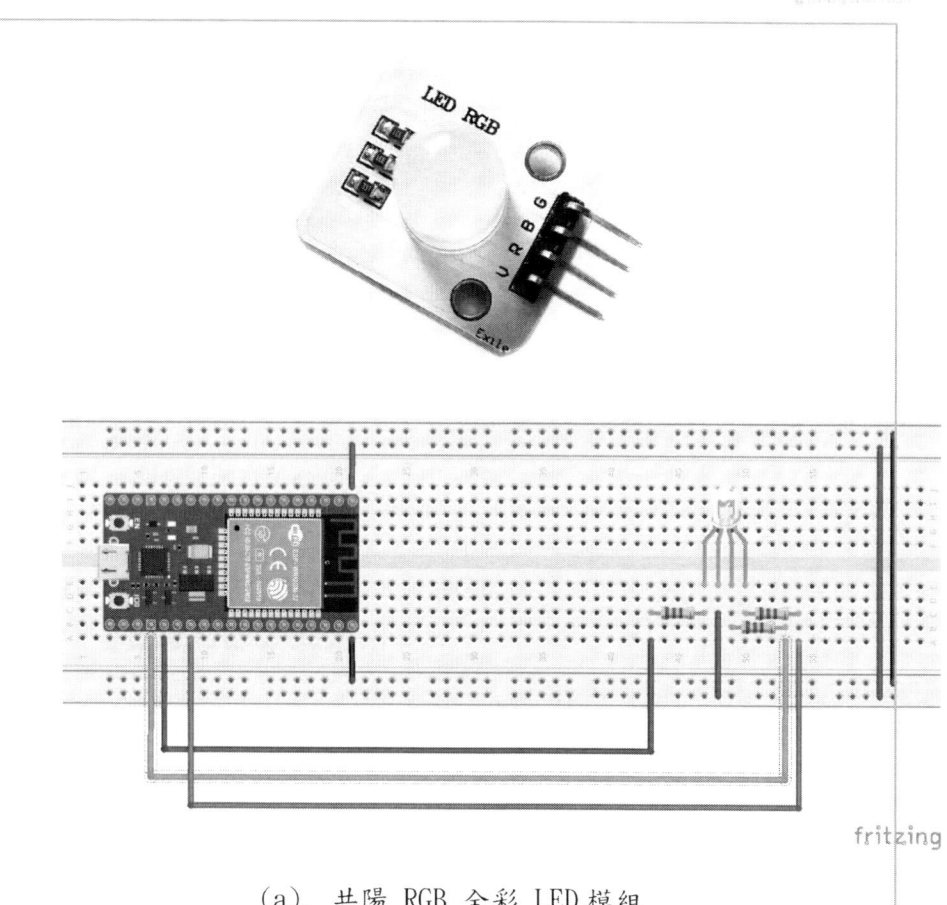

(a). 共陽 RGB 全彩 LED模組

(b). 共陰 RGB 全彩 LED 模組

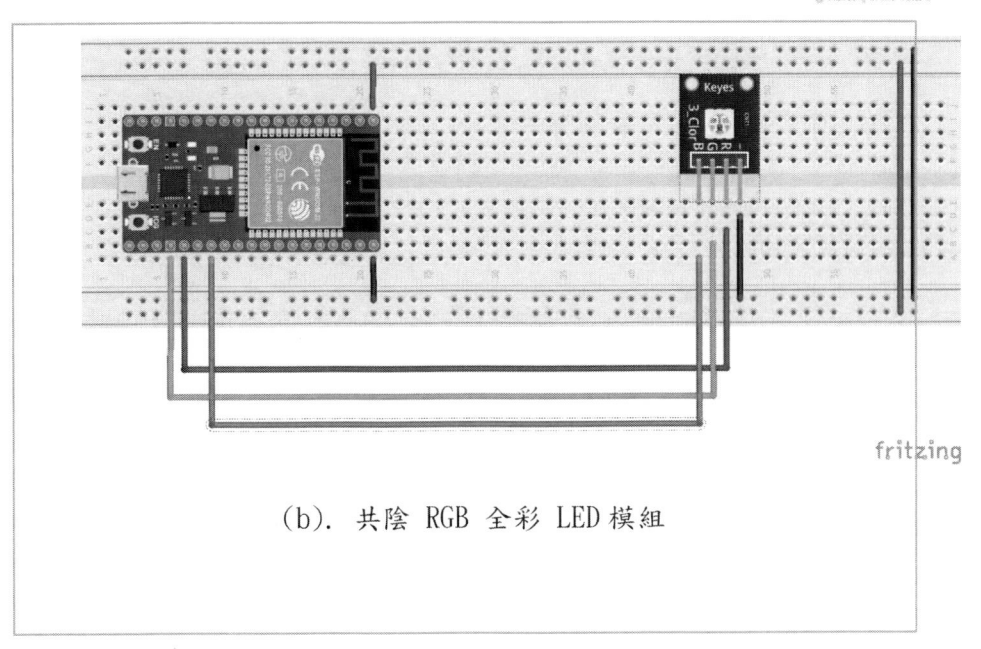

控制全彩 LED 程式

　　筆者遵照前幾章所述，將 NODEMCU-32S LUA WIFI 物聯網開發板的驅動程式安裝好之後，筆者打開 NODEMCU-32S LUA WIFI 物聯網開發板的開發工具:Sketch IDE 整合開發軟體(安裝 Arduino 開發環境，請參考『ESP32 程式設計(基礎篇):ESP32 IOT Programming (Basic Concept & Tricks)』之『Arduino 開發 IDE 安裝』(曹永忠, 2020a, 2020c, 2020f)，安裝 NODEMCU-32S LUA WIFI 物聯網開發板 SDK 請參考『ESP32 程式設計(基礎篇):ESP32 IOT Programming (Basic Concept & Tricks)』之『安裝 ESP32 Arduino 整合開發環境』(曹永忠, 2020a, 2020c, 2020d, 2020e))，編寫一段程式，如下表所示之全彩 RGB LED 模組測試程式測試程式，筆者就

可以讓 RGB LED 各自變換顏色，甚至用混色的效果達到全彩的效果。

表 7 全彩 RGB LED 模組測試程式

全彩 LED 模組測試程式（RGB_Led）

/*
 	
這個 Arduino 程式用於控制一個三色 LED（紅、綠、藍），
 	
但目前的設定只會讓所有 LED 保持關閉狀態。
 	
程式包括設定引腳模式和序列通訊的初始化，
 	
以及一個三層嵌套迴圈，
 	
理論上應控制 LED 的顏色組合，
 	
但實際上由於迴圈條件，
 	
僅設定所有 LED 為關閉。
 	
*/
 	
    int LedRpin = 15;　　// 定義雙色 LED 的紅色引腳為 GPIO 15
 	
    int LedGpin = 2;　　 // 定義雙色 LED 的綠色引腳為 GPIO 2
 	
    int LedBpin = 4;　　 // 定義雙色 LED 的藍色引腳為 GPIO 4
 	
    int i, j, k;　　　　 // 定義三個迴圈控制變數

```
void setup() {
  pinMode(LedRpin, OUTPUT);  // 設定紅色引腳為輸出模式
  pinMode(LedGpin, OUTPUT);  // 設定綠色引腳為輸出模式
  pinMode(LedBpin, OUTPUT);  // 設定藍色引腳為輸出模式
  Serial.begin(9600);        // 初始化序列通訊，傳輸速率
    為 9600 bps
}


void loop()
{
  // 三層迴圈控制 LED 顏色組合
  for(i = 0; i < 1; i++)  // 控制紅色 LED 的開關狀態
  {
    for(j = 0; j < 1; j++)  // 控制綠色 LED 的開關狀態
    {
      for(k = 0; k < 1; k++)  // 控制藍色 LED 的開關狀態
      {
        digitalWrite(LedRpin, i);  // 設定紅色 LED 的狀
```

態

　　　digitalWrite(LedGpin, j); // 設定綠色 LED 的狀態

　　　digitalWrite(LedBpin, k); // 設定藍色 LED 的狀態

　　}

　}

}

}

資料來源：https://randomnerdtutorials.com/esp32-pwm-arduino-ide/

程式下載網址：

https://github.com/brucetsao/ESP_LedTube/tree/main/Codes

　　讀者可以看到本次實驗-全彩 RGB LED 模組測試程式結果畫面、如下圖所示，筆者可以看到全彩 RGB LED 模組測試程式結果畫面。

圖 21 全彩 RGB LED 模組測試程式結果畫面

解釋控制全彩 LED 程式

程式碼概述

這個 Arduino 程式用於控制一個三色 LED（紅、綠、藍），但目前的設定只會讓所有 LED 保持關閉狀態。程式包括設定引腳模式和序列通訊的初始化，以及一個三層嵌套迴圈，理論上應控制 LED 的顏色組合，但實際上由於迴圈條件，僅設定所有 LED 為關閉。

詳細解釋

變數定義：定義了紅、綠、藍 LED 的引腳號碼（分別為 15、2、4），以及用於迴圈控制的三個整數變數。

設定函數（setup）：將三個 LED 引腳設為輸出模式，並初始化序列通訊，傳輸速率為 9600 bps。

主迴圈函數（loop）：包含三層嵌套迴圈，理論上應控制 LED 的開關狀態，但由於迴圈條件（i < 1, j < 1, k < 1），每個變數只取值 0，導致所有 LED 保持關閉（假設共陰極型 LED）。

程式碼背景與分析

這個 Arduino C 語言程式旨在控制一個三色 LED，通過分別控制紅、綠、藍三個顏色的開關狀態來實現不同顏色組合。程式結構包括變數定義、設定函數（setup）和主迴圈函數（loop）。然而，通過分析發現，程式目前的實現存在限制，無法展現預期的顏色組合功能。

變數定義

程式首先定義了四個整數變數：

LedRpin = 15：定義紅色 LED 的引腳號為 15。

LedGpin = 2：定義綠色 LED 的引腳號為 2。

LedBpin = 4：定義藍色 LED 的引腳號為 4。

i, j, k：定義三個用於迴圈控制的整數變數。

這些變數用於指定 LED 的硬體連接位置和後續邏輯控制。需要注意的是，引腳號 15 在標準 Arduino Uno 上可能不可用，可能是針對 ESP32 等其他板子設計。

設定函數（setup）

在 setup 函數中，程式執行以下操作：

---

pinMode(LedRpin, OUTPUT)：將紅色 LED 的引腳設為輸出模式。

pinMode(LedGpin, OUTPUT)：將綠色 LED 的引腳設為輸出模式。

pinMode(LedBpin, OUTPUT)：將藍色 LED 的引腳設為輸出模式。

Serial.begin(9600)：初始化序列通訊，設定傳輸速率為 9600 bps。

這部分確保 LED 引腳可以輸出高低電平信號，並啟用序列通訊（儘管在主迴圈中未使用，可能是為日後偵測預留）。

主迴圈函數（loop）

```
void loop()
{
    // 三層迴圈控制 LED 顏色組合
```

```
for(i = 0; i < 1; i++)  // 控制紅色 LED 的開關狀態
{
  for(j = 0; j < 1; j++) // 控制綠色 LED 的開關狀態
  {
    for(k = 0; k < 1; k++) // 控制藍色 LED 的開關狀態
    {
      digitalWrite(LedRpin, i); // 設定紅色 LED 的狀態
      digitalWrite(LedGpin, j); // 設定綠色 LED 的狀態
      digitalWrite(LedBpin, k); // 設定藍色 LED 的狀態
    }
  }
}
```

loop 函數包含三層嵌套的 for 迴圈，理論上用於控制 LED 的顏色組合。具體實現如下：

外層迴圈：for(i = 0; i < 1; i++) – 控制紅色 LED 的狀態，i 從 0 到 0（只執行一次）。

中層迴圈：for(j = 0; j < 1; j++) – 控制綠色 LED 的狀態，j 從 0

到 0（只執行一次）。

內層迴圈：for(k = 0; k < 1; k++) – 控制藍色 LED 的狀態，k 從 0 到 0（只執行一次）。

在最內層，程式執行：

digitalWrite(LedRpin, i)：將紅色 LED 引腳設為 i 的值（0）。

digitalWrite(LedGpin, j)：將綠色 LED 引腳設為 j 的值（0）。

digitalWrite(LedBpin, k)：將藍色 LED 引腳設為 k 的值（0）。

由於 i, j, k 均為 0，digitalWrite 將所有引腳設為低電平（0）。根據 LED 類型：

如果是共陰極型 LED（anode 連接到引腳，cathode 接地），低電平（0）會關閉 LED。

如果是共陽極型 LED（cathode 連接到引腳，anode 接電源），低電平（0）會開啟 LED。

程式註解提到"控制 LED 顏色組合"，但由於迴圈條件限制（i < 1, j < 1, k < 1），實際上只設定了一個組合：所有 LED 關閉（假設共陰極型）。

章節小結

本章主要介紹之 NODEMCU-32S LUA WIFI 物聯網開發板使用與連接全

彩發光二極體，透過本章節的解說，相信讀者會對連接、使用全彩發光二極體，並控制不同顏色明滅，有更深入的了解與體認。

5
CHAPTER

控制 WS2812 燈泡模組

　　WS2812B 全彩 LED 模組是一個整合控制電路與發光電路于一體的智慧控制 LED 光源。其外型與一個 5050 LED 燈泡相同，每一個元件即為一個圖像點，部包含了智慧型介面資料鎖存信號整形放大驅動電路，還包含有高精度的內部振盪器和高達 12V 高壓可程式設計定電流控制部分，有效保證了圖像點光的顏色高度一致。

　　資料協定採用單線串列的通訊方式，圖像點在通電重置以後，DIN 端接受從微處理機傳輸過來的資料，首先送過來的 24bit 資料被第一個圖像點輸入後，送到圖像點內部的資料鎖存器，剩餘的資料經過內部整形處理電路整形放大後通過 DO 埠開始轉發輸出給下一個串聯的圖像點，每經過一個圖像點的傳輸，信號減少 24bit 的資料。圖像點採用自動整形轉發技術，使得該圖像點的級聯個數不受信號傳送的限制，僅僅受限信號傳輸速率要求(曹永忠, 吳佳駿, et al., 2016b; 曹永忠, 吳佳駿, 許智誠, & 蔡英德, 2017d; 曹永忠, 許智誠, & 蔡英德, 2017b; 曹永忠 et al., 2018; 曹永忠, 楊志忠, et al., 2020)。

　　其 LED 具有低電壓驅動，環保節能，亮度高，散射角度大，一致性好，超低功率，超長壽命等優點。將控制電路整合於 LED 上面，電路變得更加簡單，體積小，安裝更加簡便。

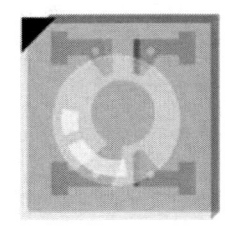

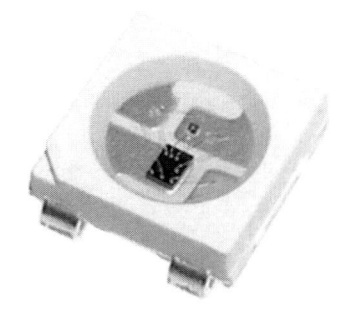

圖 22 WS2812B 全彩 LED 模組

WS2812B 全彩 LED 模組特點

- 智慧型反接保護，電源反接不會損壞 IC。

- IC 控制電路與 LED 點光源共用一個電源。

- 控制電路與 RGB 晶片整合在一個 5050 封裝的元件中，構成一個完整的外控圖像點。

- 內部具有信號整形電路，任何一個圖像點收到信號後經過波形整形再輸出，保證線路波形的變形不會累加。

- 內部具有通電重置和掉電重置電路。

- 每個圖像點的三原色顏色具有 256 階層亮度顯示，可達到 16777216 種顏色的全彩顯示，掃描頻率不低於 400Hz/s。

- 串列介面，能通過一條訊號線完成資料的接收與解譯。

- 任意兩點傳傳輸距離在不超過5米時無需增加任何電路。

- 當更新速率30幅/秒時,可串聯數不小於1024個。

- 資料發送速度可達800Kbps。

- 光的顏色高度一致,C/P值高。

主要應用領域

- LED全彩發光字燈串,LED全彩模組, LED全彩軟燈條硬燈條,LED護欄管

- LED點光源,LED圖元屏,LED異形屏,各種電子產品,電器設備跑馬燈。

串列傳輸

串列埠資料會轉換成連續的資料位元,然後依序由通訊埠送出,接收端收集這些資料後再合成為原來的位元組;串列傳輸大多為非同步,故收發雙方的傳輸速率需協定好,一般為 9600、14400、57600bps(bits per second)等(曾永忠, 吳佳駿, et al., 2016b, 2017d; 曾永忠, 許智誠, et al., 2017b; 曾永忠 et al., 2018; 曾永忠, 楊志忠, et al., 2020)。

串列資料傳輸裡,有單工及雙工之分,單工就是一條線只能有 一種

用途，例如輸出線就只能將資料傳出、輸入線就只能將資料傳入。 而雙工就是在同一條線上，可傳入資料,也可傳出資料。WS2812B 全彩 LED 模組 屬於單工的串列傳輸，如下圖所示，由單一方向進入，再由輸入轉至下一顆。

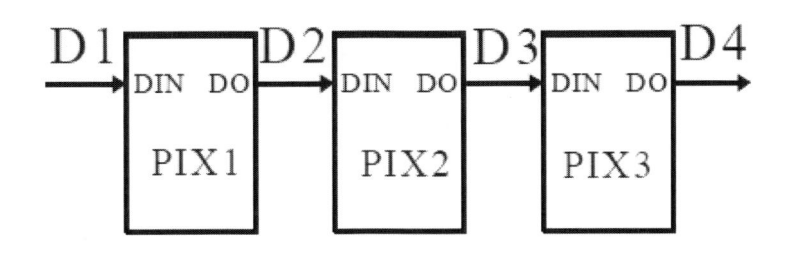

圖 23 串列傳輸_連接方法

WS2812B 全彩 LED 模組

如下圖所示，我們可以購買您喜歡的 WS2812B 全彩 LED 模組，來當作這次的實驗。

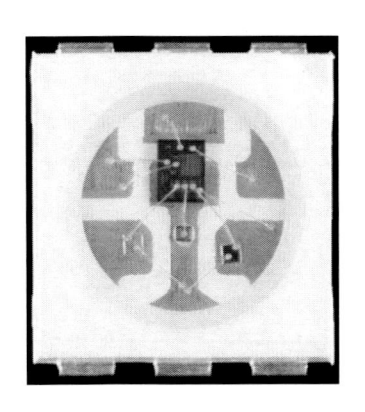

圖 24 WS2812B 全彩 LED 模組

如下圖所示，WS2812B 全彩 LED 模組只需要三條線就可以驅動，其中兩條是電源，只要將下圖(5V)接在+5V 與下圖(GND)接在 GND，微處理機只要將控制訊號接在下圖之 Data In(DI)，就可以開始控制了(曹永忠，2017)。

圖 25 WS2812B 全彩 LED 模組腳位

表 8 WS2812B 全彩 LED 模組腳位表

序號	符號	管腳名	功能描述
1	VDD	電源	供電管腳
2	DOUT	資料輸出	控制資料信號輸出
3	VSS	接地	信號接地和電源接地
4	DIN	資料登錄	控制資料信號輸入

如上圖所示，如果您需要多顆的 WS2812B 全彩 LED 模組共用，您不需

要每一顆 WS2812B 全彩 LED 模組都連接到微處理機,只需要四條線就可以驅動,其中兩條是電源,只要將下圖(5V)接在+5V 與下圖(GND)接在 GND,微處理機只要將控制訊號接在下圖之 Data In(DI),第一顆的之 Data Out(DO)連到第二顆的 WS2812B 全彩 LED 模組的 Data In(DI),就可以開始使用串列控制了。

如下圖所示,此時每一顆 WS2812B 全彩燈泡的電源,採用並列方式,所有的 5V 腳位接在+5V,GND 腳位接在 GND,所有控制訊號,第一顆 WS2812B 全彩燈的 Data In(DI)接在微處理機的控制訊號腳位,而第一顆的 Data Out(DO)連到第二顆的 WS2812B 全彩 LED 模組的 Data In(DI),第二顆的 Data Out(DO)連到第三顆的 WS2812B 全彩 LED 模組的 Data In(DI),以此類推就可以了。

圖 26 WS2812B 全彩 LED 模組串聯示意圖

如下圖所示,許多廠商為了可以將多個 WS2812B 全彩 LED 模組串在一起,並且為了可以將之纏繞在許多不同方向的物體上,創造更多的用途,並且設計了 WS2812B 全彩燈條。

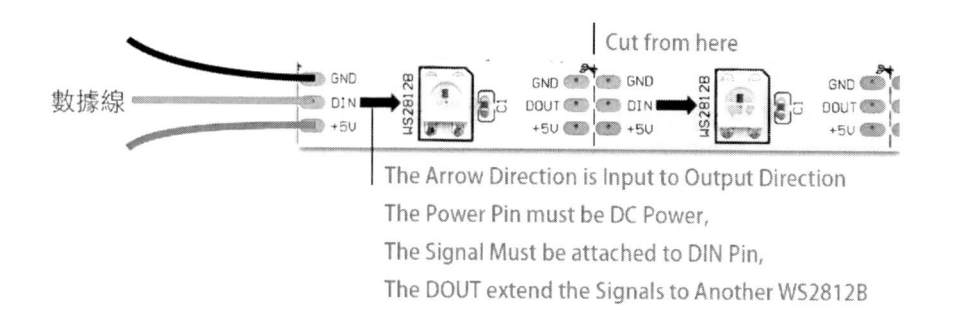

圖 27 WS2812B 全彩燈條串聯示意圖

民間延伸應用

　　如下圖所示，許多神廟因應時代所需，將許多民間信仰的神明，如三太子哪吒的神明，在許多出巡路上，如下圖所示，將三太子哪吒的外身，加上多個WS2812B全彩燈泡,加強三太子哪吒的外身神聖性(邓琪瑛，2013；柯亞先, 2013; 黃玲玉, 2016)，也更加強了可看性，讓台灣的神明的新穎、獨特與創新，將之呈現國際舞台上。

圖 28 電音三太子平繡僮仔與 WS2812B 全彩燈條整合圖

圖片資料來源：

https://www.psg.com.tw/productDetail/land-ctopa3-no_C2/index/ps
csn/40121/psn/184009

多形狀模組之延伸應用

如下列多圖所示，有更多的應用，如環形的應用、多環形整合之圓形應用、長條形應用、大面積燈源應用、甚至環形面積或不規則創造的軟形時代所需之 WS2812B 模組之應用，都會是更多 WS2812B 模組不同形狀、載體或不同領域的諸多應用，讓 WS2812B 模組在更多領域發光發熱。

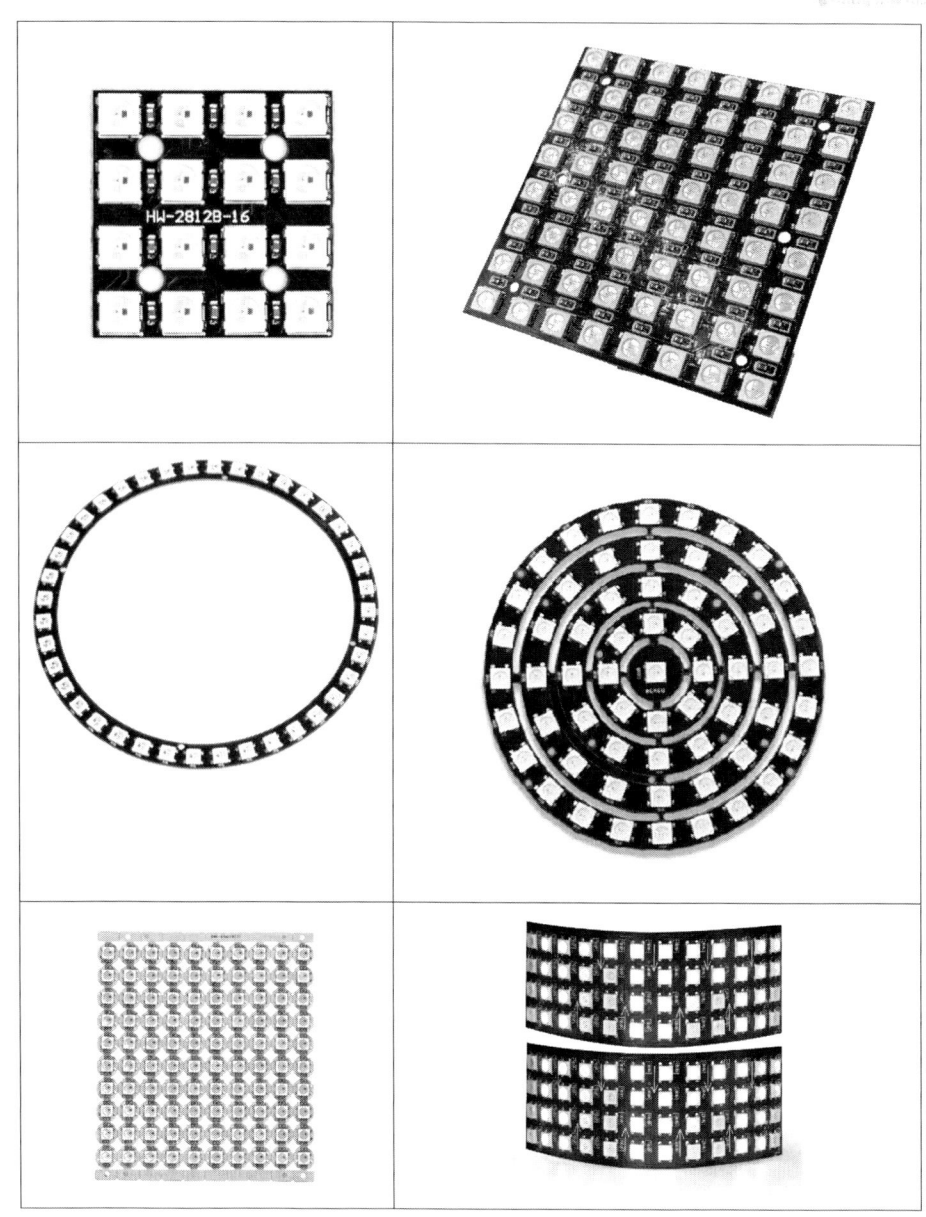

圖 29 許多不同形狀等 WS2812B 全彩 led 模組圖

安裝 WS2812B 函式庫

但是如果讀者尚未安裝 NODEMCU-32S LUA WIFI 物聯網開發板開發環境，請回到第一章閱讀，如果讀者在燒錄前，沒有安裝『Adafruit_NeoPixel』函式庫，請參考筆者拙作：ESP32 程式設計(基礎篇):ESP32 IOT Programming (Basic Concept & Tricks)(曾永忠，2020b, 2020c；曾永忠，許智誠，& 蔡英德，2020；曾永忠，許智誠，蔡英德，鄭昊緣，& 張程，2020)，閱讀線上安裝函式庫，或接續下文到 GITHUB 下載與安裝『Adafruit_NeoPixel』函式庫。

函式庫下載與安裝

如下圖所示，請讀者到 GIT HUB 的網頁，網址：https://github.com/，：

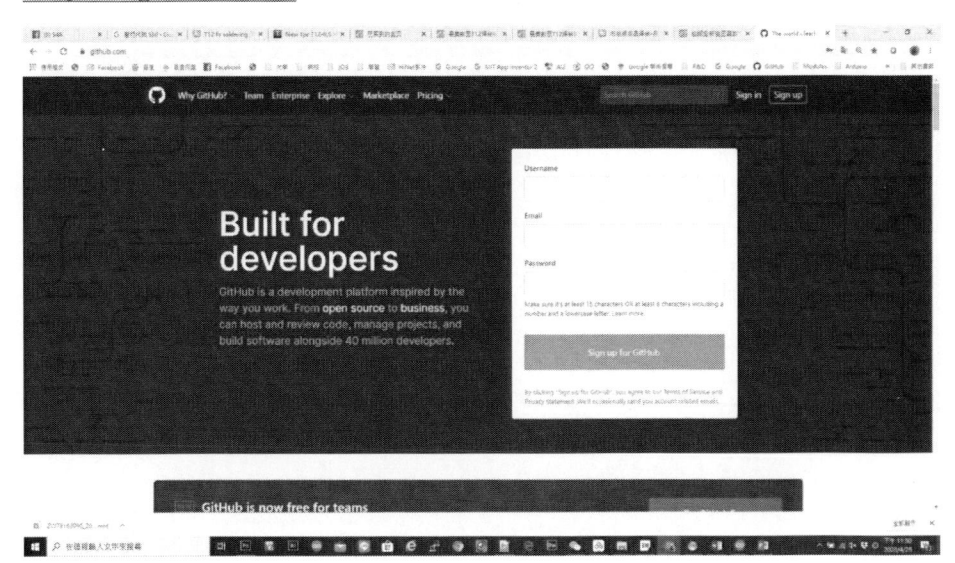

圖 30 GIT HUB 的網頁

如下圖所示，請讀者到 GIT HUB 的網頁，註冊 Github 帳號：

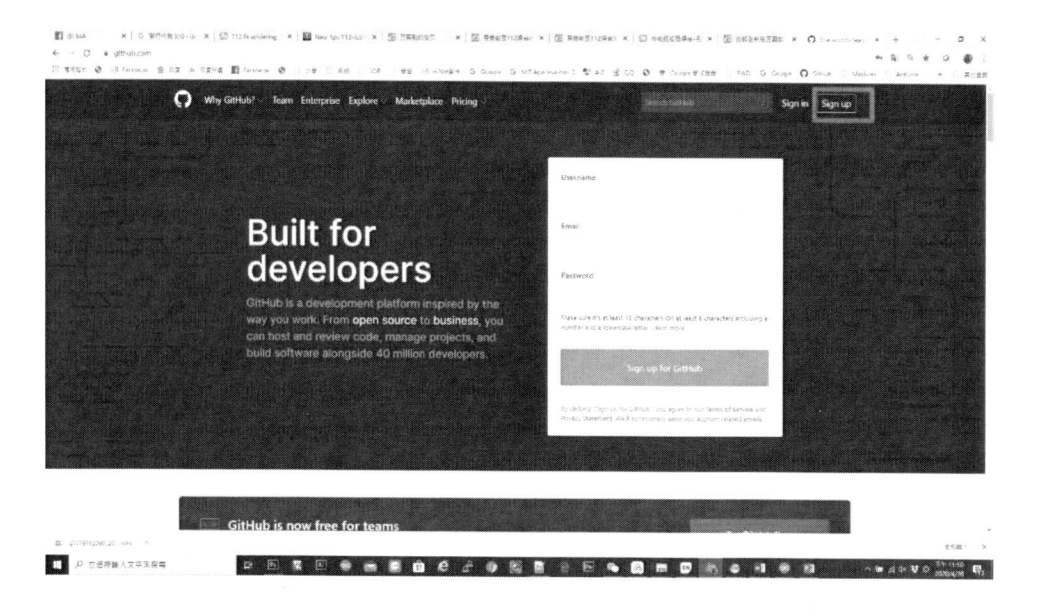

圖 31 請註冊 Github

如下圖所示，讀者註冊 GIT HUB 完畢後，請登入 GIT HUB，網址：https://github.com/，：

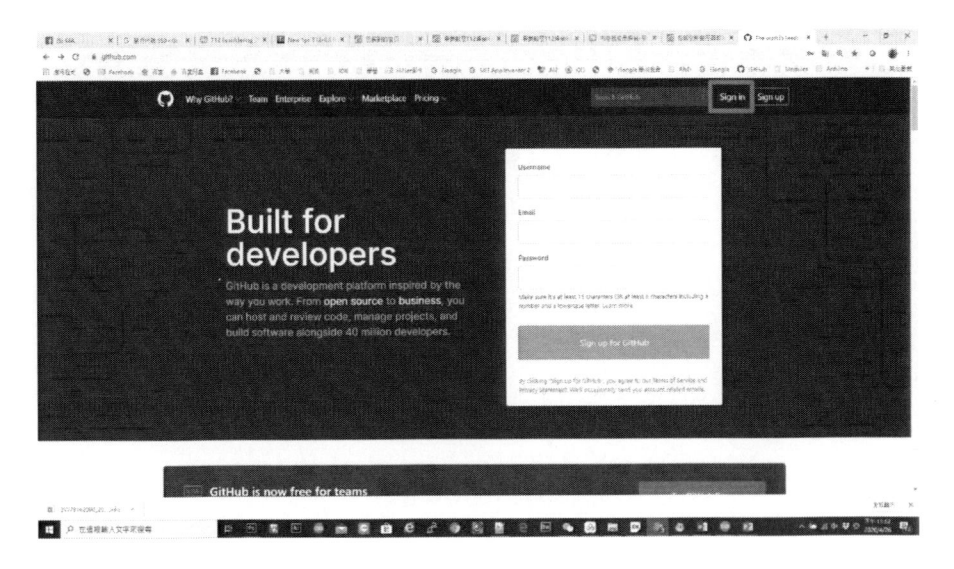

圖 32 請登入 Github

如下圖所示，請讀者用註冊的帳號，登入 Github：

圖 33 登入 Github

如下圖所示，登入後 Github 後，可以看到下列畫面：

- 68 -

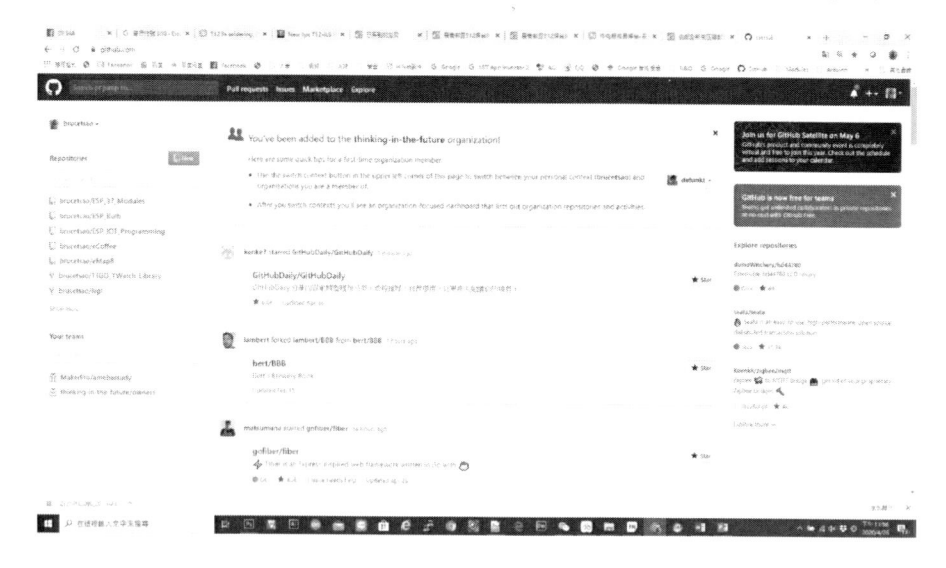

圖 34 登入Github後

如下圖所示，請讀者點選查詢：

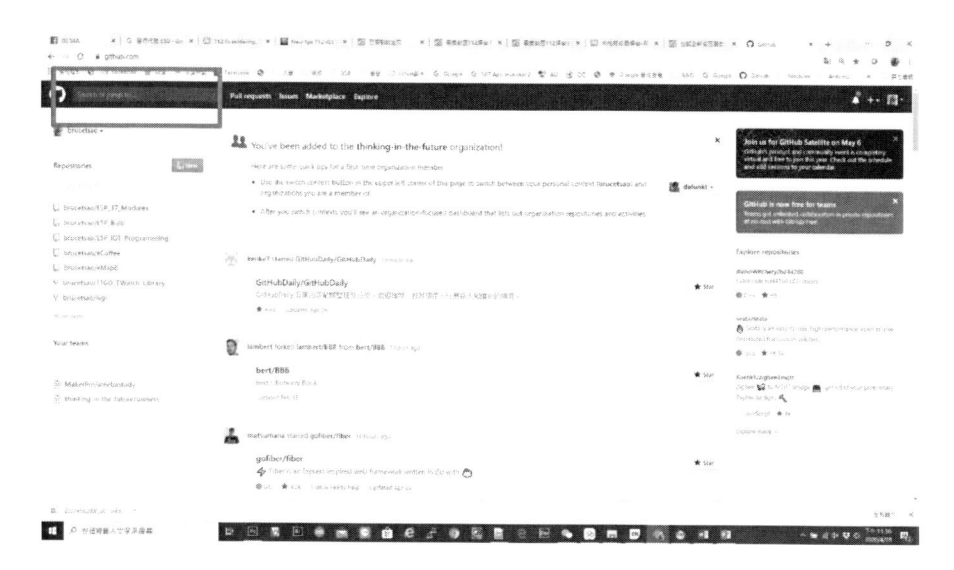

圖 35 點選開始查詢

如下圖所示，請讀者輸入要查詢關鍵字：『ws2812』

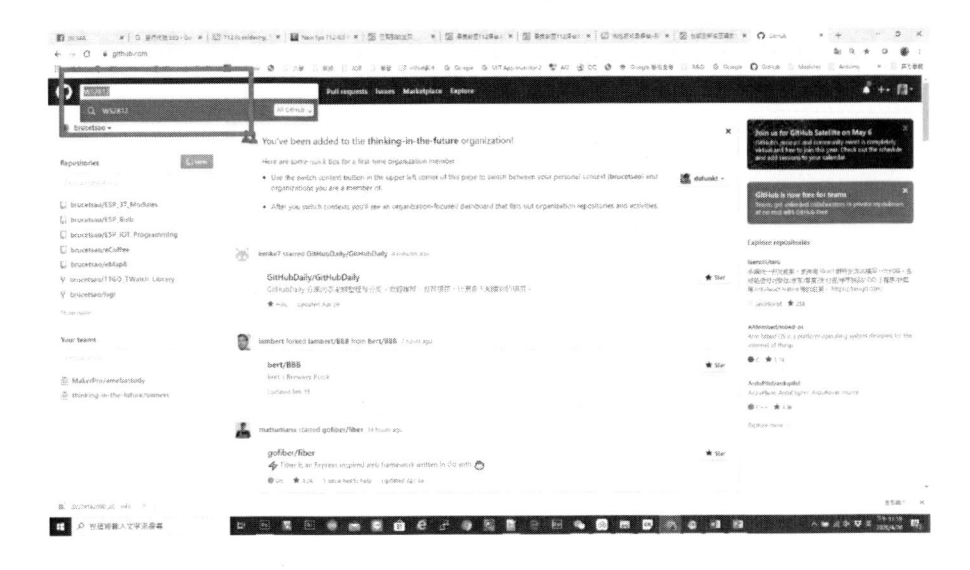

圖 36 輸入要查詢關鍵字

如下圖所示，網頁回應列出查詢結果：

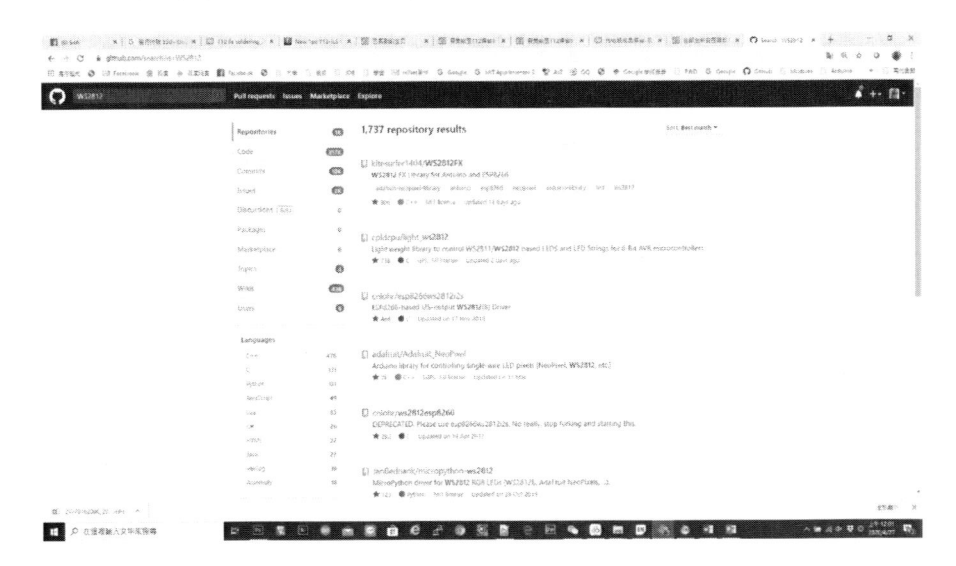

圖 37 列出查詢結果

如下圖所示，請讀者往下捲，可以看到下圖所示之找到要查詢的函式庫：『Adafruit_NeoPixel』

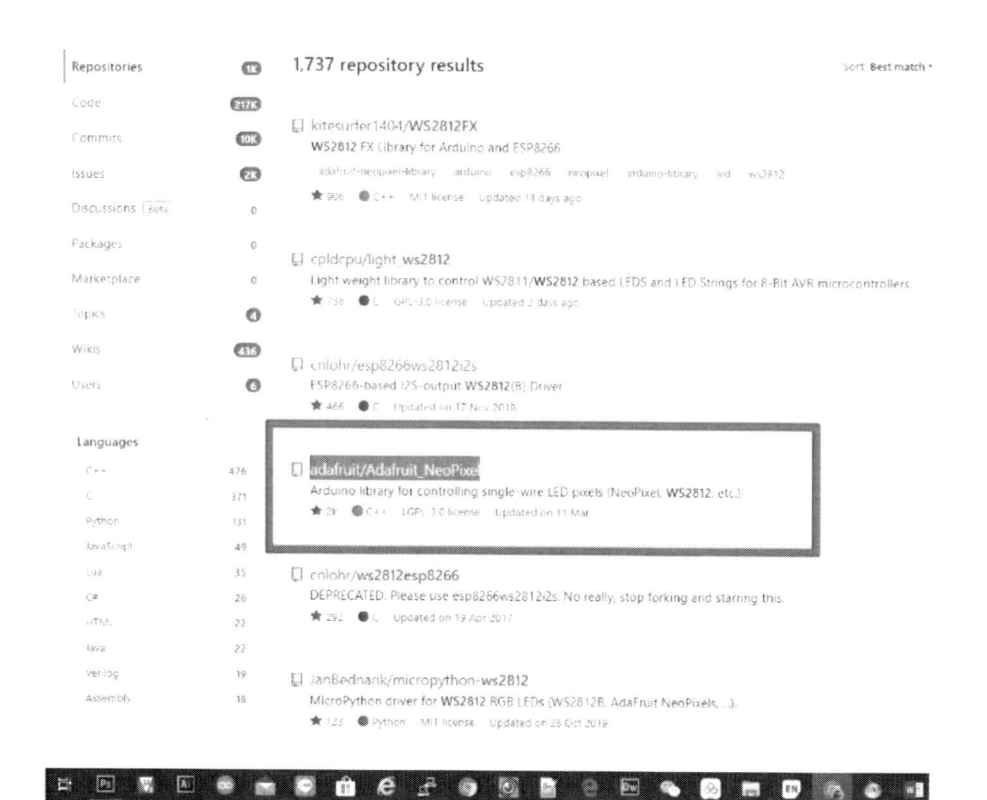

圖 38 找到要查詢的函式庫

如下圖所示，請讀者點選要進入的函式庫：『Adafruit_NeoPixel』

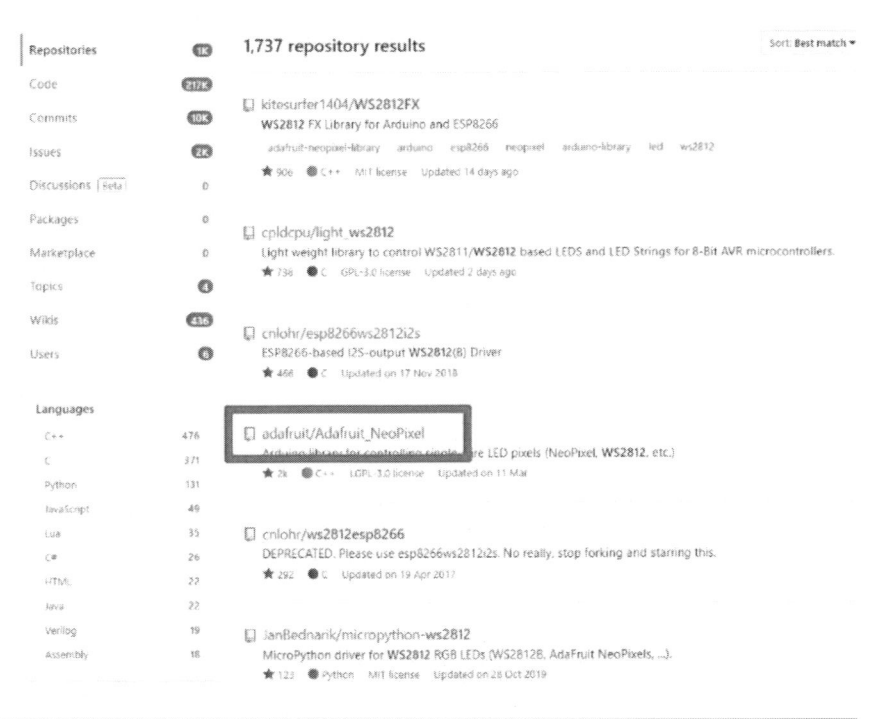

圖 39 點選要進入的函式庫

如下圖所示，請讀者進到我們要的函式庫

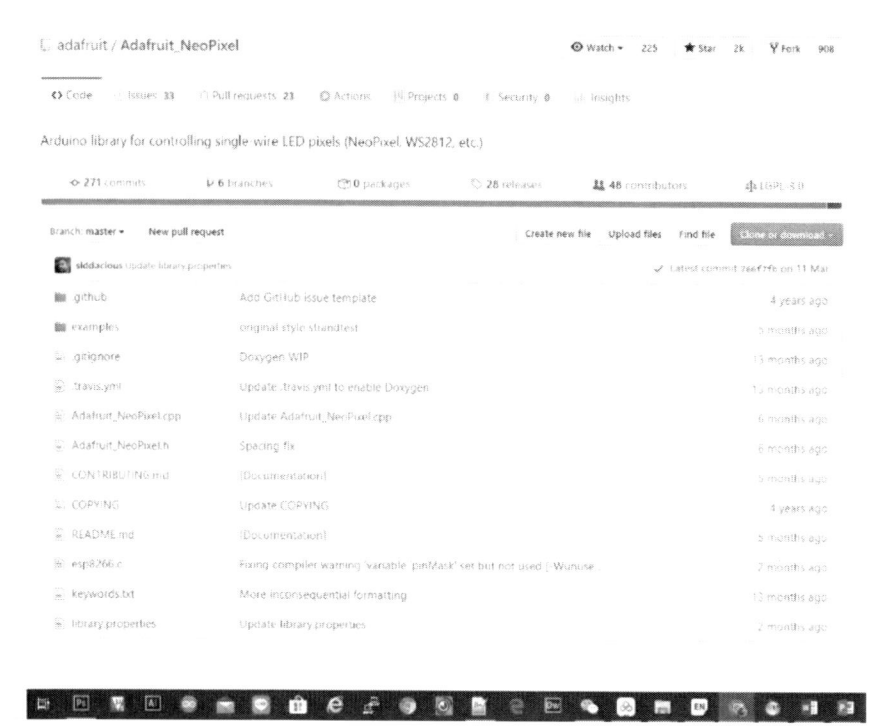

圖 40 進到我們要的函式庫

如下圖所示，請讀者點選下載函式庫

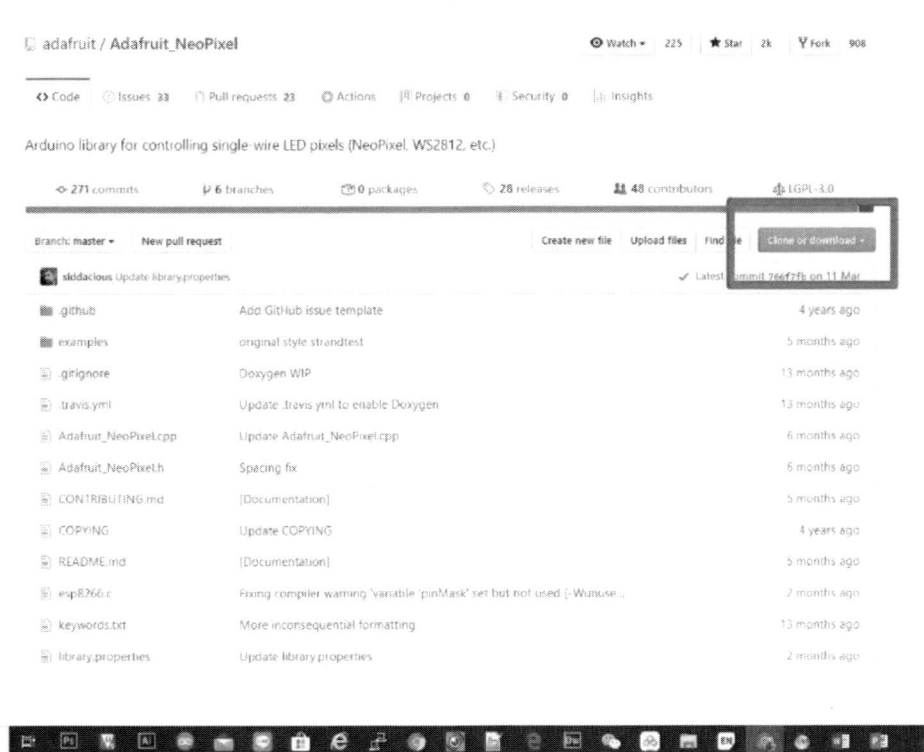

圖 41 點選下載函式庫

如下圖所示，請讀者下載函式庫壓縮檔

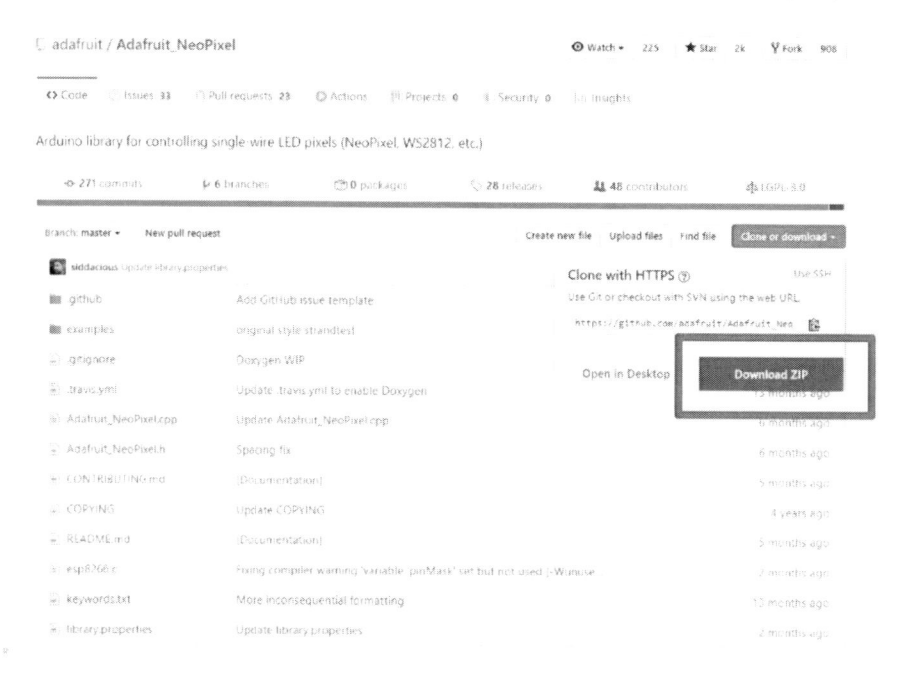

圖 42 下載函式庫壓縮檔

如下圖所示，請讀者選擇下載檔案儲存目錄

圖 43 選擇下載檔案儲存目錄

手動安裝函式庫

如下圖所示,請讀者選擇管理程式庫:

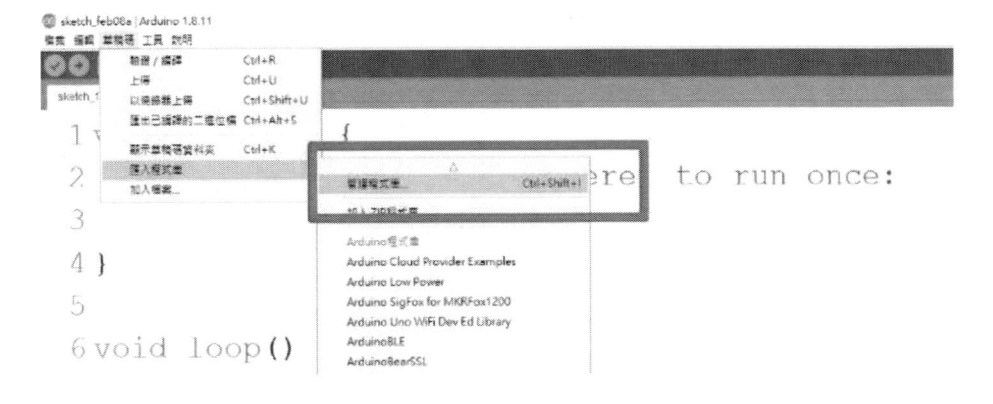

圖 44 選擇管理程式庫

如下圖所示,請讀者匯入 ZIP 程式庫:

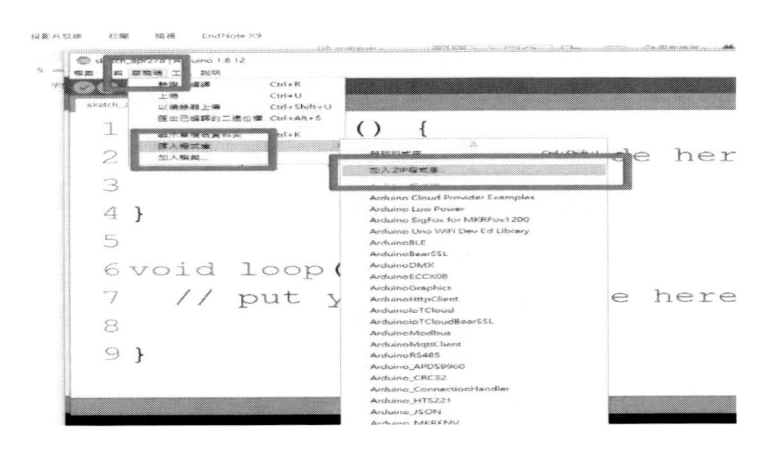

圖 45 匯入 ZIP 程式庫

如下圖所示,請讀者選擇匯入 ZIP 程式庫之路徑(資料夾):

圖 46 選擇匯入 ZIP 程式庫之路徑(資料夾)

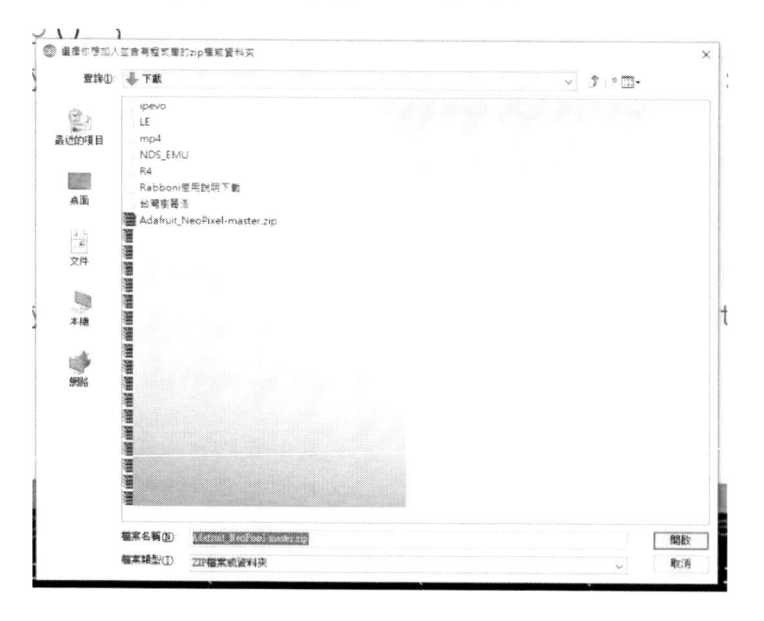

如下圖所示,請讀者匯入下載之 ZIP 程式庫:

圖 47 匯入下載之 ZIP 程式庫

如下圖所示，請讀者確定匯入下載之 ZIP 程式庫：

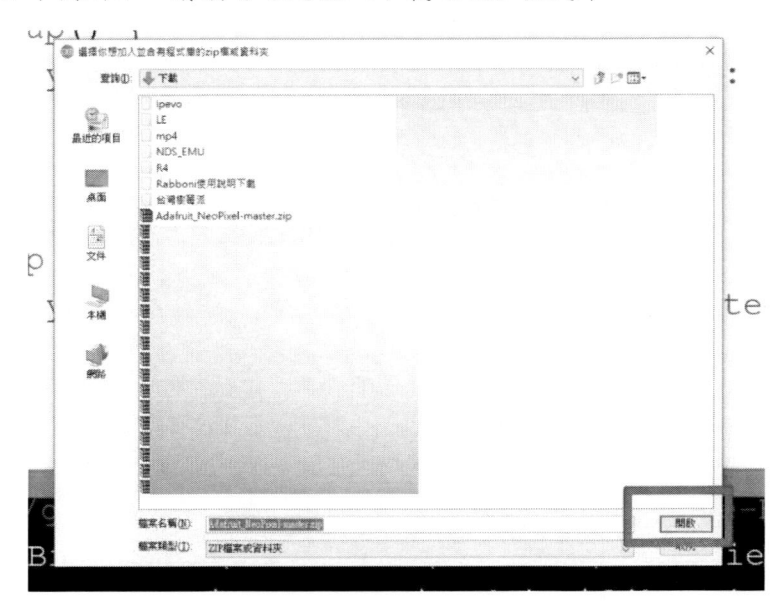

圖 48 確定匯入下載之 ZIP 程式庫

控制 WS2812B 全彩 LED 模組

如下圖所示，這個實驗我們需要用到的實驗硬體有下圖.(a)的 ESP32 C3 開發板、下圖.(b) Micro USB 下載線、下圖.(c) WS2812B 全彩 LED 模組：

(a). ESP32 C3

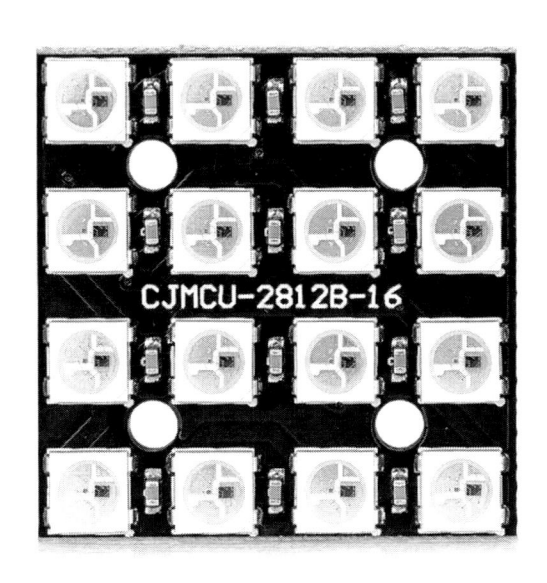

(b). Micro USB 下載線

(c). WS2812B全彩LED模組

圖 49 控制 WS2812B 全彩 LED 模組所需材料表

讀者可以參考下圖所示之控制 WS2812B 全彩 LED 模組連接電路圖，進行電路組立。

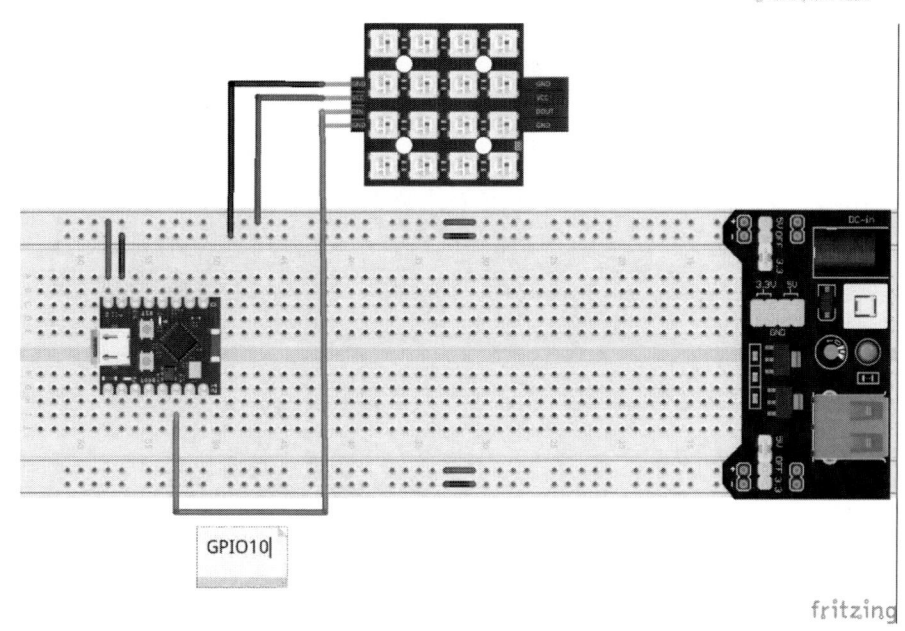

圖 50 控制 WS2812B 全彩 LED 模組連接電路圖

讀者也可以參考下表之 WS2812B 全彩 LED 模組接腳表,進行電路組立。

表 9 控制 WS2812B 全彩 LED 模組接腳表

接腳	接腳說明	開發板接腳
1	麵包板 Vcc(紅線)	接電源正極(5V)
2	麵包板 GND(藍線)	接電源負極
3	Data In(DI)	開發板 GPIO 10

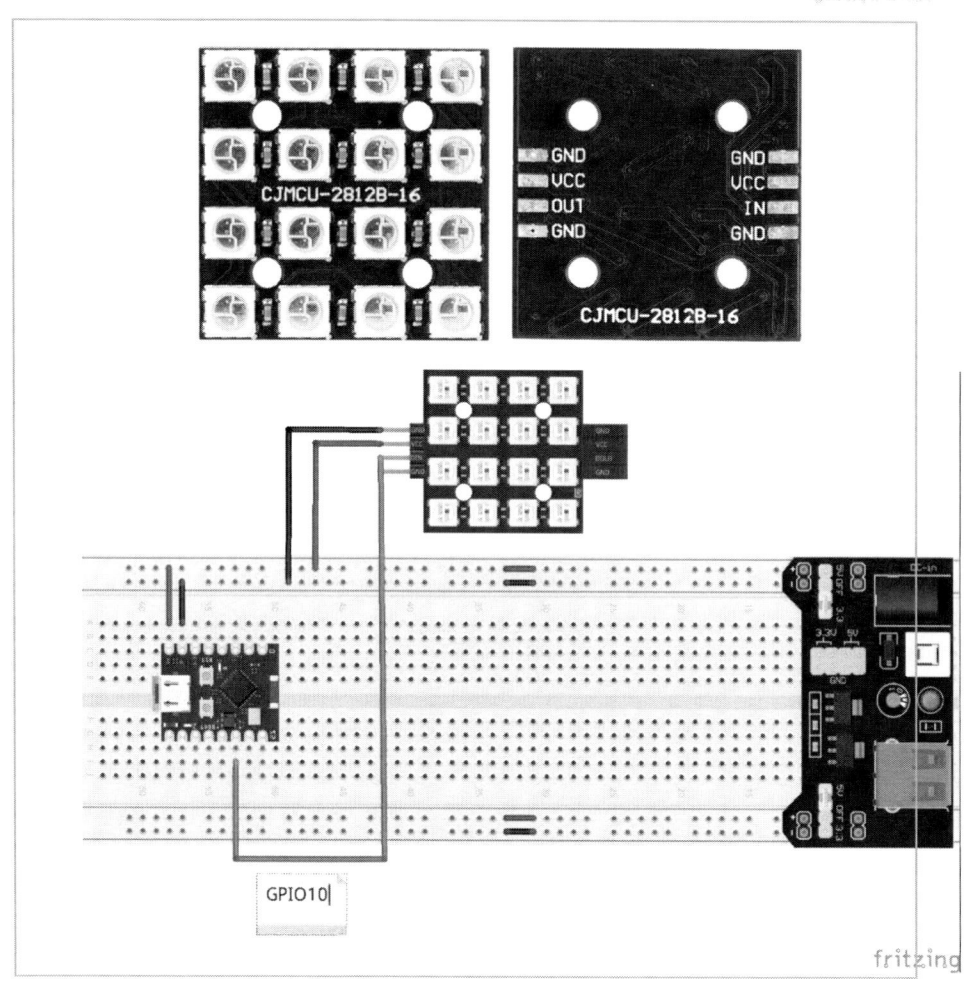

開發控制 WS2812B 的程式

我們遵照前幾章所述,將 NODEMCU-32S LUA WIFI 物聯網開發板的驅動程式安裝好之後,我們打開 Arduino 開發板的開發工具:Sketch IDE 整合開發軟體(軟體下載請到:https://www.arduino.cc/en/Main/Software),攥寫一段程式,如下表所示之 WS2812B 全彩 LED 模組測試程式，控制 WS2812B 全彩 LED 模組紅色、綠色、藍色明滅測試。(曹永忠，吳佳駿，et al., 2016a, 2016b, 2016c, 2016d, 2017a, 2017b, 2017c; 曹永忠 et al., 2015b, 2015f; 曹永忠，許智誠，et al., 2016a, 2016b; 曹永忠，郭晉魁，et al., 2017)。

表 10 WS2812B 全彩 LED 模組測試程式

WS2812B 全彩 LED 模組測試程式(WSRGBLedTest_C3)
#include <String.h>　　　//處理字串的函數
#include "Pinset.h"　　　//自訂的 include 檔
#include <WiFi.h>　　　//網路函數
String connectstr ;　　　//處理字串
#include <Adafruit_NeoPixel.h>　　　//WS2812B 的函數
// 產生 WS2812B 的物件，取名叫 pixels
// Adafruit_NeoPixel(燈泡數，接腳位，傳輸速率_不可亂改)
Adafruit_NeoPixel pixels = Adafruit_NeoPixel(NUMPIXELS, WSPIN, NEO_GRB + NEO_KHZ800);
byte RedValue = 0, GreenValue = 0, BlueValue = 0;　// 設定初始顏

色數值（紅、綠、藍）

String ReadStr = "   " ;   // 用於儲存字串資料

int delayval = 500; // 延遲 0.5 秒

void setup() {

  // 初始化設定，僅執行一次

  initAll() ;

}

void loop() {

  // 主程式循環（目前無功能）

}

// 改變燈泡顏色函數

void ChangeBulbColor(int r, int g, int b)

{

   // 對每個燈泡設定顏色

   for(int i=0;i<NUMPIXELS;i++)

   {

```
        // 設定燈泡顏色 (RGB: 0~255)
        pixels.setPixelColor(i, pixels.Color(r,g,b)); // 設定顏色
    }
    pixels.show(); // 傳送顏色資料到燈泡
}


// 檢查 LED 顯示顏色的函數
void CheckLed()
{
    for(int i = 0 ; i <16; i++)
    {
        // 使用預設顏色陣列檢查顯示
        ChangeBulbColor(CheckColor[i][0],CheckColor[i][1],CheckColor[i][2]);
        delay(CheckColorDelayTime); // 延遲一段時間
    }
}
```

```
// 除錯訊息輸出函數（不換行）
void DebugMsg(String msg)
{
    if (_Debug != 0)  //除錯訊息(啟動)
    {
        Serial.print(msg) ;  // 顯示訊息:msg 變數內容
    }
}


// 除錯訊息輸出函數（換行）
void DebugMsgln(String msg)
{
    if (_Debug != 0)  //除錯訊息(啟動)
    {
        Serial.println(msg) ;  // 顯示訊息:msg 變數內容
    }
}


// 初始化所有設定函數
```

```
void initAll()
{
    Serial.begin(9600);      // 設定序列監控速率為 9600
    Serial.println("System Start");  //送訊息:System Start

    //--------------------

    pixels.begin();    // 啟動燈泡
    pixels.setBrightness(255);  // 設定亮度最大值 255
    pixels.show();  // 初始化燈泡為關閉狀態


    DebugMsgln("Program Start Here");   //送訊息:Program Start Here
    DebugMsgln("init LED");    //送訊息:init LED
    ChangeBulbColor(RedValue, GreenValue, BlueValue); // 設定初始燈泡顏色
    DebugMsgln("Turn off LED");    //送訊息:Turn off LED


    if (TestLed == 1)
    {
```

```
            CheckLed(); // 執行燈泡顏色檢查

            DebugMsgln("Check LED");   //送訊息:Check LED

            ChangeBulbColor(RedValue, GreenValue, BlueValue); // 重設
顏色

            DebugMsgln("Turn off LED");   //送訊息:Turn off LED

    }
}
```

程式下載網址：

https://github.com/brucetsao/ESP_LedTube/tree/main/Codes

表 11 WS2812B 全彩 LED 模組測試程式(Pinset.h)

WS2812B 全彩 LED 模組測試程式(Pinset.h)
#define _Debug 1 // 除錯模式開啟 (1: 開啟, 0: 關閉)
#define TestLed 1 // 測試 LED 功能開啟 (1: 開啟, 0: 關閉)
#include <String.h> // 引入處理字串的函數庫
#define WSPIN   10 // WS2812B 燈條控制的腳位
#define NUMPIXELS   16 // 燈泡數量為 16 顆
#define RXD2 20 // 第二組 UART 的 RX 腳位
#define TXD2 21 // 第二組 UART 的 TX 腳位

```
#define CheckColorDelayTime 200 // LED 顏色檢查延遲時間（毫秒）

#define initDelayTime 2000 // 初始化延遲時間（毫秒）

#define CommandDelay 100 // 指令延遲時間（毫秒）


// 預設顏色陣列（R, G, B）
int CheckColor[][3] = {
                      {255 , 255,255} ,  // 白色
                      {255 , 0,0} ,      // 紅色
                      {0 , 255,0} ,      // 綠色
                      {0 , 0,255} ,      // 藍色
                      {255 , 128,64} ,   // 橙色
                      {255 , 255,0} ,    // 黃色
                      {0 , 255,255} ,    // 青色
                      {255 , 0,255} ,    // 紫色
                      {255 , 255,255} ,  // 白色
                      {255 , 128,0} ,    // 深橙色
                      {255 , 128,128} ,  // 粉紅色
```

```
                    {128 , 255,255} ,   // 淺藍綠色

                    {128 , 128,192} ,   // 淡紫色

                    {0 , 128,255} ,     // 天藍色

                    {255 , 0,128} ,     // 粉紫色

                    {128 , 64,64} ,     // 深紅色

                    {0 , 0,0} } ;       // 黑色（關閉）
```

程式下載網址：

https://github.com/brucetsao/ESP_LedTube/tree/main/Codes

如下圖所示，我們可以看到 WS2812B 全彩 LED 模組測試程式結果畫面。

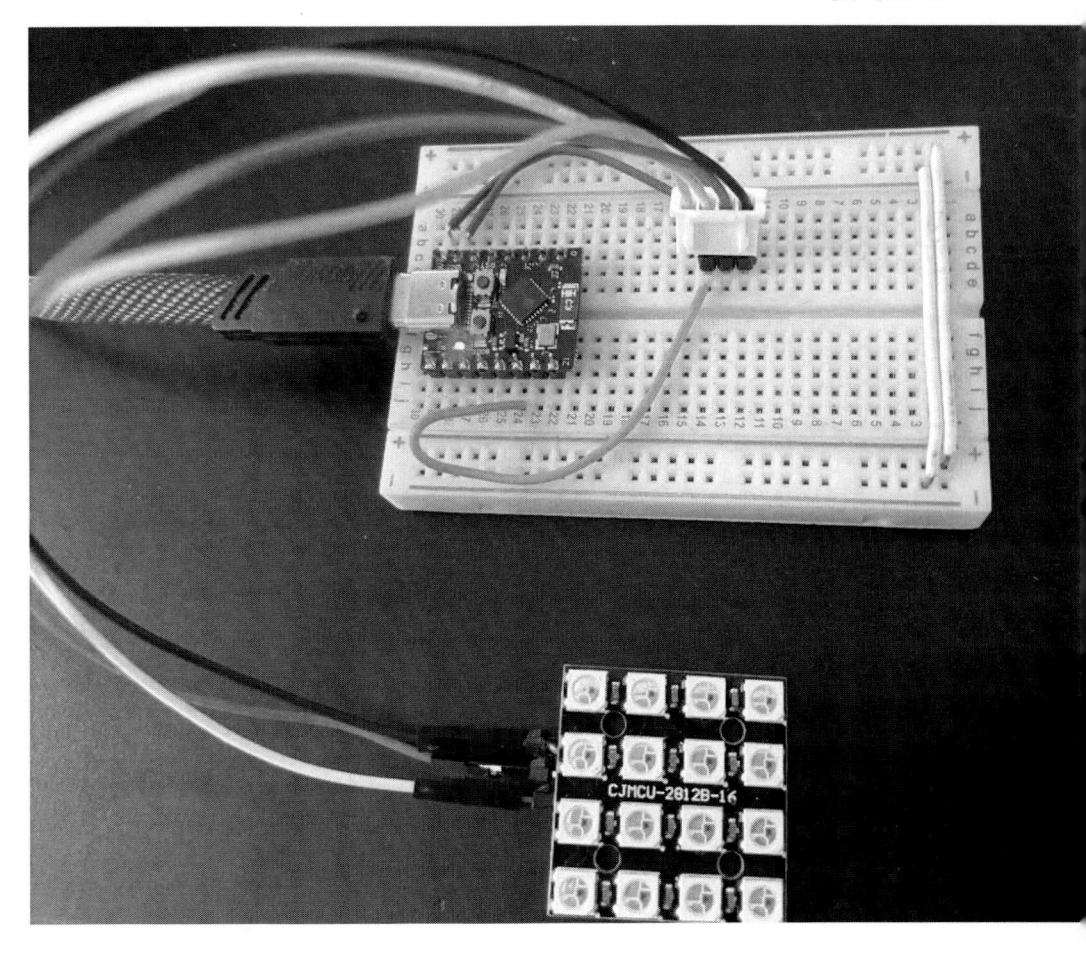

圖 51 WS2812B 全彩 LED 模組測試程式程式結果畫面

解說控制 WS2812B 的程式

背景與程式碼概述

程式碼結構包括必要的庫引入、變數宣告以及多個函數定義，涵蓋 setup、loop、ChangeBulbColor、CheckLed 和 initAll 等，程式碼主要涉及 WS2812B LED 燈條的控制，包含初始化、顏色改變和測試功能。

程式碼使用了以下主要函式庫：

- <String.h>：用於字串操作。
- "Pinset.h"：自訂標頭檔案，假定包含腳位定義和其他常數。
- <WiFi.h>：WiFi 函式庫，雖然此程式碼片段中未使用，可能為未來功能預留。
- <Adafruit_NeoPixel.h>：用於控制 WS2812B LED 的函式庫。

詳細分析與註解過程

函式庫使用與變數宣告

首先，程式碼使用了必要的函式庫庫，並宣告了一些變數。以下是每個部分的分析：

- #include <String.h>：包含 Arduino String 類別庫，用於字串操作。
- #include "Pinset.h"：包含自訂標頭檔案 "Pinset.h"，假定包含腳位定義和其他常數，如 NUMPIXELS、WSPIN 等。
- #include <WiFi.h>：包含 WiFi 庫，用於網路功能，但此程式碼片段中未使用，可能是為未來擴展預留。
- String connectstr;：字串變數，用於儲存連接資訊，雖然目前未使用，但可能在更大專案中有作用。

- #include <Adafruit_NeoPixel.h>：包含 Adafruit_NeoPixel 庫，用於控制 WS2812B LED，確認其功能為單線控制 LED 像素和燈條。

變數宣告部分包括：

Adafruit_NeoPixel pixels = Adafruit_NeoPixel(NUMPIXELS, WSPIN, NEO_GRB + NEO_KHZ800);：建立名為 'pixels' 的 Adafruit_NeoPixel 物件，控制 NUMPIXELS 數量的 LED，連接到 WSPIN 腳位，使用 GRB 顏色順序和 800 KHz 資料速率。

byte RedValue = 0, GreenValue = 0, BlueValue = 0;：儲存目前紅、綠、藍顏色值的位元組變數，初始化為 0，表示 LED 關閉。

String ReadStr = "　　　　　　";：字串變數 ReadStr 初始化為六個空格，可能用於讀取固定長度的輸入或儲存資料。

int delayval = 500;：延遲時間整數，設定為 500 毫秒（0.5 秒），程式對於這個變數，保留在未來版本中使用。

函數定義與功能分析

程式碼包含多個函數，下面逐一分析並添加註解：

setup 函數：

```
void setup()
{
    initAll();
}
```

初始化所有設定，通過呼叫 initAll 函數執行。

註解：// 初始化所有設定，通過呼叫 initAll 函數。

loop 函數：

```
void loop()
{
?????????????????????????????????????????
?????????????????????????????????????????
}
```

主程式循環，目前沒有執行任何操作。

字串解譯函數

```
// 字串解譯函數，解析 RGB 值
boolean DecodeString(String INPStr, byte *r, byte *g, byte *b)
```

```
{
    Serial.print("check string:("); // 檢查輸入字串
    Serial.print(INPStr);
    Serial.print(")\n");

    int i = 0;
    int strsize = INPStr.length(); // 取得字串長度

    for (i = 0; i < strsize; i++) {
        Serial.print(i); // 顯示當前索引
        Serial.print(" :(");
        Serial.print(INPStr.substring(i, i + 1)); // 顯示字串的單一字元
        Serial.print(")\n");

        // 檢查字串中是否有 '@' 符號
        if (INPStr.substring(i, i + 1) == "@") {
            Serial.print("find @ at :("); // 找到 '@' 的位置
            Serial.print(i);
```

```
    Serial.print("/");
    Serial.print(strsize - i - 1);
    Serial.print("/");
    Serial.print(INPStr.substring(i + 1, strsize)); // 顯示
'@' 之後的字串
    Serial.print(")\n");


    // 解析 RGB 值，假設格式為 @RRRGGGBBB
    // R 值：從 i+1 到 i+3
    *r = byte(INPStr.substring(i + 1, i + 4).toInt());
    // G 值：從 i+4 到 i+6
    *g = byte(INPStr.substring(i + 4, i + 7).toInt());
    // B 值：從 i+7 到 i+9
    *b = byte(INPStr.substring(i + 7, i + 10).toInt());


    Serial.print("convert into :("); // 顯示轉換後的 RGB 值
    Serial.print(*r);
    Serial.print("/");
    Serial.print(*g);
```

```
        Serial.print("/");

        Serial.print(*b);

        Serial.print(")\n");


        return true;  // 解析成功,返回真

    }

  }

  return false;  // 解析失敗,返回假

}
```

本程式碼是一個名為 DecodeString 的函數,接受一個字串和三個指向 byte 的指標(r, g, b),用於解譯 RGB 255 階層值

程式碼結構

程式碼是一個名為 DecodeString 的函數,接受一個字串和三個指向 byte 變數的指標(r, g, b),用於解譯 RGB 值。

函數功能:

該函數檢查字串中是否包含 '@' 符號,若找到,則輸入後續的 RGB

值（格式為 @RRRGGGBBB），並將其轉換為整數存入 r, g, b。

測試輸出：

函數包含多個 Serial.print 測試輸出，顯示字串內容、索引和解析結果，適合開發階段使用。

返回值：

若成功解析，返回 true；若未找到 '@'，返回 false。

本函式背景與整體需求

筆者設計一個提供使用者名為 DecodeString 的函數，功能為解析字串以輸入 RGB 值。該函數接受一個字串參數 INPStr 以及三個指向 byte 的指標 r、g、b，用於存儲解析出的紅、綠、藍值。

程式碼分析

程式碼的邏輯如下：

函數宣告與目的：DecodeString 函數的目的是解譯輸入字串，輸入 RGB 值，並返回布林值表示是否成功。

測試輸出：程式包含多個 Serial.print 測試輸出，顯示字串內容、索引和解析結果，適合開發與測試階段。

字串解析：函數通過尋找 '@' 符號來定位 RGB 值的起始位置，假設格式為 @RRRGGGBBB，其中 RRR、GGG、BBB 為三個數字組成的子字串，代表紅、綠、藍的值。

輸入值與轉換：找到 '@' 後，輸入後續的子字串，分別轉換為整數並存入 r、g、b。

返回值：若找到 '@' 並成功解析，返回 true；否則，遍歷完字串後返回 false。

ChangeBulbColor 函數：

```
// 改變燈泡顏色函數
void ChangeBulbColor(int r, int g, int b) {

    // 對每個 LED 設定顏色
    for(int i = 0; i < NUMPIXELS; i++) {

        // 設定 LED 顏色 (RGB 範圍：0~255)
        pixels.setPixelColor(i, pixels.Color(r, g, b)); // 設定顏色

    }

    pixels.show(); // 傳送顏色數據到 LED，更新顯示
```

```
}
```

　　void ChangeBulbColor(int r, int g, int b)：改變所有 LED 顏色的函數，接受紅、綠、藍（RGB）值作為參數，接受紅、綠、藍（RGB）值作為參數，進而改變開發板連接之所有 WS2812B LED 的顏色。

　　程式內部邏輯：透過 for 迴圈，用 i 變數指引，循環每個 LED，通過 pixels.setPixelColor 設定顏色，然後 pixels.show() 更新燈條。

```
for(int i=0; i<NUMPIXELS; i++)
{
...
};
```

// 循環遍歷每個 LED，設定其顏色為 (r, g, b)。

　　pixels.setPixelColor(i, pixels.Color(r, g, b));：// 為每個 LED 設定顏色。

　　pixels.Color(r, g, b)為透過設定其顏色為 (r, g, b)，來取得系統所用的顏色變數。

　　pixels.show();：// 更新 LED 燈條，顯示新的顏色。

CheckLed 函數：

```
// 檢查 LED 顯示顏色的函數
void CheckLed() {
    for(int i = 0; i < 16; i++) {
        // 使用預定義的顏色陣列檢查顯示
        ChangeBulbColor(CheckColor[i][0], CheckColor[i][1], CheckColor[i][2]);
        delay(CheckColorDelayTime); // 延遲一段時間，讓顏色顯示
    }
}
```

void CheckLed()：檢查 LED 功能，通過 for 迴圈，循環顯示預定義顏色陣列 CheckColor[16][3]。

內部邏輯：for 迴圈循環 16 次（i<16），因為筆者連接之 WS2812B 只有設定 16 顆 RGB LED 燈泡，每次呼叫 ChangeBulbColor 設定 CheckColor[i] 指定的顏色，然後延遲 CheckColorDelayTime。

```
for(int i = 0; i <16; i++)
{
 ...
}
```

// 循環 16 次，設定每個顏色 CheckColor[i][0=Red, 1=Green, 2=Blue]。

ChangeBulbColor(CheckColor[i][0], CheckColor[i][1], CheckColor[i][2]);:

// 設定所有 LED 為 CheckColor[i] 指定的顏色。

delay(CheckColorDelayTime);:// 等待指定的時間

initAll 函數：

```
// 初始化所有設定的函數
void initAll() {
    Serial.begin(9600);    // 設定序列監控速率為 9600
    Serial.println("System Start"); // 送出訊息：系統啟動
```

```
    // ----------------------
    pixels.begin();    // 啟動 LED
    pixels.setBrightness(255);    // 設定亮度最大值為 255
    pixels.show(); // 初始化 LED 為關閉狀態


    DebugMsgln("Program Start Here");    // 送出訊息：程式從這裡開始
    DebugMsgln("init LED");    // 送出訊息：初始化 LED
    ChangeBulbColor(RedValue, GreenValue, BlueValue); // 設定初始 LED 顏色
    DebugMsgln("Turn off LED");    // 送出訊息：關閉 LED


    if (TestLed == 1) {
        CheckLed(); // 執行 LED 顏色檢查
        DebugMsgln("Check LED");    // 送出訊息：檢查 LED
        ChangeBulbColor(RedValue, GreenValue, BlueValue); // 重設顏色
        DebugMsgln("Turn off LED");    // 送出訊息：關閉 LED
    }
```

```
}
```

void initAll()：

初始化所有設定，包括序列通訊、LED 燈條和可能的測試。

程式內部邏輯：開始序列通訊（9600 波特率），初始化 LED 燈條（設定亮度為 255，初始化為關閉），列印偵測訊息，並根據 TestLed 旗標執行 LED 檢查。

// 初始化所有設定的函數。

Serial.begin(9600);：// 開始序列通訊，波特率設為 9600。

Serial.println("System Start");：// 向序列監控器列印 "System Start"。

pixels.begin();：// 啟動 NeoPixel 函式庫

pixels.setBrightness(255);：// 設定亮度為最大值（255）

pixels.show();：// 更新 LED 燈條，初始化為關閉狀態

DebugMsgln("Program Start Here");：// 偵測訊息：列印 "Program Start Here"

DebugMsgln("init LED");：// 偵測訊息：列印 "init LED"

ChangeBulbColor(RedValue, GreenValue, BlueValue);：// 設定 LED 為初始顏色（關閉）

DebugMsgln("Turn off LED");：// 偵測訊息：列印 "Turn off LED"

```
if (TestLed == 1)
{
 ...
}
```

// 如果 TestLed 為 1，執行以下 LED 檢查

CheckLed();：// 執行 LED 顏色檢查

DebugMsgln("Check LED");：// 偵測訊息：列印 "Check LED"

ChangeBulbColor(RedValue, GreenValue, BlueValue);

// 重新設定 LED 為初始顏色（關閉）

DebugMsgln("Turn off LED");：// 偵測訊息：列印 "Turn off LED"

常數與假設

筆者在程式碼中使用了多個未定義的常數，如 *NUMPIXELS*、*WSPIN*、*CheckColor*、*CheckColorDelayTime* 和 *TestLed*，這些變數被筆者設定在 Pinset.h 進行定義：

- NUMPIXELS：WS2812B RGB LED 燈條的燈泡數量。

- WSPIN：連接到 WS2812B RGB LED 燈條的腳位號。

- CheckColor：二維陣列，儲存用於測試的預定義 RGB 顏色。

- CheckColorDelayTime：測試時每個顏色顯示的延遲時間。

- TestLed：旗標，用於決定是否執行 LED 檢查。

章節小結

本章主要介紹之 NODEMCU-32S LUA WIFI 物聯網開發板使用與連接 WS2812B 全彩 LED 模組，使用函式庫方式來控制 WS2812B 全彩 LED 模組三原色混色，產生想要的顏色，透過本章節的解說，相信讀者會對連接、使用 WS2812B 全彩 LED 模組，有更深入的了解與體認。

6
CHAPTER

智慧燈管裝置專案架構介紹

筆者寫過幾本書：『藍芽氣氛燈程式開發(智慧家庭篇):Using Nano to Develop a Bluetooth-Control Hue Light Bulb (Smart Home Series)』(曾永忠, 吳佳駿, et al., 2017d; 曾永忠, 許智誠, 蔡英德, & 吳佳駿, 2021b)、『Ameba 8710 Wifi 氣氛燈硬體開發(智慧家庭篇):Using Ameba 8710 to Develop a WIFI-Controled Hue Light Bulb (Smart Home Serise)』(曾永忠, 許智誠, et al., 2017b; 曾永忠, 許智誠, & 蔡英德, 2021a)、『Ameba 氣氛燈程式開發(智慧家庭篇):Using Ameba to Develop a Hue Light Bulb (Smart Home)』(曾永忠, 吳佳駿, et al., 2016b; 曾永忠, 許智誠, 蔡英德, & 吳佳駿, 2021a)、『Pieceduino 氣氛燈程式開發(智慧家庭篇):Using Pieceduino to Develop a WIFI-Controled Hue Light Bulb (Smart Home Serise)』(曾永忠 et al., 2018; 曾永忠, 許智誠, & 蔡英德, 2021b)、『Wifi 氣氛燈程式開發(ESP32 篇):Using ESP32 to Develop a WIFI-Controled Hue Light Bulb (Smart Home Series)』(曾永忠, 楊志忠, et al., 2020, 2021)，筆者已經可以使用手機，透過藍芽傳輸、WIFI 控制、無線網路等等控制 RGB Led 燈泡，但是我們發現，使用手機與藍芽，只能同時控制一顆燈泡。

在對於一般家居生活之中，一顆燈泡是不足夠的，在筆者『Wifi 氣氛燈程式開發(ESP32 篇):Using ESP32 to Develop a WIFI-Controled Hue

Light Bulb (Smart Home Series)』（曹永忠，楊志忠, et al., 2020, 2021)，使用 TCP/IP 網路通訊，則可以做到這樣的功能，但是由於 TCP/IP 對接方式，大部分都是使用無線網路下，透過 ISO TCP/IP 連接接來傳輸控制命令，對於許多家庭中的智慧裝置所存在的區域網路，由於防火牆與 NAT 等網路架構下的限制，一般連接的方法，受制於資訊安全規範下，許多 Web Socket Listen[3]的方式，無法輕易開發與實踐，所以之前的氣氛燈泡都會受制於區域網路或同網域的限制，或需要網際網路真實 IP 才有辦法進行遠端連接(當然，透過 DDNS 與 NAT、IP Mapping 等技術，也是可以達到上面所達不到網路限制，但是架構上與網路維護上，變得更複雜與更難以維護)，如下圖所示,我們要使用更進階方式來控制 RGB Led 燈泡，可以達到更接近目前使用者情境下，家庭中有許多智慧燈炮（智慧電器），在實際情境中，存在多數開關並行控制的現實問題。

MQTT Broker 傳輸架構介紹

MQTT（Message Queuing Telemetry Transport）是一種輕量級的發佈/訂閱訊息協議，設計目的是為了在低帶寬、不穩定網絡中實現可靠的訊息傳遞。MQTT 廣泛應用於物聯網（IoT）場景，例如智能家居、車聯網、工業自動化等。

---

[3] WebSocket 是 HTML 提供的一種網路傳輸協定，是瀏覽器（Client）與伺服器（Server）交換資料的方式之一

筆者發現，MQTT Broker 伺服器的發展以來(Chen, Gupta, Lampkin, Robertson, & Subrahmanyam, 2014; Hillar, 2017; Lampkin et al., 2012)，於是將提出一種基於物聯網（IoT）架構的系統架構，如下圖所示，使用者可透過任何雲端平台，點選已建置的儀器之開關發佈命令訊息，該訊息可以透過佇列遙測傳輸（MQTT）傳遞至所對應相同 MAC 編號之裝置儀器端。所有的 MAC 編號之裝置儀器端，均有一組屬於自己的對應編號（MAC），並訂閱訊息並回復所對應之使用端目前狀態，也就是裝置端將通過 RESTful API 將其狀態發送到雲平台(Roy Thomas Fielding, 2000; Roy T. Fielding & Kaiser, 1997; Lee, Jo, & Kim, 2015; Masse, 2011; Maurya et al., 2021; Pramukantoro, Bakhtiar, & Bhawiyuga, 2019)，提供控制應用程式 APPs 和設備訊息，在訂閱相同主題的限制下，用戶或應用程序也可以通過 MQTT 代理控制這些設備(王仁杰，2022；李奇陽，2022)。

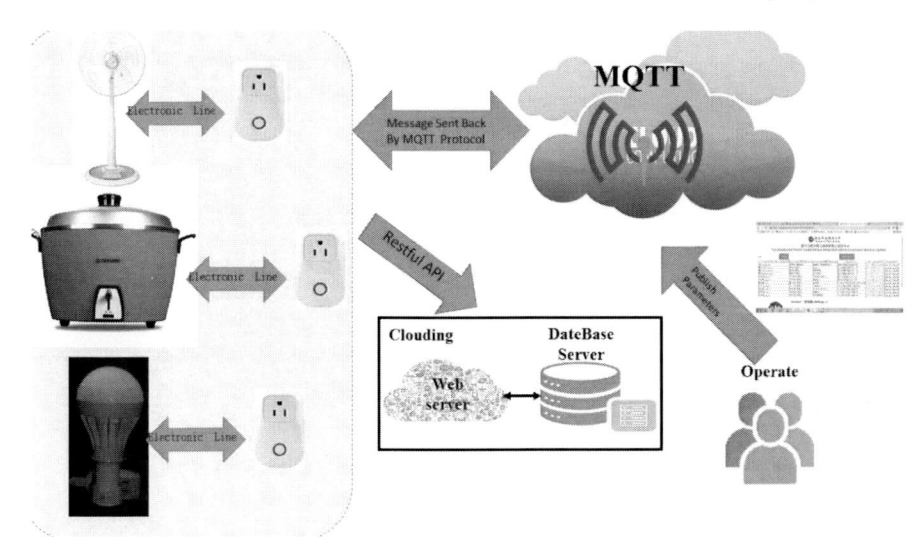

圖 52 裝置控制開關之系統架構

資料來源: 作者研究整理(李奇陽, 2022)

MQTT Broker 伺服器基本運作原理

MQTT 的核心運作基於發佈/訂閱模型（Publish/Subscribe model），包含以下三個關鍵角色：

- **發佈者（Publisher）**
    - 發佈訊息的客戶端。
    - 將訊息發送到特定的"主題"（Topic），不需要知道誰會接收。
- **訂閱者（Subscriber）**
    - 接收訊息的客戶端。

- 訂閱一個或多個"主題"，當有訊息發佈到這些主題時，訂閱者會收到通知。

● 代理（Broker）

- 負責管理主題和訊息的中心服務器。
- 接收發佈者的訊息，並根據主題將訊息轉發給訂閱者。

其 MQTT Broker 伺服器在發佈者（Publisher）與訂閱者（Subscriber）傳送其訊息(Payload)的數據流(Data Streaming)：

● 發佈者連接到 Broker，並將訊息發送到特定主題。

● Broker 接收訊息並匹配對應的訂閱者。

● 訂閱者接收到訊息後執行相關操作。

MQTT Broker 伺服器基本應用

下列所揭露的為目前常見的資訊系統開發案例中，常見的應用領域，並其領域經常使用 MQTT Broker 伺服器通訊技術為其核心技術，當然下列所舉例之應用場景，並非所有可以應用之領域，而是筆者較常見與接觸之應用領域，其他領域若對象與技術合適者，亦可為本文揭露之技術領域，唯獨筆者不再為此增添之。

- 物聯網（IoT）
  - 監控與控制設備（如溫濕度感測器、燈光控制、安防設備）。
  - 車聯網中的車輛數據共享與遠程診斷。
- 即時訊息
  - 聊天應用、通知系統。
- 工業自動化
  - 生產線數據的實時采集與分發。
- 醫療應用
  - 遠程健康監控系統。
- 金融交易
  - 即時市場數據推送。

MQTT Broker 伺服器基本元素

下列為 MQTT Broker 伺服器架構中，其技術核心常用的方式與應用場景，在其資訊架構中，常見到的基本架構元素，如通訊技術、階層式主題、通訊品質、訊息與安全性等等不可或缺的元素。

客戶端與 Broker 的通信

- MQTT 使用 TCP/IP 作為傳輸層協議，也支持 TLS 來保護數據安全。
- 使用的端口默認為 1883（未加密）或 8883（TLS）。

主題（Topic）

- Topic 是訊息主題的核心，採用層級結構類似文件路徑：
  - **範例：home/livingroom/temperature**
- 支持萬用符號[4]：
  - **+**：匹配單個層級，例如 home/+/temperature。
  - **#**：匹配多個層級，例如 home/#。

資訊質量層級（QoS）

- MQTT Broker 伺服器提供三種 QoS 等級：
  - **QoS 0：最多一次**（At most once）：不需要確認，可能丟失訊息。

---

[4] 萬用符號：在電腦（軟體）技術中，萬用字元可用於代替單個或多個字元。[1] 通常地，星號「*」匹配 0 個或以上的字元，問號「?」匹配 1 個字元。

- QoS 1：至少一次（At least once）：訊息至少送達一次，可能重複。

- QoS 2：只有一次（Exactly once）：確保訊息送達且不重複，代價是高延遲。

保留訊息與持久會話

- **保留訊息**：Broker 保存最後的訊息並發送給新訂閱者。
- **持久會話**：在客戶端斷開後保留其訂閱和未讀訊息。

安全性

- 通過 TLS[5] 加密通信。
- 使用身份驗證（用戶名與密碼或憑證）限制訪問。

---

[5] 傳輸層安全性協定（英語：Transport Layer Security，縮寫：TLS），前身稱為安全通訊協定（英語：Secure Sockets Layer，縮寫：SSL）是一種安全協定，目的是為網際網路通訊提供安全及資料完整性保障

MQTT Broker 伺服器基本常見之設計方法

設計 MQTT Broker 伺服器

- 選擇適合的開源廠商或服務提供者 Broker（如 Mosquitto6、EMQX7、HiveMQ8）。
- 部署架構：

  - 單節點：適用於小型應用。
  - 集群部署：支持高可用性與負載均衡。
    - 配置安全性：
      - 啟用 TLS 加密。
      - 配置訪問控制列表（ACL[9]）。

規劃主題命名方式

- 主題層次結構應清晰，方便管理。
  - 範例：devices/<device_id>/status 或 sensors/<location>/<type>。

---

[6] Eclipse Mosquitto™,An open source MQTT broker,URL:https://mosquitto.org/
[7] URL: https://docs.emqx.com/zh/
[8] HiveMQ,The company was founded in 2012 and headquartered in Landshut, Germany with a US office in Boston, Massachusetts.URL:https://www.hivemq.com/
[9] 存取控制串列（英語：Access Control List，ACL），又稱訪問控制表，是使用以存取控制矩陣為基礎的存取控制表，每一個（檔案系統內的）物件對應一個串列主體。存取控制串列由存取控制條目（access control entries，ACE）組成。存取控制串列描述使用者或系統行程對每個物件的存取控制權限。

設計客戶端邏輯

- 決定訊息發佈頻率與 QoS[10] 等級。
- 實現斷線重連機制。
- 使用輕量級 MQTT 客戶端庫（如 Paho MQTT[11]、Eclipse Mosquitto[12]）。

性能與擴展性

- 最佳化 Broker 資源（CPU、內部記憶體）。
- 使用記憶體來當作緩存記憶體與批量處理提升效率。
- 監控系統性能（如訊息吞吐量、延遲）。

測試與偵測

- 模擬大量設備與訊息負載。
- 測試各種網絡條件（網路封包丟包、高延遲）。

---

[10] 服務品質（英語：Quality of Service，縮寫 QoS）是一個術語，在封包交換網路領域中指網路滿足給定業務合約的機率；或在許多情況下，非正式地指分組在網路中兩點間通過的機率。QoS 是一種控制機制，它提供了針對不同使用者或者不同資料流採用相應不同的優先級，或者是根據應用程式的要求，保證資料流的效能達到一定的水準。QoS 的保證對於容量有限的網路來說是十分重要的，特別是對於串流多媒體應用，例如 VoIP 和 IPTV 等，因為這些應用常常需要固定的傳輸率，對延遲也比較敏感。當網路面臨頻寬擁塞或需要設定流量優先級時（例如，讓某個 VLAN 的流量優先於另一個 VLAN），服務品質（QoS）能最佳化網路資源分配，緩解間歇性流量問題。

[11] https://pypi.org/project/paho-mqtt/

[12] Eclipse Mosquitto™,An open source MQTT broker,URL:https://mosquitto.org/

MQTT Broker 伺服器示例應用場景

智能家居系統

- 設備：燈光、空調、感測器。
- 主題設計：
    - home/livingroom/light
    - home/kitchen/temperature
- 訂閱者：手機應用，接收狀態更新或控制設備。

車聯網

- 設備：車載 ECU。
- 主題設計：
    - vehicles/<vehicle_id>/location
    - vehicles/<vehicle_id>/diagnostics

健康監控

- 設備：可穿戴設備。
- 主題設計：
    - health/<user_id>/heart_rate
    - health/<user_id>/steps

非接觸式操控面板之系統架構

隨著實體按鈕的減少,許多輸入輸出的介面轉移至螢幕顯示上呈現,利用虛擬的平板介面傳遞訊息,並藉由螢幕回饋給使用者本身,輸入和輸出再也不是分開的二者,而是虛實整合的同一介面,如下圖所示,我們藉由觸控平板螢幕作為介面,選擇所需開啟或關閉的裝置,並發佈命令至MQTT,藉由訂閱相同的主題來命令本文中的插座,插座接收到命令訊息後,執行使用者下達命令開啟(On)或關閉(Off)來控制燈泡,一方面插座將已傳遞命令回覆MQTT,回饋使用者目前操作情況(李奇陽, 2022)。

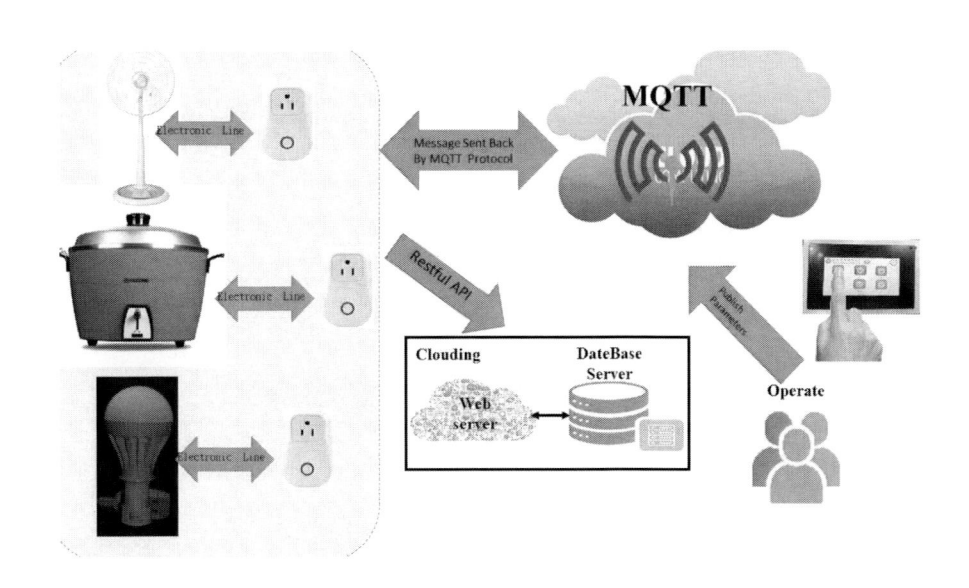

圖 53 實體觸控平板開關系統架構

資料來源:作者研究整理(王仁杰, 2022; 李奇陽, 2022)

建立發佈者與訂閱者交互關係之系統架構

訊息佇列遙測傳輸（Message Queue Telemetry Transport, MQTT）技術中，主題名稱為萬國碼（UTF-8）編碼的字串，開發者與使用者可以自行決定主題名稱，也可以支援類似檔案路徑的階層式命名方式(廖德祿, 吳毓庭, 郭瀚鴻, & 洪勁宇, 2018)，舉例來說，需要命名住家裡某房間的溫度感測器，就可以把主題名稱命名為：住家/臥室/溫度感測器。主題層級分隔符號使用斜線符號「/」切割每個層級。MQTT 主題還有一個特色為萬用字元，可以使用特殊字元一次訂閱多個主題，這些字元稱為萬用字元，多層級萬用字元「#」、單一層級萬用字元「+」，使用功能差別如下所示。

- +：匹配單個層級，例如 home/+/temperature。
- #：匹配多個層級，例如 home/#。

在 MQTT 協議中，**發佈者**（Publisher）和**訂閱者**（Subscriber）之間的交互關係是基於**發佈/訂閱模式**（Publish/Subscribe model）進行的，這種模式與上面氣氛燈炮中提到的傳統的**點對點通信**[13]或**請求/回應模**

---

[13] 對等式網路（英語：peer-to-peer，簡稱 P2P），又稱對等技術，是去中心化、依靠使用者群（peers）交換資訊的網際網路體系，它的作用在於，減低以往網路傳輸中的節點，以降低資料遺失的風險。與有中心伺服器的中央網路系統不同，對等網路的每個使用者端既是一個節點，也有伺服器的功能，任何一個節點無法直接找到其他節點，必須依靠其戶群進行資訊交流。

型不同，發佈者和訂閱者並不直接建立聯繫，而是通過 MQTT 代理（Broker）來進行資訊的交換。

發佈者與訂閱者的交互過程

下列筆者簡單介紹發佈者與訂閱者的互相交互互動的情景。

1. **發佈者**（Publisher）：

   - 發佈者是向特定主題（Topic）發佈資訊的實體。這些資訊可以是溫度數據、狀態信息或任何與物聯網相關的數據。
   - 發佈者不需要知道有誰訂閱該主題，也不需要與訂閱者建立直接聯繫。
   - 發佈者只需將資訊推送到 **MQTT Broker** 伺服器，並指定所屬的主題。

2. **訂閱者**（Subscriber）：

   - 訂閱者是向特定的主題（Topic）訂閱的實體，並接收該主題上的資訊。
   - 訂閱者並不直接與發佈者通信，而是通過 Broker 與發佈者之間的資訊流通。

- 訂閱者只需要告訴 Broker，它想訂閱哪個主題。當有發佈者向該主題發佈資訊時，Broker 會將這些資訊推送給所有訂閱該主題的訂閱者。

交互的核心：MQTT Broker 伺服器

MQTT 的關鍵在於 Broker，它是發佈和訂閱之間的橋樑。Broker 負責管理所有的資訊傳遞，並決定將哪些資訊發送給哪些訂閱者。

- 資訊路由：當發佈者發送一條資訊時，Broker 根據資訊所屬的主題（Topic）來決定哪些訂閱者應該接收該資訊。
- 資訊分發：訂閱者可以隨時訂閱或取消訂閱某個主題，Broker 會根據訂閱關係來決定是否將新資訊發送給該訂閱者。

發佈者與訂閱者的關係

1. **無直接聯繫：**

- 發佈者和訂閱者之間並不直接通信，這是 MQTT 中的松耦合設計。發佈者並不需要知道有多少訂閱者，訂閱者也不需要知道資訊是來自哪裡。

- 這樣的設計降低了系統的複雜性和耦合度，使得設備的擴展更加靈活。

2. 依賴於主題：

- 發佈者和訂閱者的唯一關聯是基於主題（Topic）。每條資訊都會與一個特定的主題綁定，而訂閱者根據主題來決定是否接收該資訊。
- 訂閱者可以訂閱單一主題，也可以使用通配符來訂閱一組相關的主題。例如，訂閱者可以訂閱所有來自某個地點的溫度數據（如 home/+/temperature），這樣就可以接收所有與溫度相關的資訊。

3. 資訊質量等級（QoS）：

- **發佈者**和**訂閱者**之間的資訊交互會根據不同的 QoS 等級來進行調整。這決定了資訊的可靠性以及可能的重試機制。
  - QoS 0：資訊最多傳送一次，發佈者和訂閱者之間沒有確認，可能會丟失資訊。
  - QoS 1：資訊至少傳送一次，發佈者會重試，直到訂閱者收到資訊。

- QoS 2：資訊確保只傳送一次，這是一個較為繁瑣的過程，保證資訊的唯一性。

4. 訂閱與取消訂閱：

- 訂閱者可以隨時根據需求訂閱或取消訂閱某個主題。
- 當訂閱者訂閱某個主題時，Broker 會立即將相關的歷史資訊（如果設置了保留資訊）推送給訂閱者。
- 當訂閱者取消訂閱時，該訂閱者將不再接收到該主題的資訊。

例子說明

假設有一個智慧家庭系統，舉列最常見的溫度感測器。

- **發佈者**：溫度感測器每 5 秒發送一次溫度數據到主題 home/livingroom/temperature。

    訂閱者：手機應用訂閱了 home/livingroom/temperature 主題，當溫度變化時，手機應用會顯示最新的溫度。

    在這種情況下：

    發佈者（溫度感測器）將資訊發送到 Broker，並指定主題 home/livingroom/temperature。

- **訂閱者**：（手機應用）已經訂閱了這個主題，因此當 Broker 收到新資訊時，它會將該資訊發送給手機應用。

如果有多個訂閱者都訂閱了該主題，所有的訂閱者都會收到相同的資訊。

發佈者和訂閱者在 MQTT 中的交互關係是通過 **MQTT Broker** 伺服器來實現的。發佈者將資訊發送到 Broker，Broker 根據資訊的主題將其分發給所有訂閱該主題的訂閱者。這種松耦合的設計使得系統的擴展和維護更加靈活，而不需要發佈者和訂閱者直接知道彼此的存在。

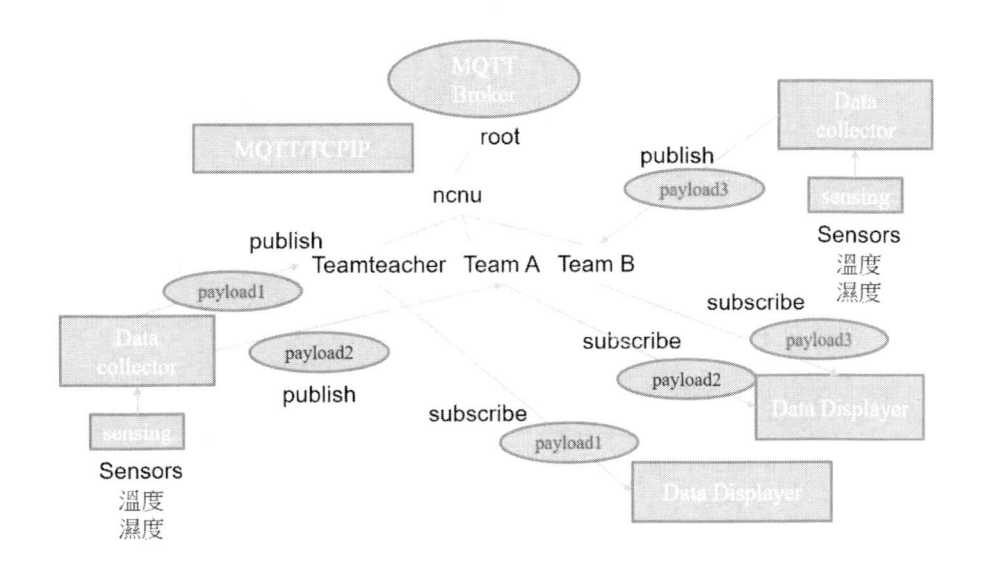

圖 54　MQTT Broker 架構下之多對多傳輸架構

出處：本研究提出

JSON 簡介

JSON 是由道格拉斯·克羅克福特構想和設計的一種輕量級資料[14]交換格式。其內容由屬性和值所組成，因此也有易於閱讀和處理的優勢。JSON 是獨立於程式語言的資料格式，其不僅是 JavaScript 的子集，也採用了 C 語言家族的習慣用法，目前也有許多程式語言都能夠將其解析和字串化，其廣泛使用的程度也使其成為通用的資料格式。

一、Json 的優點如下：

- 相容性高。

- 格式容易瞭解，閱讀及修改方便。

- 支援許多資料格式

    (number, string, booleans, nulls, array, associative array)。

- 許多程式都支援函式庫讀取或修改 JSON 資料。

二、如何建立 JSON 字串：

可以透過底下規則來建立 JSON 字串

- JSON 字串可以包含陣列 Array 資料或者是物件 Object 資料。

---

[14] 輕量級是對於組件對環境依賴較小。

- 陣列有序的零個或者多個值。每個值可以為任意類型。序列表使用方括號[,]括起來。元素之間用逗號,分割。例如:[value, value]物件可以用 { } 來寫入資料。

- name / value 是成對的,中間透過(:)來區隔。

三、物件或陣列的 value 值可以如下:

- 數字(整數或浮點數)。

- 字串(請用 "" 括號)。

- 布林函數(boolean)(true 或 false)。

- 陣列(請用[ ])。

- 物件(請用{ })。

  - 如下表所示,NULLJSON 具有四種基本類型(String、Number、Boolean、Null)和兩種結構化類型(Object、Array),其中與 XML 編碼相比較,JSON 的編碼較為簡短。

表 12 JSON 範例

```
{
    "firstName": "John",
    "lastName": "Smith",
    "sex": "male",
    "age": 25,
    "address":
    {
        "streetAddress": "21 2nd Street",
        "city": "New York",
        "state": "NY",
        "postalCode": "10021"
    },
    "phoneNumber":
    [
        {
            "type": "home",
            "number": "212 555-1234"
```

```
            },
            {
                "type": "fax",
                "number": "646 555-4567"
            }
        ]
    }
```

資料來源:https://blog.wu-boy.com/2011/04/你不可不知的-json-基本介紹

如下表所示,在許多方面,你可以想像 JSON 來替代 XML,在過去網路應用程式開發 AJAX[15] 都是透過 XML 來交換資料,但是你可以發現近幾年來 JSON 已經漸漸取代 XML 格式了,因為 JSON 格式容易閱讀且好修改,許多程式語言分別開發了函式庫來處理 JSON 資料,我們可以把上面的 JSON 資料改寫成 XML 。

表 13 XML 範例

```
<object>
```

---

[15] AJAX 即「Asynchronous JavaScript and XML」(非同步的 JavaScript 與 XML 技術),指的是一套綜整了多項技術的瀏覽器端網頁的開發技術。Ajax 的概念是由傑西·詹姆士·賈瑞特所提出。傳統的 Web 應用允許使用者端填寫表單(form),當送出表單的時候就向網頁伺服器傳送一個請求。

```xml
<property>
    <key>orderID</key>
    <number>12345</number>
</property>
<property>
    <key>shopperName</key>
    <string>John Smith</string>
</property>
<property>
    <key>shopperEmail</key>
    <string>johnsmith@example.com</string>
</property>
<property>
    <key>contents</key>
    <array>
      <object>
        <property>
          <key>productID</key>
          <number>34</number>
```

```xml
        </property>
        <property>
            <key>productName</key>
            <string>SuperWidget</string>
        </property>
        <property>
            <key>quantity</key>
            <number>1</number>
        </property>
    </object>
    <object>
        <property>
            <key>productID</key>
            <number>56</number>
        </property>
        <property>
            <key>productName</key>
            <string>WonderWidget</string>
        </property>
```

```
            <property>
                <key>quantity</key>
                <number>3</number>
            </property>
          </object>
        </array>
      </property>
      <property>
        <key>orderCompleted</key>
        <boolean>true</boolean>
      </property>
    </object>
```

資料來源:https://blog.wu-boy.com/2011/04/你不可不知的-json-基本紹

WS2812B 模組電路介紹

WS2812B 模組 是一顆內建微處理機控制器的 RGB LED ，如下圖所示，它將串列傳輸、PWM 調光電路、5050 RGB LED 等包裝成一個 RGB LED，只需要提供電力與一條串列傳輸的腳位就可以控制燈泡變化一千六百萬色顏色。

WS2812B 模組使用串列方式傳送資料，如下圖所示，都一個單獨的 WS2812B 模組都有六個腳位，兩組電源可以一直串聯，控制腳位則有一個輸入(DI/Din)，一個輸出(DO/Dout)，所以非常容易串接成一個長條，如下下圖所示，甚至可以串接成各種形狀，一組 WS2812B 模組(由多個串聯的所需要的形狀，如下下圖所示)，第一顆 WS2812B 模組的串連到第二顆 WS2812B 模組，第二顆 WS2812B 模組串連到第三科，以此類推，其電路為上一顆 WS2812B 模組的輸出(DO/Dout)連接電路到下一顆 WS2812B 模組的輸入(DI/Din)，電源部分則是用並聯的方式共用正負極，不過由下圖所示，讀者可以看到，電源端還是有分輸入端與輸出端，不過這只是方便使用者接腳，其實電源端內部是不分輸入與輸出的。

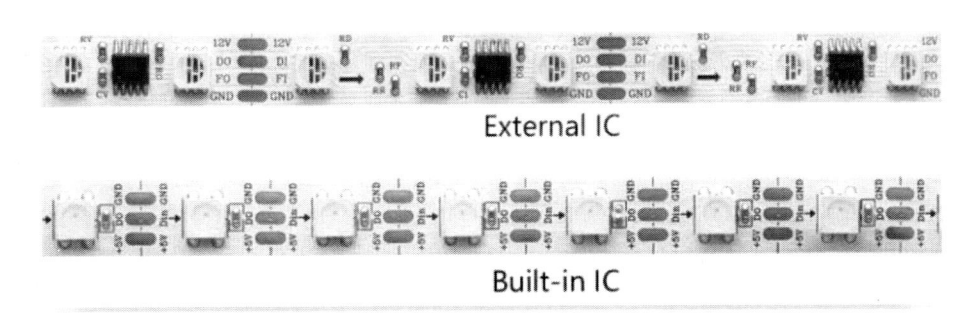

圖 55 WS2812B 模組

資料來源：

https://www.ledyilighting.com/zh-TW/the-ultimate-guide-to-addressable-led-strip/

WS2812B 模組只需要將第一顆的電源接上,如上圖所示,控制電路部分,只需要接第一顆 WS2812B 模組的輸入(DI/Din)端,所有控制只需要僅一條資料線即可控制每一顆一顆 WS2812B 模組的 RGB LED 的所有顏色,其 WS2812B 模組還內建波形整形電路,使多顆 WS2812B 模組串聯與長距離傳輸資料的可靠性增高,但是越多顆的缺點為傳輸時間較長。不過由於目前所有微處理機的傳輸速度都非常高速,所以延遲時間不會造成太大影響。並且 WS2812B 模組在傳輸過程之中,接收到顏色資料以後,會先將資料存放在緩衝區,等到接收到顯示指令時,才會將緩衝區的內容顯示出來,這樣避免長途傳輸中閃爍的問題(曾永忠, 2017)。

　　基本的 WS2812B 模組,如下圖所示,廠商設計與製造時,將之連接再一起,使用者可以將之撥開成一條不等長度,如果需要加長,可以將原有一段 WS2812B 模組連接上另一端 WS2812B 模組,即可以達到加長的需求。

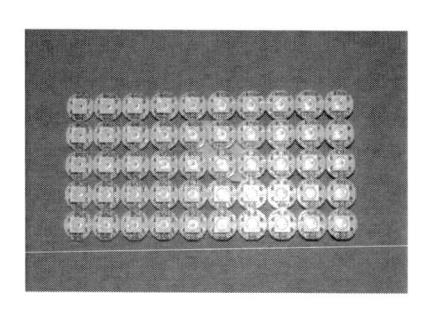

(a). WS2812B 模組發光面　　(b). WS2812B 模組接腳面

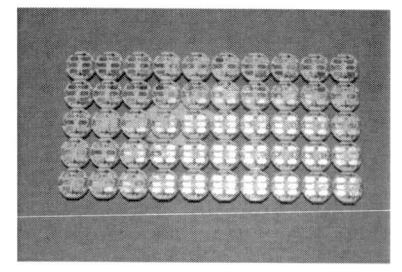

圖 56 WS2812B 模組

許多廠商為了省去使用者焊接與組立的成本，將上圖之基本的 WS2812B 模組，如下圖所示，廠商設計與製造時，將之連接再一起，設計成不同 nxn 正方形使用，甚至設計成圓形或環形，且因不同直徑的圓形或環形，只要增加更多的 WS2812B 模組，其控制方式不變，只要在使用時指定更多顆的 WS2812B 模組，不論多少顆數的 WS2812B 模組，亦可以用相同方式或函式方式達到簡單不變的控制方式。

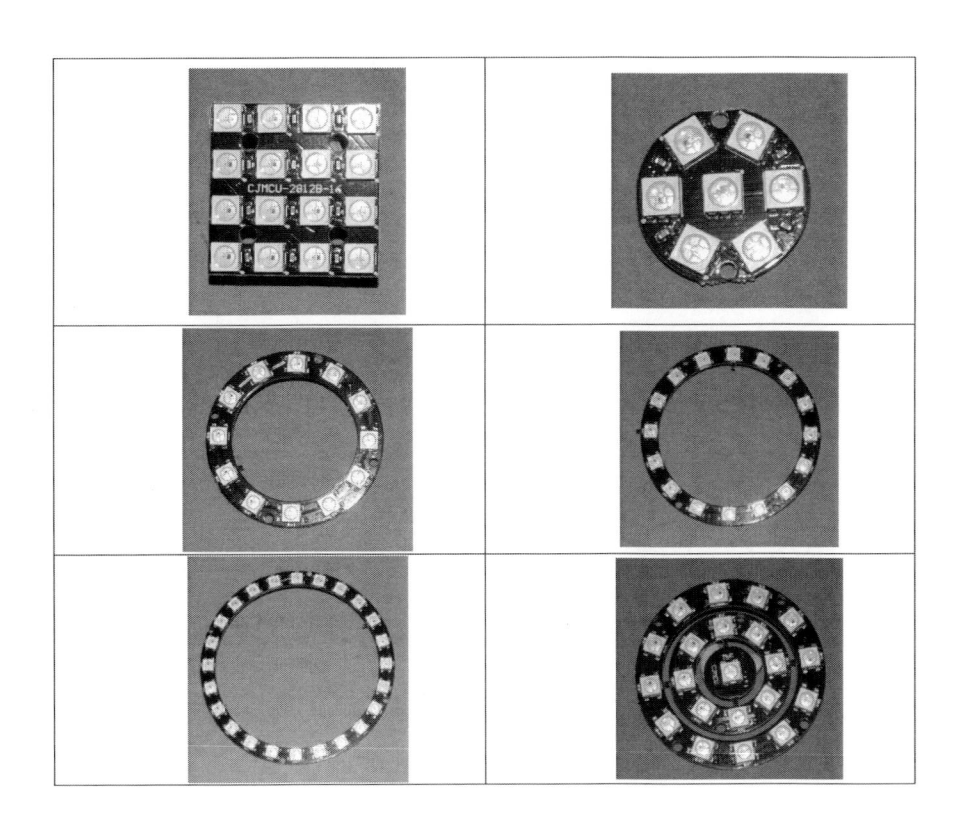

圖 57 WS2812B 模組

出處：本研究提出

WS 2812B 電路組立

如下圖所示，我們可以看到 ESP32 C3 Super Mini 開發板所提供的接腳圖，本文是使 ESP32 C3 Super Mini 開發板，連接 WS2812B RGB Led 模組，如下表所示，我們將 VCC、GND 接到開發板的電源端，而將 WS2812B RGB Led 模組控制腳位接到 ESP32 C3 Super Mini 開發板數位腳位八(Digital Pin 8)， 就可以完成電路組立。

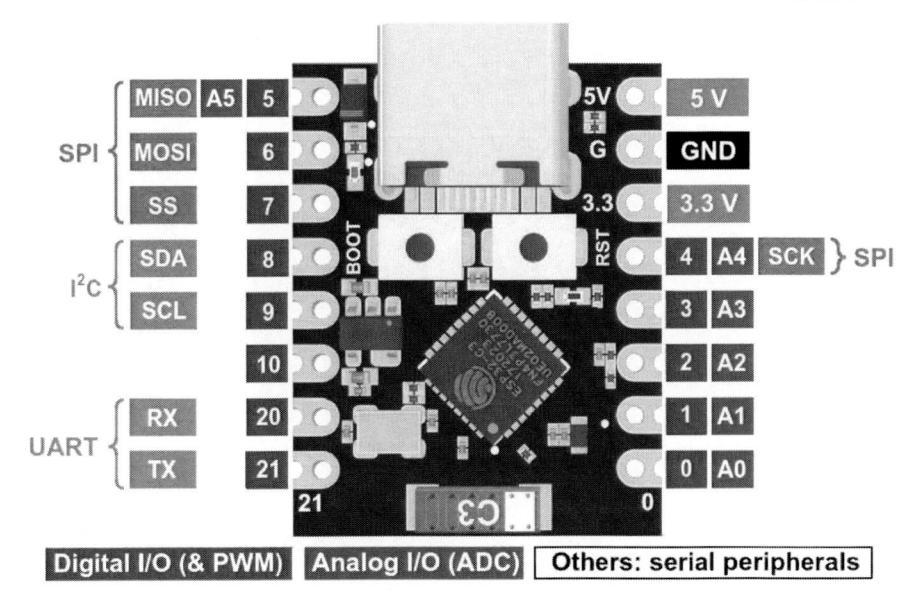

圖 58 ESP32 C3 Super Mini 開發板接腳圖

　　我們可以遵照下表之 WS2812B RGB 全彩燈泡接腳表進行電路組立，完成下圖所示之電路圖。

表 14 WS2812B RGB 全彩燈泡接腳表

WS2812B RGB LED	開發板
VCC	+5V
GND	GND
IN	GPIO 10

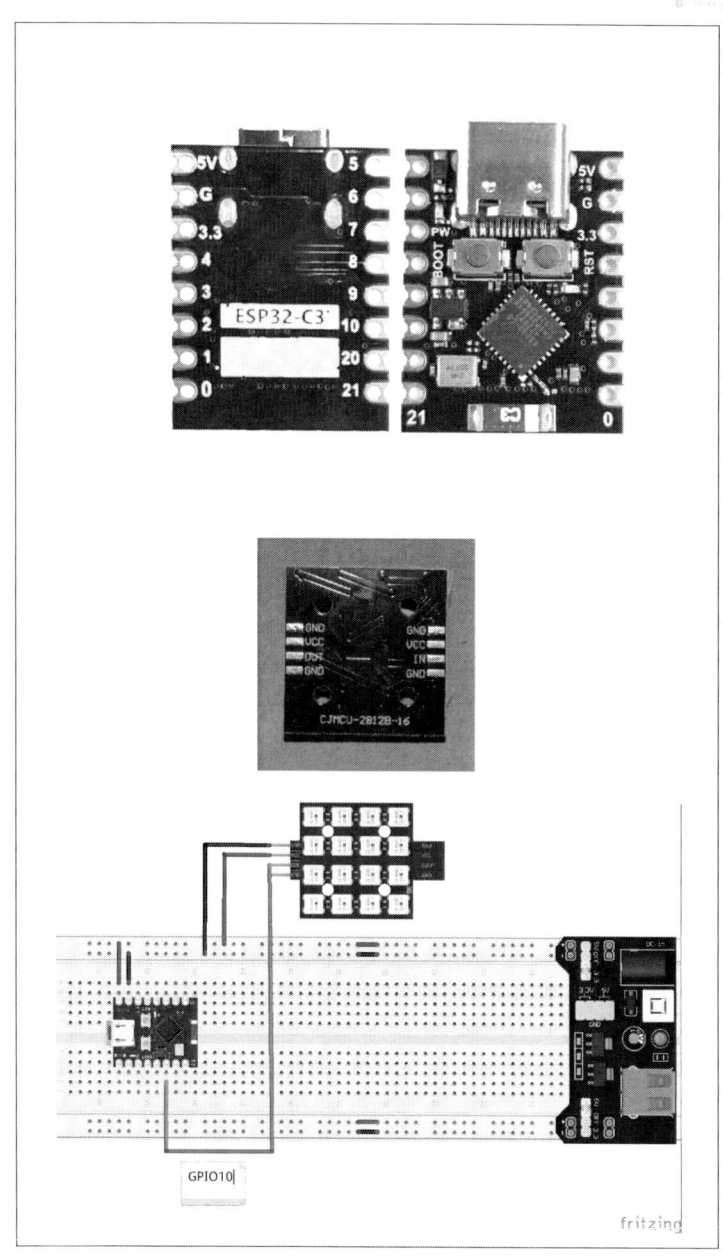

也可以參考下圖所示之電路圖，完成下圖所示之電路圖。

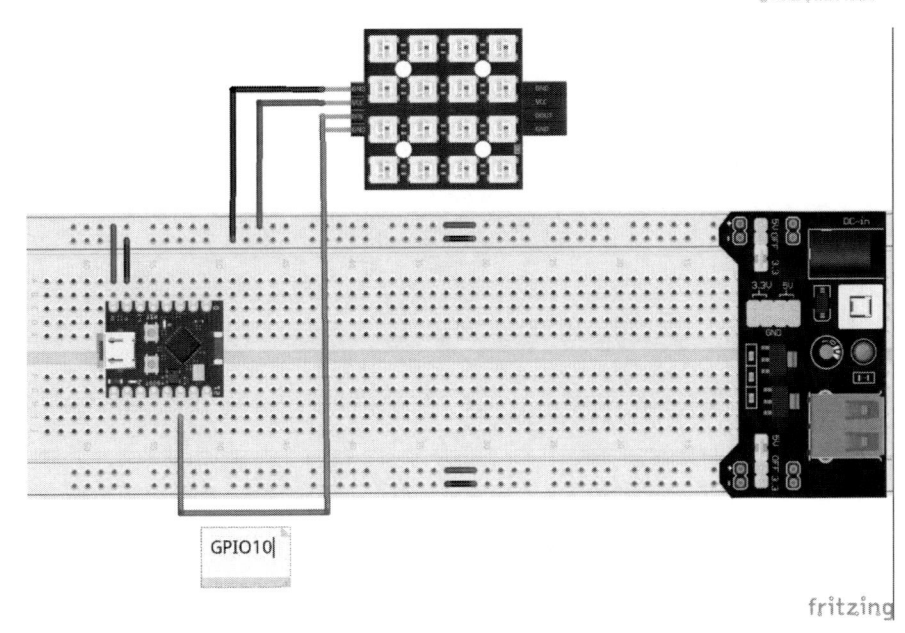

圖 59 WS2812B RGB 全彩燈泡電路圖

開發透過命令控制 WS2812B 顯示顏色之程式

我們將 ESP32 開發板的驅動程式安裝好之後，我們打開 Arduino 開發板的開發工具：Sketch IDE 整合開發軟體（軟體下載請到：https://www.arduino.cc/en/Main/Software），攥寫一段程式，如下表所示之使用命令控制全彩發光二極體測試程式，控制全彩發光二極體紅色、綠色、藍色測試。

表 15 使用命令控制全彩發光二極體測試程式

使用命令控制全彩發光二極體測試程式(WSControlRGBLed2_C3)
/*

程式碼結構

程式包括初始化設定、主要循環、字串解譯和 LED 顏色控制等功能。以下是各部分的分類：

初始化：設定序列埠和 LED 亮度，執行一次。

主要循環：檢查序列埠輸入，解譯 RGB 值並更新 LED 顏色。

解譯功能：解析輸入字串，輸入 RGB 值。

顏色控制：設定所有 LED 的顏色並更新顯示。

每個函數和關鍵步驟都添加了繁體中文註解，解釋其作用，例如：

初始化函數說明了序列埠速率和 LED 設定。

解譯函數詳細描述了如何解析 @RRRGGGBBB 格式的輸入。

循環部分解釋了如何處理序列埠數據。

*/

```
#include <String.h>      // 處理字串的函數庫
#include "Pinset.h"      // 自訂的包含檔案，定義針腳和常數
```

```cpp
// NeoPixel Ring 簡單程式 (c) 2013 Shae Erisson
// 根據 AdaFruit NeoPixel 函式庫的 GPLv3 授權釋出
#include <Adafruit_NeoPixel.h>    // WS2812B LED 控制函數庫

// 定義 Arduino 與 NeoPixels 連接的針腳
// 定義連接至 Arduino 的 NeoPixels 數量

// 建立 WS2812B 物件，名稱為 pixels
// Adafruit_NeoPixel(燈泡數,針腳,傳輸速率,不得隨意更改)
Adafruit_NeoPixel pixels = Adafruit_NeoPixel(NUMPIXELS, WSPIN, NEO_GRB + NEO_KHZ800);

byte RedValue = 0, GreenValue = 0, BlueValue = 0;  // 設定初始顏色值（紅、綠、藍）
String ReadStr = "      ";  // 用於儲存序列埠輸入的字串,初始化為六個空格

void setup() {
```

```
    // 放置初始化程式碼,這裡只執行一次
    initAll();   // 呼叫初始化所有設定的函數
}



int delayval = 500;  // 延遲時間為 0.5 秒


void loop() {
    // 主循環程式碼,會不斷重複執行
    if (Serial.available() > 0) { // 檢查序列埠是否有可讀取的數據
        ReadStr = Serial.readStringUntil(0x23); // 讀取字串直到遇到 '#' (0x23)


        Serial.print("ReadString is :("); // 顯示讀取到的字串
        Serial.print(ReadStr);
        Serial.print(")\n");

        // 嘗試解譯讀取的字串,將結果存入 RGB 變數
        if (DecodeString(ReadStr, &RedValue, &GreenValue,
```

```
&BlueValue)) {
        Serial.println("Change RGB Led Color"); // 顯示變更
RGB LED 顏色的訊息
        ChangeBulbColor(RedValue, GreenValue, BlueValue);
// 呼叫函數變更 LED 顏色
    }
  }
}


// 字串解譯函數,解析 RGB 值
boolean DecodeString(String INPStr, byte *r, byte *g, byte *b) {
    Serial.print("check string:("); // 檢查輸入字串
    Serial.print(INPStr);
    Serial.print(")\n");

    int i = 0;
    int strsize = INPStr.length(); // 取得字串長度
```

```
    for (i = 0; i < strsize; i++) {
      Serial.print(i); // 顯示當前索引
      Serial.print(" :(");
      Serial.print(INPStr.substring(i, i + 1)); // 顯示字串的單一字元
      Serial.print(")\n");


      // 檢查字串中是否有 '@' 符號
      if (INPStr.substring(i, i + 1) == "@") {
        Serial.print("find @ at :("); // 找到 '@' 的位置
        Serial.print(i);
        Serial.print("/");
        Serial.print(strsize - i - 1);
        Serial.print("/");
        Serial.print(INPStr.substring(i + 1, strsize)); // 顯示 '@' 之後的字串
        Serial.print(")\n");


        // 解析 RGB 值，假設格式為 @RRRGGGBBB
```

```
// R 值：從 i+1 到 i+3

*r = byte(INPStr.substring(i + 1, i + 4).toInt());

// G 值：從 i+4 到 i+6

*g = byte(INPStr.substring(i + 4, i + 7).toInt());

// B 值：從 i+7 到 i+9

*b = byte(INPStr.substring(i + 7, i + 10).toInt());

Serial.print("convert into :("); // 顯示轉換後的 RGB 值

Serial.print(*r);

Serial.print("/");

Serial.print(*g);

Serial.print("/");

Serial.print(*b);

Serial.print(")\n");

return true; // 解析成功，返回真

    }
}
```

```
        return false; // 解析失敗,返回假

    }



    // 改變燈泡顏色函數

    void ChangeBulbColor(int r, int g, int b) {

        // 對每個 LED 設定顏色

        for(int i = 0; i < NUMPIXELS; i++) {

            // 設定 LED 顏色 (RGB 範圍:0~255)

            pixels.setPixelColor(i, pixels.Color(r, g, b)); // 設定顏色

        }

        pixels.show(); // 傳送顏色數據到 LED,更新顯示

    }



    // 檢查 LED 顯示顏色的函數

    void CheckLed() {

        for(int i = 0; i < 16; i++) {

            // 使用預定義的顏色陣列檢查顯示

            ChangeBulbColor(CheckColor[i][0], CheckCol-
```

```
or[i][1], CheckColor[i][2]);

        delay(CheckColorDelayTime); // 延遲一段時間，讓顏色顯示

    }

}



// 初始化所有設定的函數

void initAll() {

    Serial.begin(9600);     // 設定序列監控速率為 9600

    Serial.println("System Start"); // 送出訊息：系統啟動



    // ----------------------

    pixels.begin();    // 啟動 LED

    pixels.setBrightness(255);   // 設定亮度最大值為 255

    pixels.show();  // 初始化 LED 為關閉狀態


    DebugMsgln("Program Start Here");  // 送出訊息：程式從這裡開始

    DebugMsgln("init LED");    // 送出訊息：初始化 LED
```

```
        ChangeBulbColor(RedValue, GreenValue, BlueValue); //
設定初始 LED 顏色

        DebugMsgln("Turn off LED");   // 送出訊息：關閉 LED



        if (TestLed == 1) {

            CheckLed(); // 執行 LED 顏色檢查

            DebugMsgln("Check LED"); // 送出訊息：檢查 LED

            ChangeBulbColor(RedValue, GreenValue, BlueValue);
// 重設顏色

            DebugMsgln("Turn off LED");   // 送出訊息：關閉 LED

        }

    }
```

程式下載網址：

https://github.com/brucetsao/ESP_LedTube/tree/main/Codes

表 16 使用命令控制全彩發光二極體測試程式(include 檔)

使用命令控制全彩發光二極體測試程式(Pinset.h)
#define _Debug 1 // 除錯模式開啟 (1: 開啟, 0: 關閉)
#define TestLed 1 // 測試 LED 功能開啟 (1: 開啟, 0: 關閉)

```c
#include <String.h> // 引入處理字串的函數庫


#define WSPIN            10 // WS2812B 燈條控制的腳位

#define NUMPIXELS     16 // 燈泡數量為 16 顆

#define RXD2 20 // 第二組 UART 的 RX 腳位

#define TXD2 21 // 第二組 UART 的 TX 腳位


#define CheckColorDelayTime 200 // LED 顏色檢查延遲時間（毫秒）

#define initDelayTime 2000 // 初始化延遲時間（毫秒）

#define CommandDelay 100 // 指令延遲時間（毫秒）


// 預設顏色陣列 (R, G, B)
int CheckColor[][3] = {
                        {255 , 255, 255} ,  // 白色
                        {255 , 0, 0} ,      // 紅色
                        {0 , 255, 0} ,      // 綠色
                        {0 , 0, 255} ,      // 藍色
                        {255 , 128, 64} ,   // 橙色
```

```
                            {255 , 255,0} ,      // 黃色

                            {0 , 255,255} ,      // 青色

                            {255 , 0,255} ,      // 紫色

                            {255 , 255,255} ,    // 白色

                            {255 , 128,0} ,      // 深橙色

                            {255 , 128,128} ,    // 粉紅色

                            {128 , 255,255} ,    // 淺藍綠色

                            {128 , 128,192} ,    // 淡紫色

                            {0 , 128,255} ,      // 天藍色

                            {255 , 0,128} ,      // 粉紫色

                            {128 , 64,64} ,      // 深紅色

                            {0 , 0,0} } ;        // 黑色（關閉）




// 除錯訊息輸出函數（不換行）

void DebugMsg(String msg)

{

    if (_Debug != 0)   //除錯訊息(啟動)

    {
```

```
        Serial.print(msg) ; // 顯示訊息:msg 變數內容

    }

}


// 除錯訊息輸出函數（換行）

void DebugMsgln(String msg)

{

    if (_Debug != 0)    //除錯訊息(啟動)

    {

        Serial.println(msg) ; // 顯示訊息:msg 變數內容

    }

}
```

程式下載網址：

https://github.com/brucetsao/ESP_LedTube/tree/main/Codes

如下圖所示，我們可以看到混色控制全彩發光二極體測試程式結果畫面。

	紅色顯示	綠色顯示	藍色顯示
監控畫面			
實體顯示			

圖 60 使用命令控制全彩發光二極體測試程式結果畫面

解釋透過命令控制 WS2812B 顯示顏色之程式

程式碼背景與功能

程式主要用於控制 WS2812B LED 燈條，通過序列埠輸入改變其顏色。程式包含以下主要功能：

- 初始化序列埠和 LED 設定。
- 監聽序列埠輸入，解譯 RGB 值。
- 更新 LED 顯示的顏色。
- 提供一個測試模式，循環顯示預定義的顏色。

本程式使用 Adafruit NeoPixel 函式庫來控制 WS2812B LED，序列埠通信允許用戶通過特定的字串格式（如 @RRRGGGBBB）設定 RGB 值。

以下是程式碼的每個部分及其添加的繁體中文註解的詳細說明：

包含檔案與定義

```
#include <String.h>      // 處理字串的函數庫

#include "Pinset.h"      // 自訂的包含檔案，定義針腳和常數
```

<String.h> 提供字串處理功能，常用於 Arduino 的 String 類。

"Pinset.h" 是自訂檔案，預期定義了如 NUMPIXELS 和 WSPIN 等常數。

```
// NeoPixel Ring 簡單程式 (c) 2013 Shae Erisson
// 根據 AdaFruit NeoPixel 函式庫的 GPLv3 授權釋出
#include <Adafruit_NeoPixel.h>    // WS2812B LED 控制函數庫
```

這段是程式的許可聲明，說明程式基於 AdaFruit NeoPixel 函式庫。

<Adafruit_NeoPixel.h> 用於控制 WS2812B LED，提供了如 setPixelColor 和 show 的函數

NUMPIXELS, WSPIN 定義的變數，在"Pinset.h" 中進行定義。

```
// 建立 WS2812B 物件，名稱為 pixels
// Adafruit_NeoPixel(燈泡數,針腳,傳輸速率,不得隨意更改)
Adafruit_NeoPixel pixels = Adafruit_NeoPixel(NUMPIXELS, WSPIN, NEO_GRB + NEO_KHZ800);
```

建立名稱為 pixels 的 WS2812B 物件，參數包括燈泡數量

（NUMPIXELS）、連接針腳（WSPIN）和傳輸設定（NEO_GRB + NEO_KHZ800）。

由於目前使用之 WS2812B 模組是固定的，所以未確定硬體與韌體相容之前，筆者強調傳輸速率不可隨意更改，確保硬體與韌體相容。

變數宣告

```
byte RedValue = 0, GreenValue = 0, BlueValue = 0;  // 設定初始顏色值（紅、綠、藍）
String ReadStr = "      ";  // 用於儲存序列埠輸入的字串，初始化為六個空格
```

RedValue、GreenValue、BlueValue 用於儲存 RGB 顏色值，初始為 0（關閉狀態）。

ReadStr 用於儲存從序列埠讀取的字串，初始化為六個空格，可能用於確保字串長度或清除舊數據。

Setup 函數

```
void setup() {
  // 放置初始化程式碼，這裡只執行一次
  initAll();  // 呼叫初始化所有設定的函數
```

```
}
```

setup() 是 Arduino 的初始化函數,只執行一次。

呼叫 initAll() 進行所有初始設定,包括序列埠和 LED 初始化。

Loop 函數

```
void loop() {
  // 主循環程式碼,會不斷重複執行
  if (Serial.available() > 0) { // 檢查序列埠是否有可讀取的數據
    ReadStr = Serial.readStringUntil(0x23); // 讀取字串直到遇到 '#' (0x23)

    Serial.print("ReadString is :("); // 顯示讀取到的字串
    Serial.print(ReadStr);
    Serial.print(")\n");

    // 嘗試解譯讀取的字串,將結果存入 RGB 變數
    if (DecodeString(ReadStr, &RedValue, &GreenValue, &BlueValue)) {
```

```
        Serial.println("Change RGB Led Color"); // 顯示變更 RGB
LED 顏色的訊息
        ChangeBulbColor(RedValue, GreenValue, BlueValue); // 呼
叫函數變更 LED 顏色
    }
  }
}
```

loop() 是 Arduino 的主循環，會不斷重複執行。

檢查序列埠是否有數據可用，若有，讀取直到 '#' 符號。

顯示讀取的字串，然後呼叫 DecodeString 解譯，若成功則呼叫 ChangeBulbColor 更新 LED 顏色。

DecodeString 函數

```
boolean DecodeString(String INPStr, byte *r, byte *g, byte *b)
{
  Serial.print("check string:("); // 檢查輸入字串
  Serial.print(INPStr);
  Serial.print(")\n");
```

```
int i = 0;
int strsize = INPStr.length(); // 取得字串長度

for (i = 0; i < strsize; i++) {
  Serial.print(i); // 顯示當前索引
  Serial.print(" :(");
  Serial.print(INPStr.substring(i, i + 1)); // 顯示字串的單一字元
  Serial.print(")\n");

  // 檢查字串中是否有 '@' 符號
  if (INPStr.substring(i, i + 1) == "@") {
    Serial.print("find @ at :("); // 找到 '@' 的位置
    Serial.print(i);
    Serial.print("/");
    Serial.print(strsize - i - 1);
    Serial.print("/");
    Serial.print(INPStr.substring(i + 1, strsize)); // 顯示 '@' 之後的字串
```

Serial.print(")\n");

// 解析 RGB 值，假設格式為 @RRRGGGBBB

// R 值：從 i+1 到 i+3

*r = byte(INPStr.substring(i + 1, i + 4).toInt());

// G 值：從 i+4 到 i+6

*g = byte(INPStr.substring(i + 4, i + 7).toInt());

// B 值：從 i+7 到 i+9

*b = byte(INPStr.substring(i + 7, i + 10).toInt());

Serial.print("convert into :("); // 顯示轉換後的 RGB 值

Serial.print(*r);

Serial.print("/");

Serial.print(*g);

Serial.print("/");

Serial.print(*b);

Serial.print(")\n");

return true; // 解析成功，返回真

```
      }
    }
    return false; // 解析失敗，返回假
}
```

這個函數負責解譯輸入字串，尋找 '@' 符號，然後解析後續的九個字元作為 RGB 值。

例如，輸入 @255255255 會將 R、G、B 分別設為 255。

ChangeBulbColor 函數

```
void ChangeBulbColor(int r, int g, int b) {
    // 對每個 LED 設定顏色
    for(int i = 0; i < NUMPIXELS; i++) {
        // 設定 LED 顏色 (RGB 範圍：0~255)
        pixels.setPixelColor(i, pixels.Color(r, g, b)); // 設定顏色
    }
    pixels.show(); // 傳送顏色數據到 LED，更新顯示
}
```

這個函數設定所有 LED 的顏色為給定的 RGB 值。

使用 setPixelColor 設定每個燈泡的顏色，然後 show() 更新顯示。

CheckLed 函數

```
void CheckLed() {
    for(int i = 0; i < 16; i++) {
        // 使用預定義的顏色陣列檢查顯示
        ChangeBulbColor(CheckColor[i][0], CheckColor[i][1], CheckColor[i][2]);
        delay(CheckColorDelayTime); // 延遲一段時間，讓顏色顯示
    }
}
```

這個函數用於測試 LED，循環顯示 16 種預定義顏色。

CheckColor 和 CheckColorDelayTime 預期在 "Pinset.h" 中定義，控制顏色和延遲時間。

initAll 函數

```cpp
void initAll() {
    Serial.begin(9600);    // 設定序列監控速率為 9600
    Serial.println("System Start"); // 送出訊息：系統啟動


    // --------------------
    pixels.begin();    // 啟動 LED
    pixels.setBrightness(255);    // 設定亮度最大值為 255
    pixels.show(); // 初始化 LED 為關閉狀態


    DebugMsgln("Program Start Here");    // 送出訊息：程式從這裡開始
    DebugMsgln("init LED");    // 送出訊息：初始化 LED
    ChangeBulbColor(RedValue, GreenValue, BlueValue); // 設定初始 LED 顏色
    DebugMsgln("Turn off LED");    // 送出訊息：關閉 LED


    if (TestLed == 1) {
        CheckLed(); // 執行 LED 顏色檢查
        DebugMsgln("Check LED"); // 送出訊息：檢查 LED
```

```
        ChangeBulbColor(RedValue, GreenValue, BlueValue); // 重
設顏色
        DebugMsgln("Turn off LED");  // 送出訊息：關閉 LED
    }
}
```

初始化所有設定，包括序列埠（9600 波特率）和 LED。

設定 LED 亮度為最大（255），初始化為關閉狀態。

如果 TestLed == 1，執行顏色檢查，然後重設為初始顏色（通常為關閉）。

CheckLed 函數用法特殊意義

筆者設計程式中包含一個測試模式（CheckLed 函數），透過#define TestLed 1 來控制開發週期，測試燈泡是否連接成功，該功能會循環顯示 16 種預定義顏色，這對於檢查 LED 是否正常工作非常有用，在產品週期十，可以將或#define TestLed 0 之設定為不進行測試燈泡之功能，該函釋也可以在未來透過原端控制來測試燈泡元件是否可以正常使用。

下表為透過命令控制 WS2812B 顯示顏色之程式程式碼主要函數與功能對應表

表 17 透過命令控制 WS2812B 顯示顏色之程式功能總覽

函數名稱	主要功能
setup()	初始化所有設定，呼叫 initAll()
loop()	監聽序列埠輸入，解譯並更新 LED 顏色
DecodeString	解析輸入字串，輸入 RGB 值
ChangeBulbColor	設定所有 LED 的顏色並更新顯示
CheckLed	循環顯示預定義顏色，用於測試
initAll	初始化序列埠、LED 設定，並執行測試（若啟用）

使用 WS2812B 模組

如下圖所示，為了可以較強的亮度，筆者使用 4X4 WS2812B LED 串聯模組，這個模組讀者可以隨意在市面上、露天拍賣、淘寶拍賣上取得，由於我們不需要再串聯另一個模組，所以我們只需要連接 VCC、GND、IN 三個腳位，請讀者使用杜邦線，把一頭剪掉後，如下圖.(c)所示，接出三條杜邦線母頭就可以了。

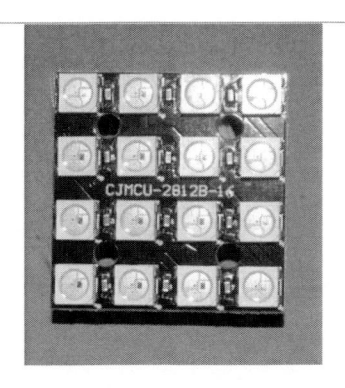

(a). WS2812B 模組正面　　(b). WS2812B 模組接腳

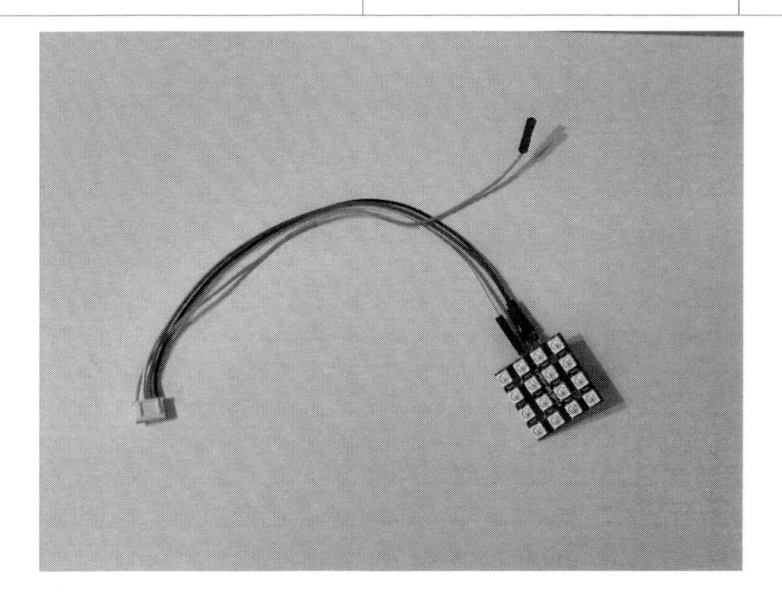

(c).焊接好之 WS2812B 模組

圖 61 WS2812B 模組

控制命令解釋

由於透過 Arduino 開發工具之監控視窗之串列通訊方式輸入,將 RGB(紅色、綠色、藍色)三個顏色的代碼輸入,透過解譯來還原 RGB(紅色、綠色、藍色)三個顏色值，進而填入 WS2812B 全彩 LED 模組的發光顏色電壓，來控制顏色。

所以我們使用了『@』這個指令，來當作所有的資料開頭，接下來就是第一個紅色燈光的值，其紅色燈光的值使用『000』~『255』來當作紅色顏色的顏色值，『000』代表紅色燈光全滅，『255』代表紅色燈光全亮，中間的值則為線性明暗之間為主。

接下來就是第二個綠色燈光的值，其綠色燈光的值使用『000』~『255』來當作綠色顏色的顏色值，『000』代表綠色燈光全滅，『255』代表綠色燈光全亮，中間的值則為線性明暗之間為主。

最後一個藍色燈光的值，其藍色燈光的值使用『000』~『255』來當作藍色顏色的顏色值，『000』代表藍色燈光全滅，『255』代表藍色燈光全亮，中間的值則為線性明暗之間為主。

在所有顏色資料傳送完畢之後，所以我們使用了『#』這個指令，來當作所有的資料的結束，如下圖所示，我們輸入

第一次測試

如下圖所示，我們輸入

```
@255000000#
```

如下圖所示，我們在 Arduino 開發工具之監控視窗，在輸入框輸入其內容值：

圖 62 輸入@255000000#

如下圖所示，程式就會進行解譯為：R=255，G=000，B=000：

圖 63 @255000000#結果畫面

如下圖所示，我們可以看到混色控制 WS2812B 全彩 LED 模組測試程式結果畫面。

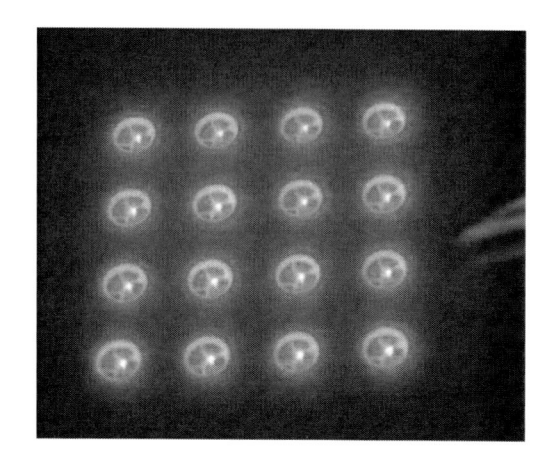

圖 64 @255000000#燈泡顯示

第二次測試

如下圖所示，我們輸入

@000255000#

如下圖所示，我們在 Arduino 開發工具之監控視窗，在輸入框輸入其內容值：

圖 65 輸入@000255000#

如下圖所示，程式就會進行解譯為：R=000，G=255，B=000：

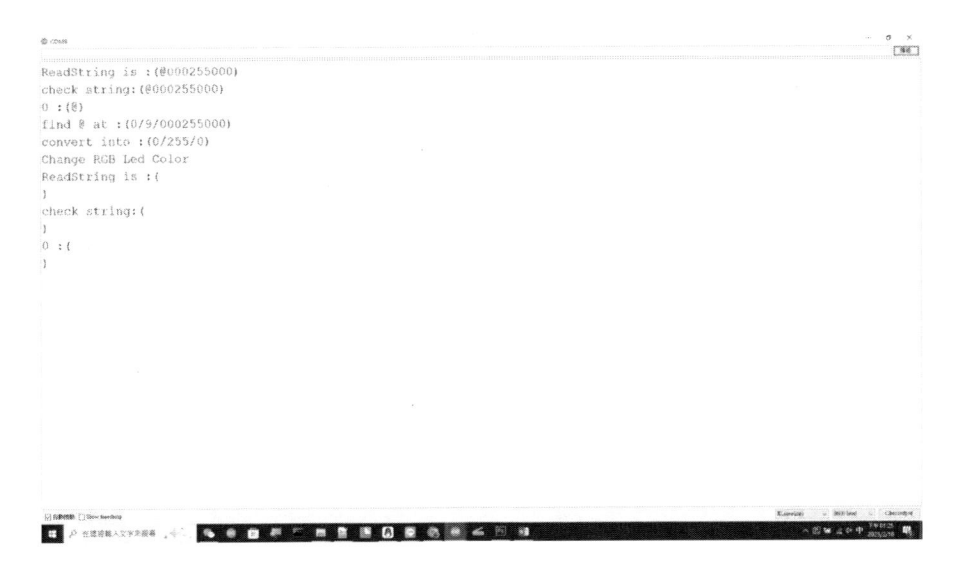

圖 66 @000255000#結果畫面

如下圖所示，我們可以看到混色控制 WS2812B 全彩 LED 模組測試程式結果畫面。

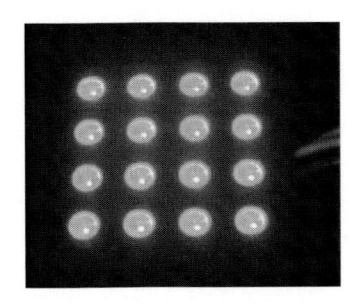

圖 67 @000255000#燈泡顯示

第三次測試

如下圖所示，我們輸入

@000000255#

如下圖所示，我們在 Arduino 開發工具之監控視窗，在輸入框輸入其內容值：

圖 68 輸入@000000255#

如下圖所示，程式就會進行解譯為：R=000，G=000，B=255：

圖 69 @000000255#結果畫面

如下圖所示，我們可以看到混色控制 WS2812B 全彩 LED 模組測試程式結果畫面。

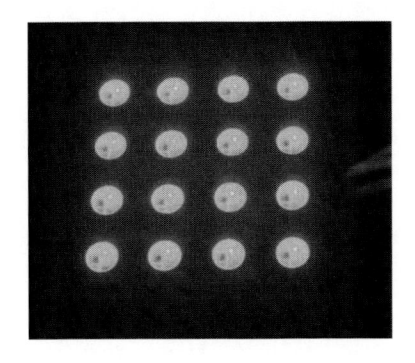

圖 70 @000000255#燈泡顯示

第四次測試(錯誤值)

如下圖所示，我們輸入

```
128128000#
```

如下圖所示，我們在 Arduino 開發工具之監控視窗，在輸入框輸入其內容值：

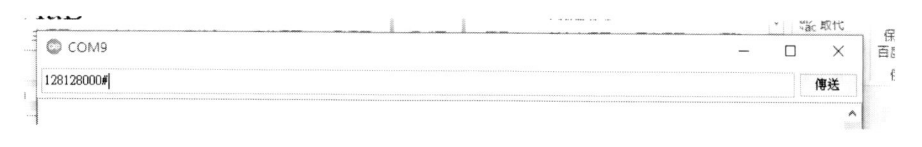

圖 71 輸入 128128000#

如下圖所示，我們希望程式就會進行解譯為：R=128，G=128，B=000：

```
ReadString is :(128128000)
check string:(128128000)
0 :(1)
1 :(2)
2 :(8)
3 :(1)
4 :(2)
5 :(8)
6 :(0)
7 :(0)
8 :(0)
ReadString is :(
)
check string:(
)
0 :(
)
```

圖 72 128128000#結果畫面

但是在上圖所示，我們可以看到缺乏使用了『@』這個指令來當作所有的資料開頭值，所以無法判別那個值，而無法解譯成功，該 DecodeString(String INPStr, byte *r, byte *g, byte *b)傳回 FALSE，而不進行改變顏色。

第五次測試

如下圖所示，我們輸入

@128128000#

如下圖所示，我們在 Arduino 開發工具之監控視窗，在輸入框輸入其

- 172 -

內容值：：

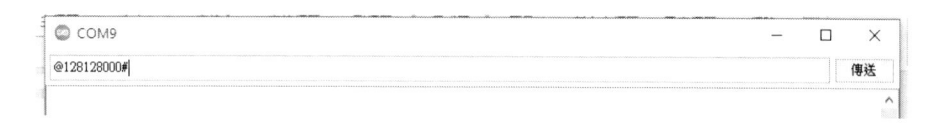

圖 73 輸入@128128000#

如下圖所示，程式就會進行解譯為：R=128，G=128，B=000：

圖 74 @128128000#結果畫面

如下圖所示，我們可以看到混色控制 WS2812B 全彩 LED 模組測試程式結果畫面。

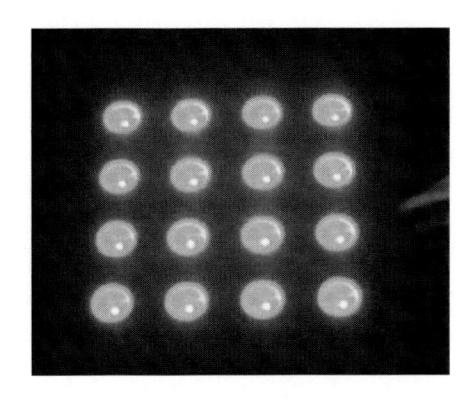

圖 75 @128128000#燈泡顯示

第六次測試

如下圖所示，我們輸入

@000255255#

如下圖所示，我們在 Arduino 開發工具之監控視窗，在輸入框輸入其內容值：

圖 76 輸入@000255255#

如下圖所示，程式就會進行解譯為：R=000，G=255，B=255：

圖 77 @000255255#結果畫面

其它結果的變化、就請讀者依上述規則自行測試，本文就不再這裡詳述之。

章節小結

本章主要介紹本書專案主題之 ESP32 C3 Super Min 開發板控制 WS2812B 全彩 LED 模組，透過 TCP/IP 傳輸 RGB 三原色代碼，來控制 WS2812B 全彩 LED 模組三原色混色，產生想要的顏色，透過本章節的解說，相信讀者會對控制 WS2812B 全彩 LED 模組三原色混色，產生想要的顏色，有更深入的了解與體認。

7
CHAPTER

硬體開發與組裝

筆者寫過幾本書:『藍芽氣氛燈程式開發(智慧家庭篇):Using Nano to Develop a Bluetooth-Control Hue Light Bulb (Smart Home Series)』(曾永忠, 吳佳駿, et al., 2017d; 曾永忠, 許智誠, 蔡英德, et al., 2021b)、『Ameba 8710 Wifi 氣氛燈硬體開發(智慧家庭篇):Using Ameba 8710 to Develop a WIFI-Controled Hue Light Bulb (Smart Home Serise)』(曾永忠, 許智誠, et al., 2017b; 曾永忠, 許智誠, & 蔡英德, 2021a)、『Ameba 氣氛燈程式開發(智慧家庭篇):Using Ameba to Develop a Hue Light Bulb (Smart Home)』(曾永忠, 吳佳駿, et al., 2016b; 曾永忠, 許智誠, 蔡英德, et al., 2021a)、『Pieceduino 氣氛燈程式開發(智慧家庭篇):Using Pieceduino to Develop a WIFI-Controled Hue Light Bulb (Smart Home Serise)』(曾永忠 et al., 2018; 曾永忠, 許智誠, & 蔡英德, 2021b)、『Wifi 氣氛燈程式開發(ESP32 篇):Using ESP32 to Develop a WIFI-Controled Hue Light Bulb (Smart Home Series)』(曾永忠, 楊志忠, et al., 2020, 2021),上述書籍都是由筆者親手手工開發這個燈泡,由於希望可以普及教學,筆者委託慧手科技有限公司(網址:https://www.motoduino.com/)開發專用的 PCB 板與零件代售,讀者可以在網址:
https://www.motoduino.com/product/%E6%99%BA%E6%85%A7%E5%AE%B6%E

5%B1%85wi-fi-%E5%A4%A2%E5%B9%BB%E7%87%88%E6%B3%A1/，接洽該公司。

圖 78智慧家居之氣氛燈泡銷售網址

資料來源：慧手科技有限公司官網：

https://www.motoduino.com/product/%E6%99%BA%E6%85%A7%E5%AE%B6%E5%B1%85wi-fi-%E5%A4%A2%E5%B9%BB%E7%87%88%E6%B3%A1/

第二代氣氛燈泡與智慧燈管控制器

本章節主要介紹筆者攥寫之專書：使用 ESP32 開發智慧燈管裝置雲端控制篇:Using ESP32 to Develop an Intelligent Light Tube Device Controlled based on Web Application，如下圖所示，筆者特別設計一塊控制器PCB板，可以再筆者露天賣場：第二代氣氛燈泡與智慧燈管控制器（本商品只有單純 PCB 板），網址:https://www.ruten.com.tw/item/show?22509817411505，購買這片控制板。

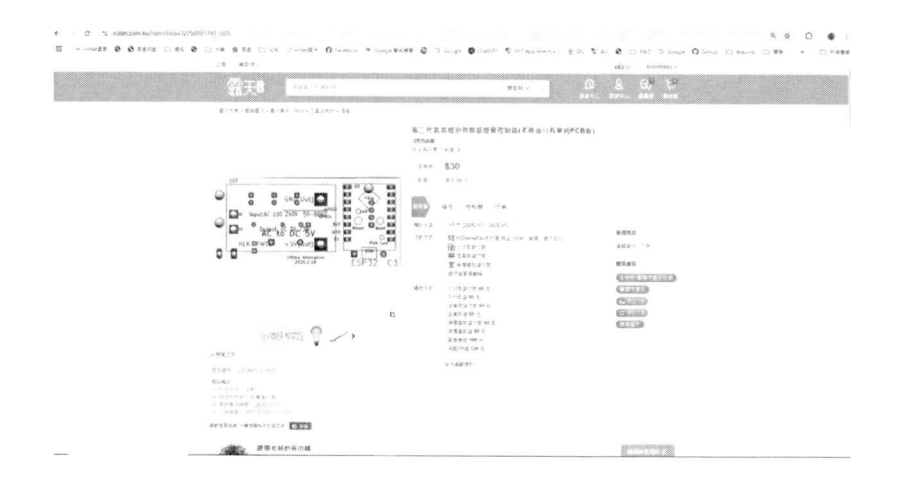

圖 79 智慧家居之氣氛燈泡銷售網址

硬體組立

筆者開發之智慧燈泡

如下圖所示，我們可以看到市售常見的 LED 燈泡，我們要將整個氣氛燈泡的電路，裝載在燈泡內部，並且透過市電 110V 或 220V 的交流電，供電給整個氣氛燈泡的電力。

圖 80 筆者開發之智慧燈泡

　　如下圖所示，我們可以看到市售常見的 LED 燈泡，將燈泡插在一般的 E27 燈座[16]上，並插在市電 110V 或 220V 的交流電插座上，便可以供電給整個氣氛燈泡足夠的電力。

---

[16] E27 燈頭：螺旋式燈座代號，字母 E 表示愛迪生螺紋的螺旋燈座，「E」后的數字錶示燈座螺紋外徑的整數值..螺旋燈座與燈頭配合的螺紋，應符合 GB1005-67《燈頭和燈座用螺紋》的規定。 常用的燈泡螺紋代號就是 E27，燈頭大徑 26.15~26.45，燈頭小徑 23.96~24.26.燈口大徑 26.55~26.85，燈口小徑 24.36~24.66 (http://www.twwiki.com/wiki/E27%E7%87%88%E9%A0%AD)

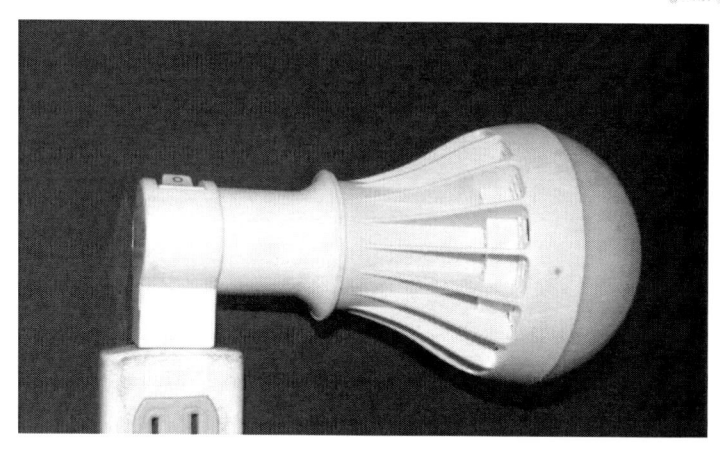

圖 81 LED 燈泡與燈座

筆者開發之智慧燈管

如下圖所示,我們可以看到市售常見日光燈管,因為日光燈管內部沒有額外控制電路,所以目前筆者在沒有完全設計與開發燈管電路之下,筆者改裝現有日光燈管,透過市售的 LED 輕鋼架,借助 LED 輕鋼架的市電 110V 或 220V 的交流電,提供 AC 電力,筆者使用 ACtoDC 變壓器,轉換成 LED 與控制器所需要的 5V 直流電力,透過 WS2812B 燈條,當為原有日光燈管的內部發光體,改良為筆者設計之智慧燈管。

圖 82 筆者開發之智慧燈管

控制器組立

本章節介紹整個第二代控制器的電路零件與組立，筆者對於本章節，如下圖所示，已經在雲端書庫，網址：https://www.ebookservice.tw/，在每一個縣市獨立的分館，透過書名：『第二代氣氛燈泡與燈管_硬體組裝篇』進行查詢。如下下圖所示，都可以借到這本『第二代氣氛燈泡與燈管_硬體組裝篇』。

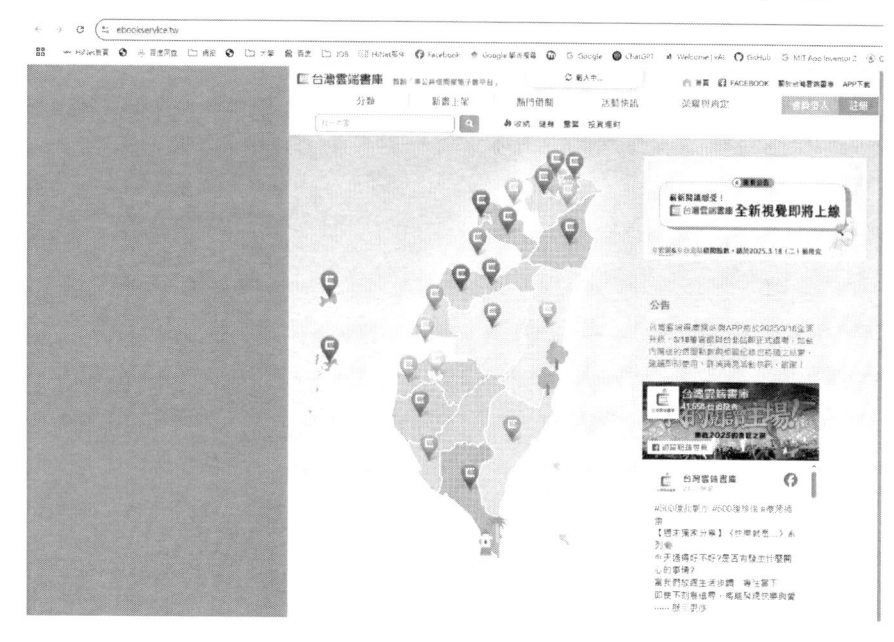

圖 83 雲端書庫官網

第二代氣氛燈泡硬體組裝教學篇

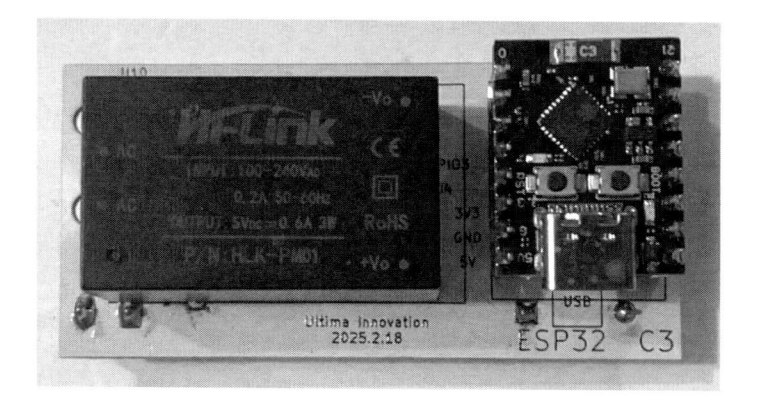

圖 84 第二代氣氛燈泡與燈管_硬體組裝篇簡報封面

認識第二代氣氛燈泡控制器 PCB

如下圖所示，筆者在出書之前，特別為這本書開發一個新版的第二代氣氛燈泡控制器 PCB，儘量縮小體積與整合 AC 電流輸入之迷你型 AC 轉 DC 變壓器。

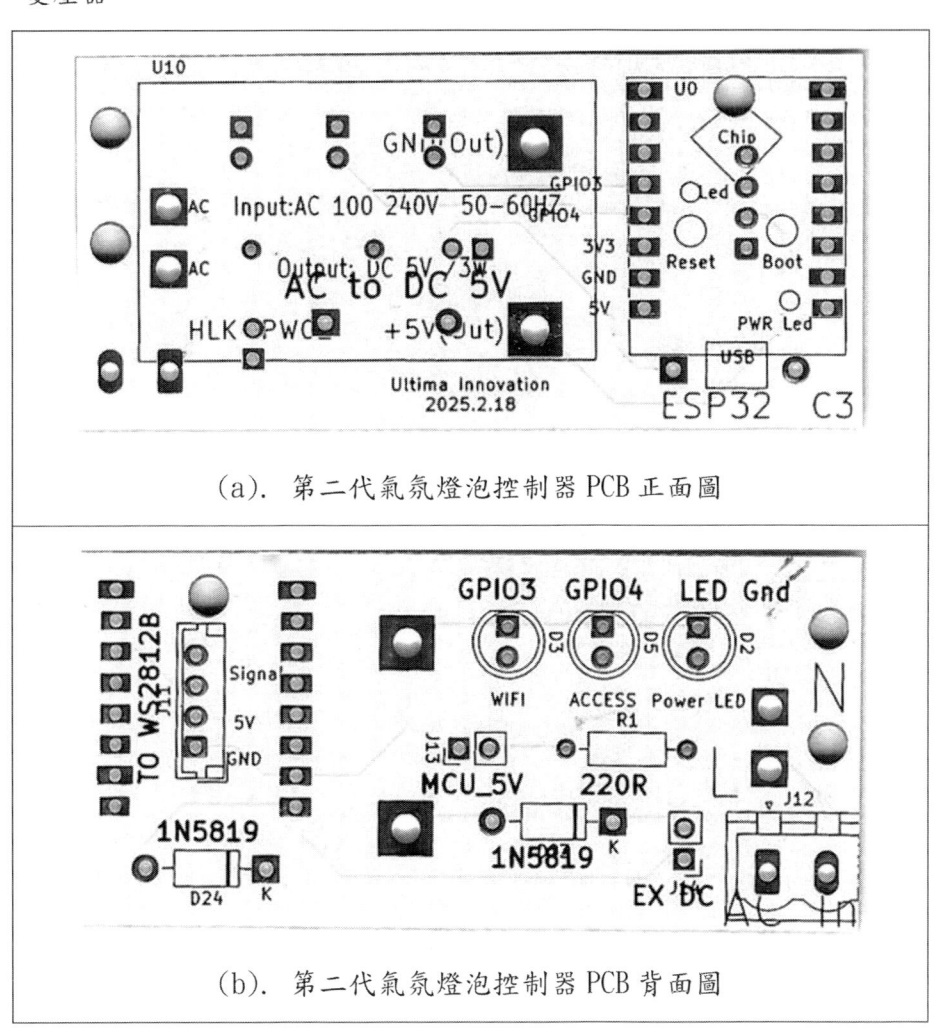

(a). 第二代氣氛燈泡控制器 PCB 正面圖

(b). 第二代氣氛燈泡控制器 PCB 背面圖

圖 85 第二代氣氛燈泡控制器 PCB 圖

如下圖所示，我們準備好 ESP32 C3 Super Mini 開發板，本開發板具備 ESP32 所有功能，且具 4M Flash Memory，為了縮小體積，只有 8Ｐx 2 的外居接腳位。

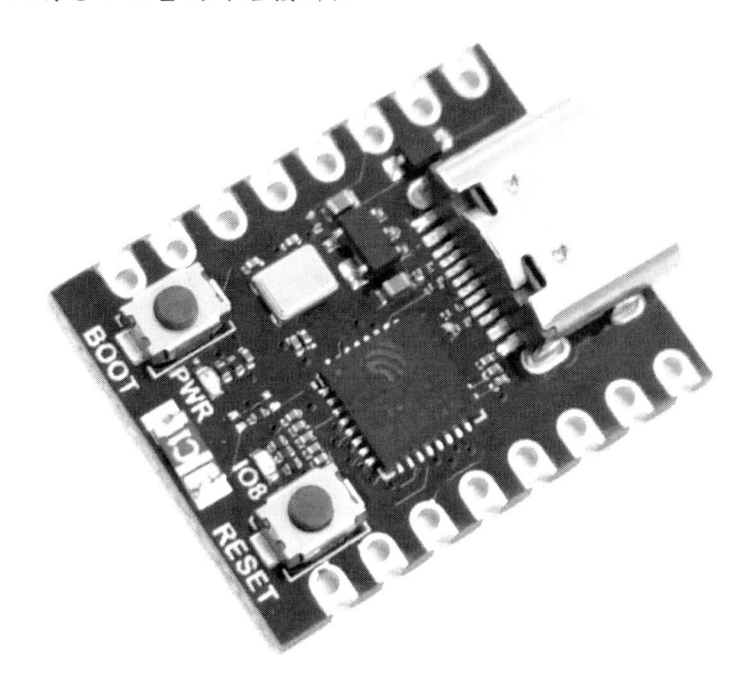

圖 86 ESP32 C3 Super Mini

如下圖所示，筆者介紹如上上圖之第二代氣氛燈泡控制器控制器，其 ESP32 C3 Super Mini 開發板需要控制之重要零件為 LED 指示燈與 WS2812B 4x4 LED 燈塊或 WS2812B LED Strip 燈條兩個重要的零件，如下表所示是這些零件的重要接腳表與電路圖。

表 18 第二代氣氛燈泡控制器接腳表

指示燈	
Ｐｏｗｅｒ　ＬＥＤ	+5V, GND, 220 歐姆電阻併在 +5V
WiFi LED	GPIO3 , GND
Access LED	GPIO4 , GND
WS2812B RGB LED	開發板
VCC	+5V
GND	GND
IN	GPIO 10

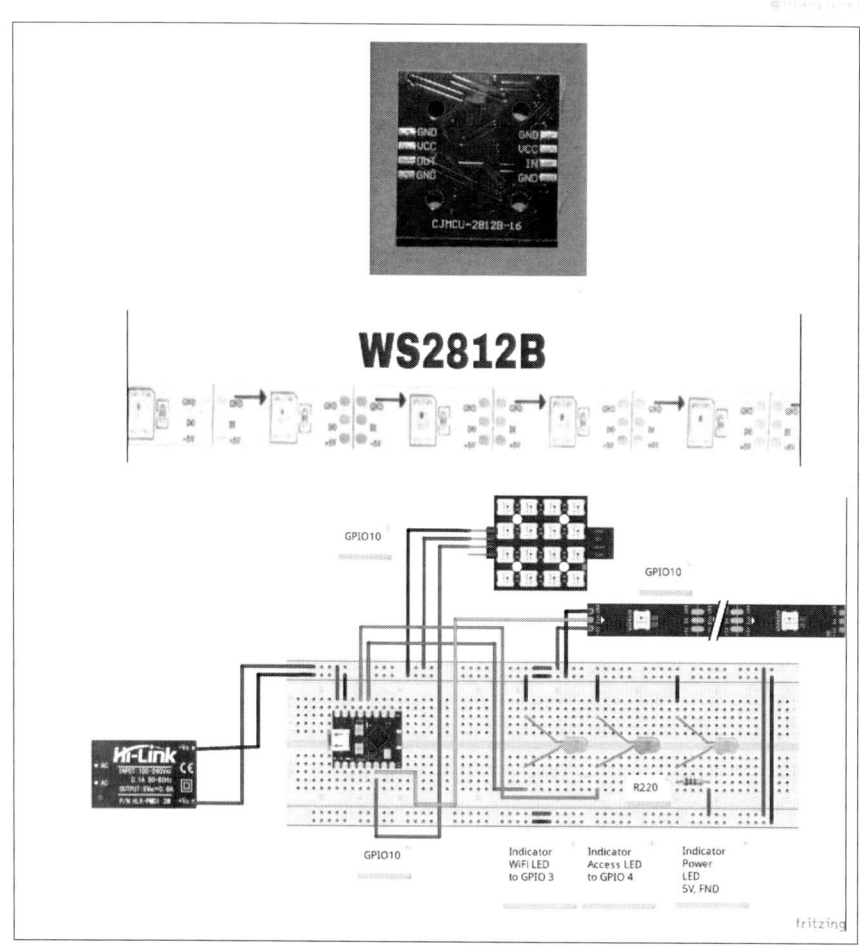

如下圖所示，可以看到我們設計的第二代氣氛燈泡控制器組立正面圖。

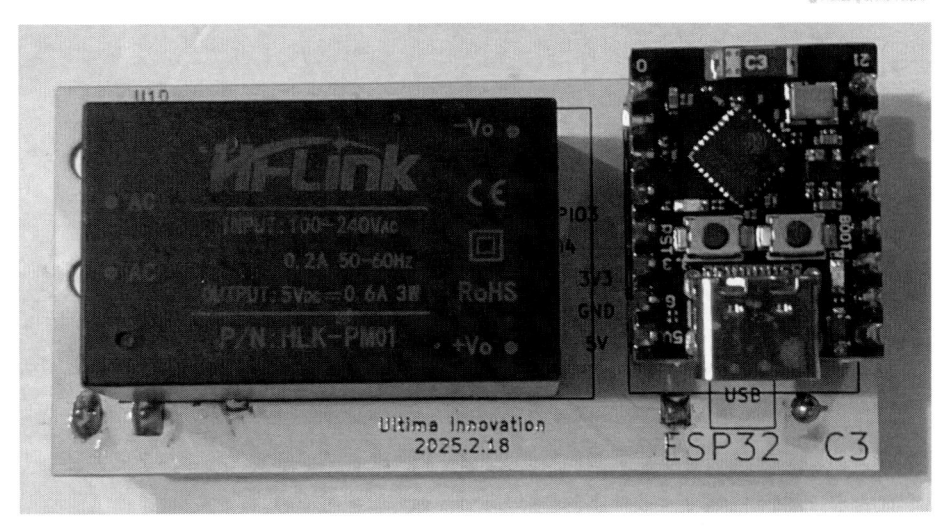

圖 87 第二代氣氛燈泡控制器組立正面圖

　　如下圖所示，可以看到我們設計的第二代氣氛燈泡控制器組立背面圖。

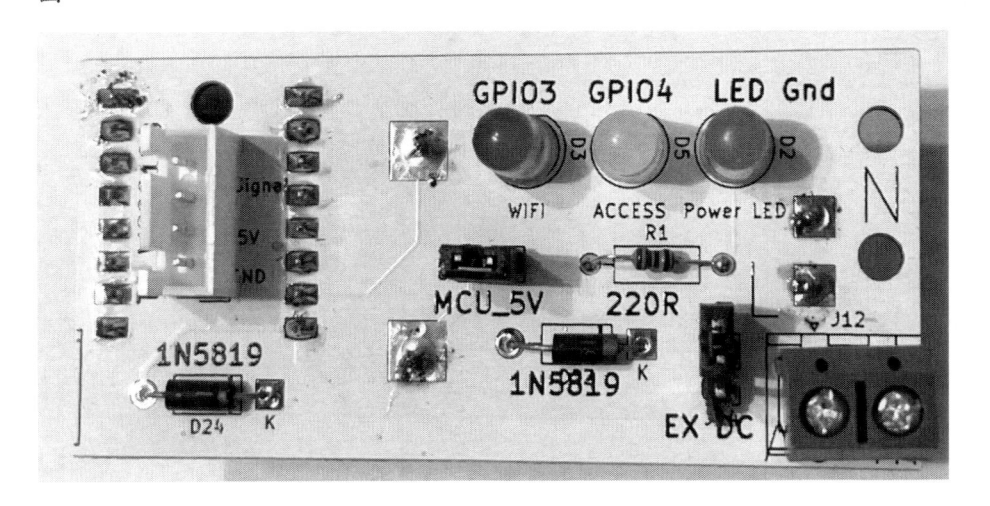

圖 88 第二代氣氛燈泡控制器組立背面圖

如下圖所示,可以看到我們設計的第二代氣氛燈泡控制器組立下側面圖。

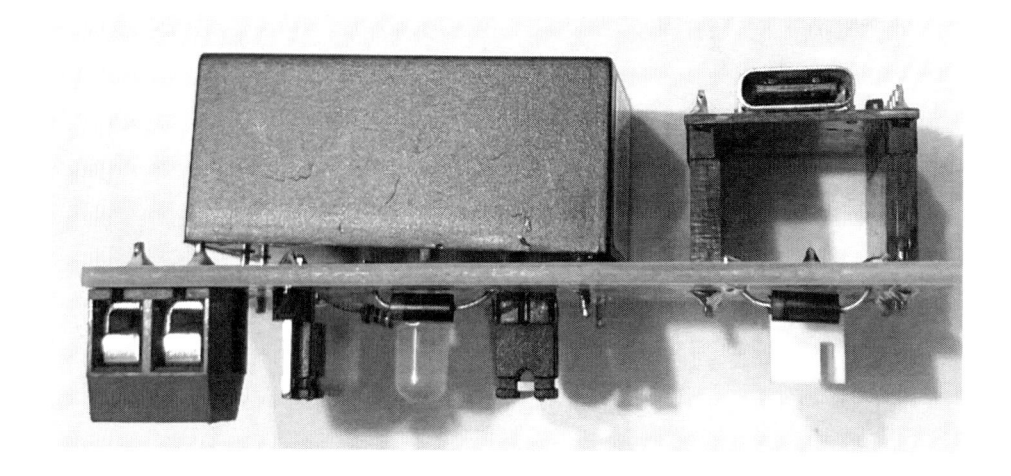

圖 89 第二代氣氛燈泡控制器組立下側面圖

如下圖所示,可以看到我們設計的第二代氣氛燈泡控制器組立上側面圖。

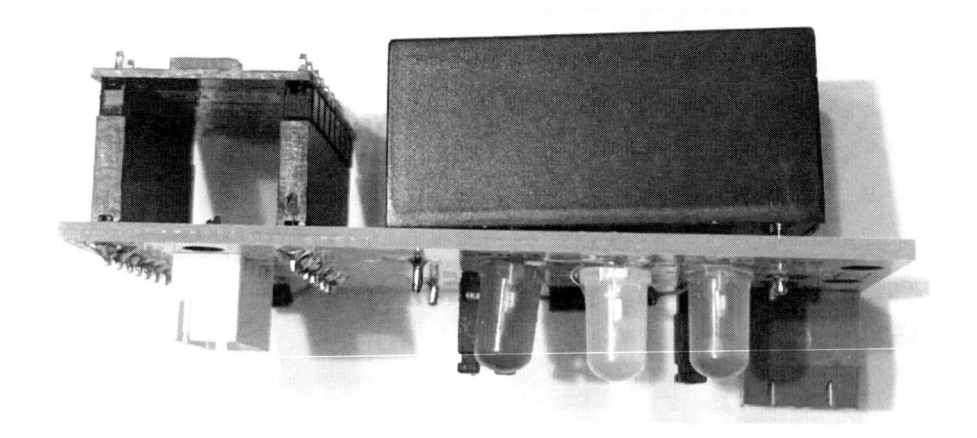

圖 90 第二代氣氛燈泡控制器組立下側面圖

第二代氣氛燈泡控制器 PCB 組立步驟

指示燈安裝

如下圖所示，我們取出拿出三色 LED 燈泡。

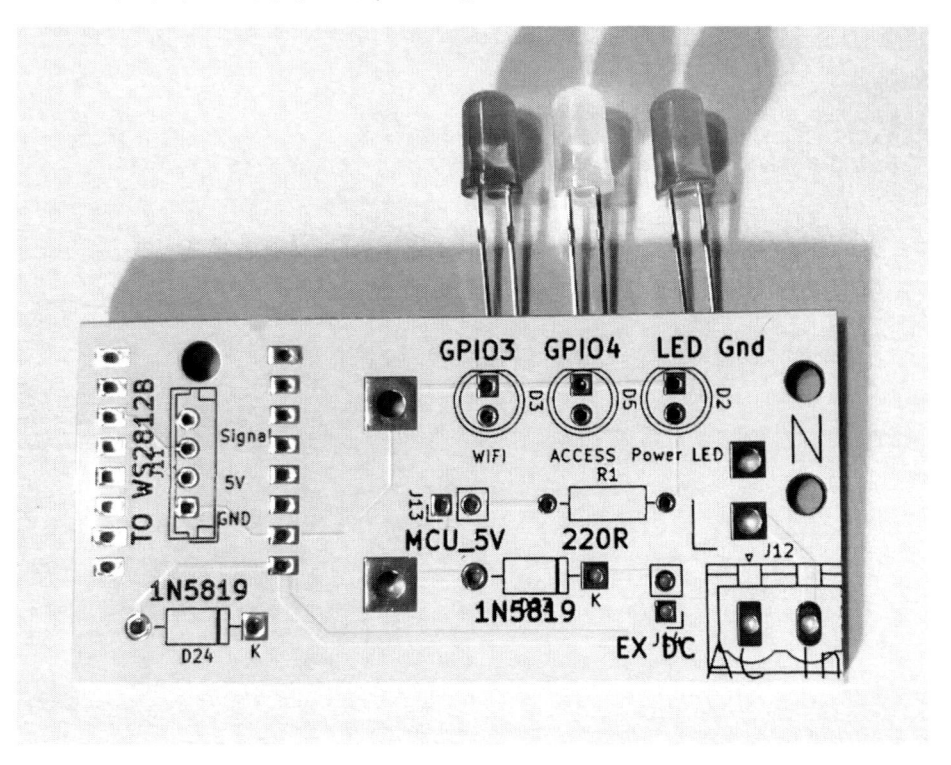

圖 91 拿出三色 LED 燈泡

如下圖所示，我們插入三個 LED 燈泡。

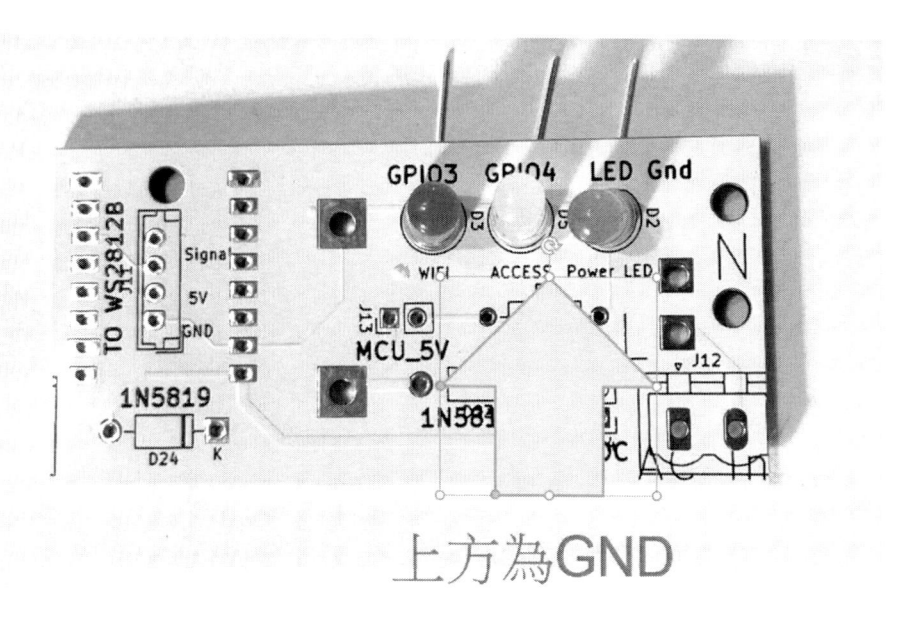

圖 92 插入三個 LED 燈泡

如下圖所示，我們翻到 PCB 背面來，焊接三個 LED 燈泡。

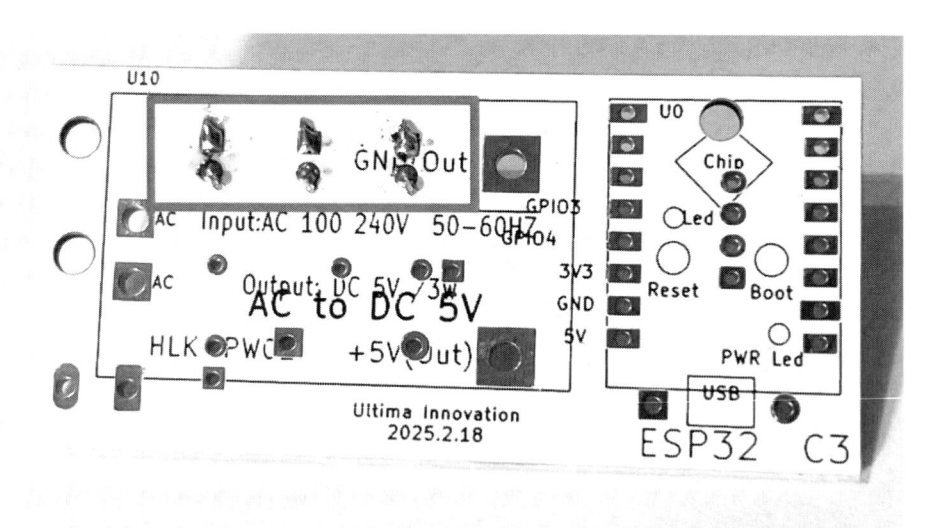

圖 93 焊接三個 LED 燈泡

如下圖所示，我們完成焊接三個 LED 燈泡。

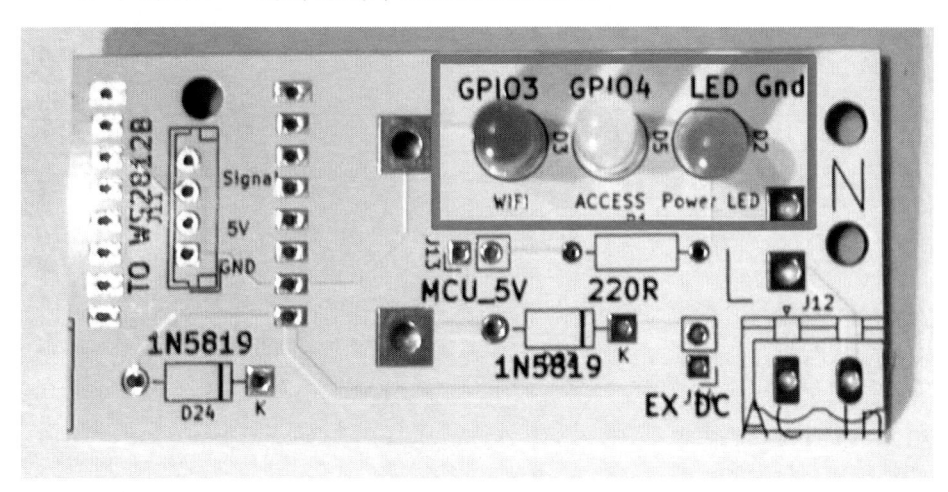

圖 94 完成焊接三個 LED 燈泡

安裝電源指示燈電阻

如下圖所示，我們準備取出電源指示燈電阻。

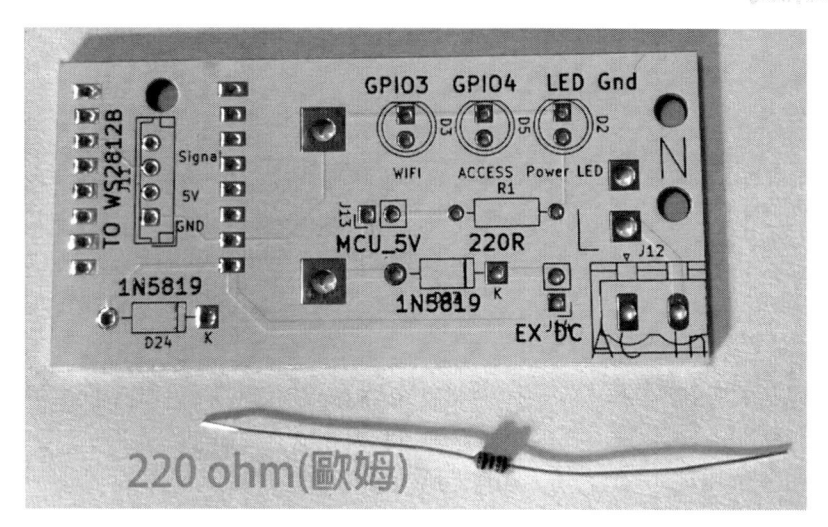

圖 95 取出電源指示燈電阻

如下圖所示，我們準備放上電源指示燈電阻。

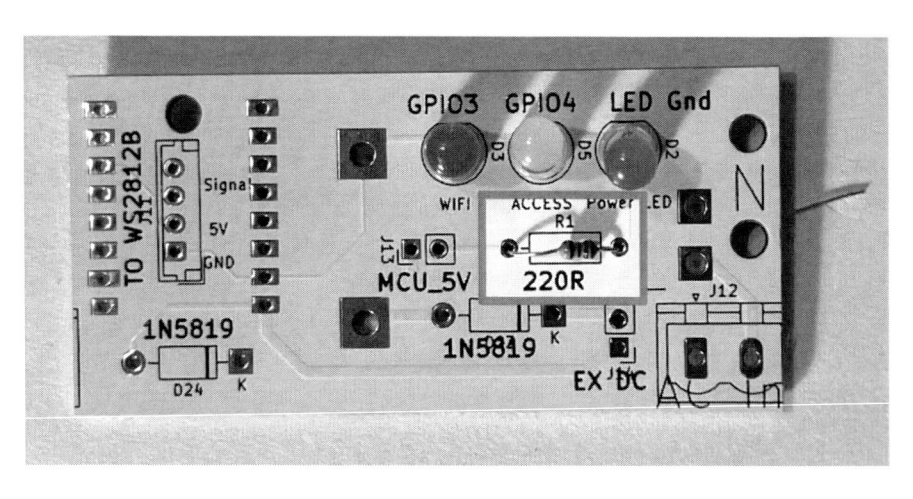

圖 96 放上電源指示燈電阻

如下圖所示，我們準備焊接電源指示燈電阻。

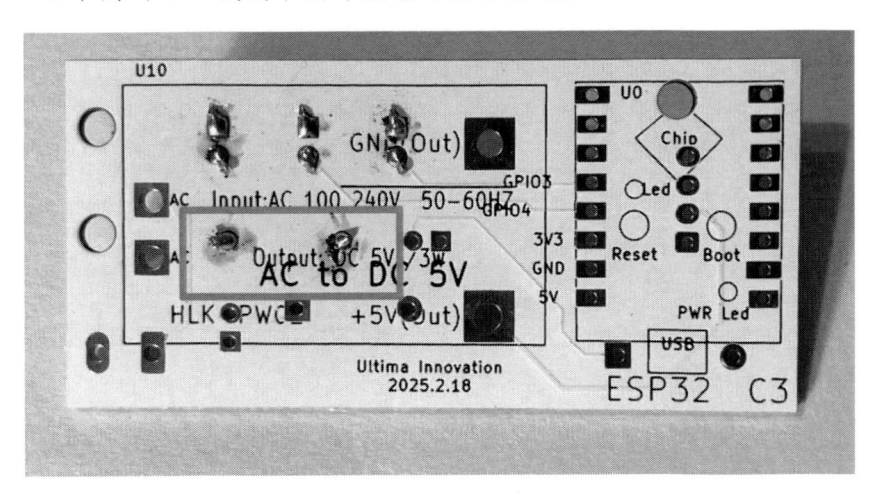

圖 97 焊接電源指示燈電阻

如下圖所示，我們完成焊接電源指示燈電阻。

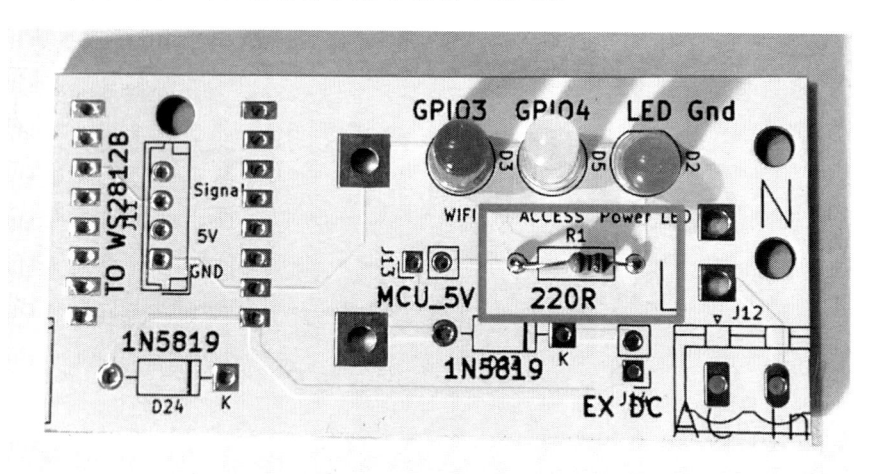

圖 98 完成焊接電源指示燈電阻

安裝二極體

如下圖所示，我們準備拿出蕭特基二極體。

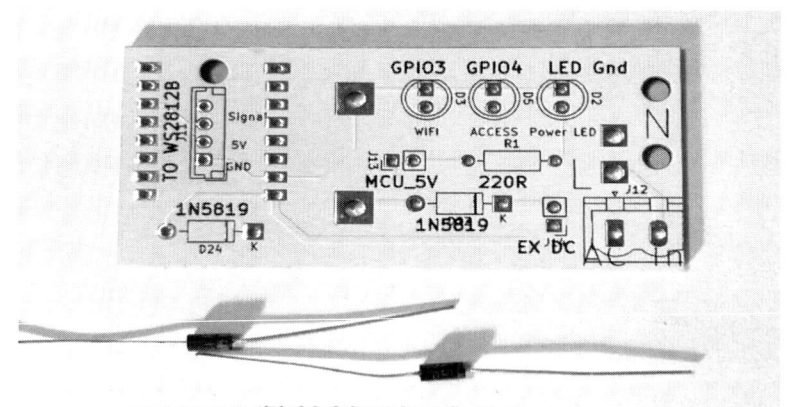

1N5819 蕭特基二極體 Schottky diode

- 195 -

圖 99 拿出蕭特基二極體

如下圖所示，我們準備安裝蕭特基二極體。

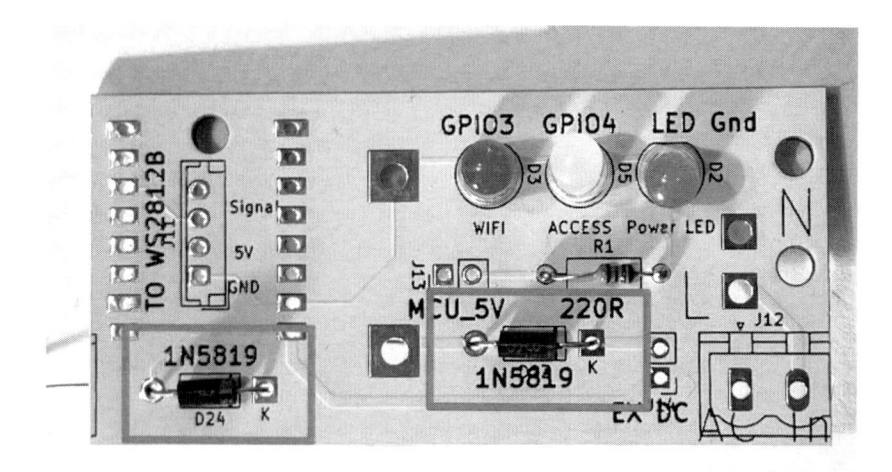

負極向右 Negative pole to the right

圖 100 安裝蕭特基二極體

如下圖所示，我們準備焊接蕭特基二極體。

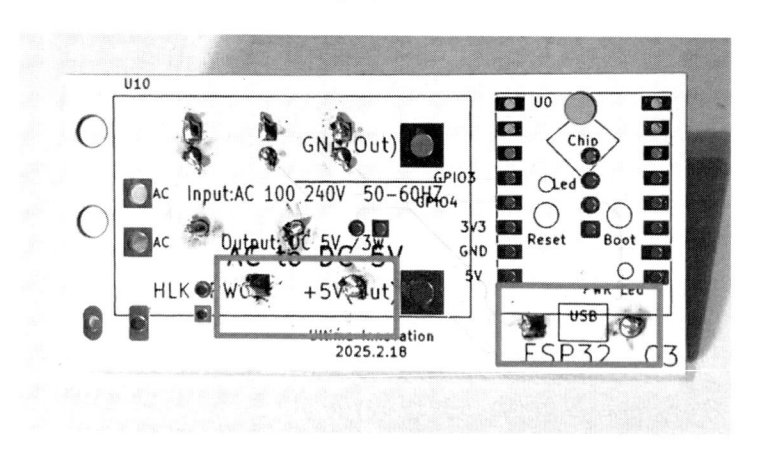

圖 101 焊接蕭特基二極體

如下圖所示，我們完成焊接蕭特基二極體。

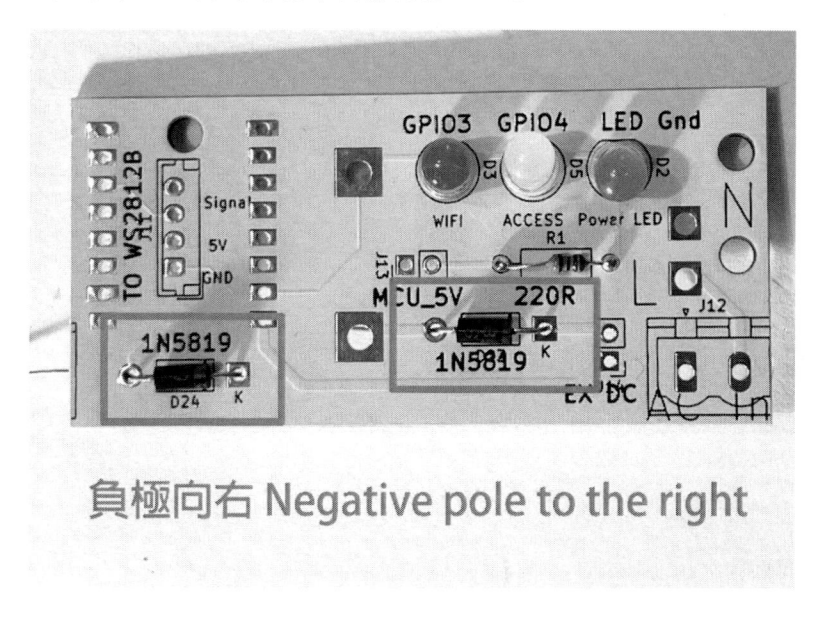

圖 102 完成焊接蕭特基二極體

安裝短線帽 Jumper

如下圖所示，我們準備取出安裝短線帽。

圖 103 取出安裝短線帽

如下圖所示，我們準備放置短線帽。

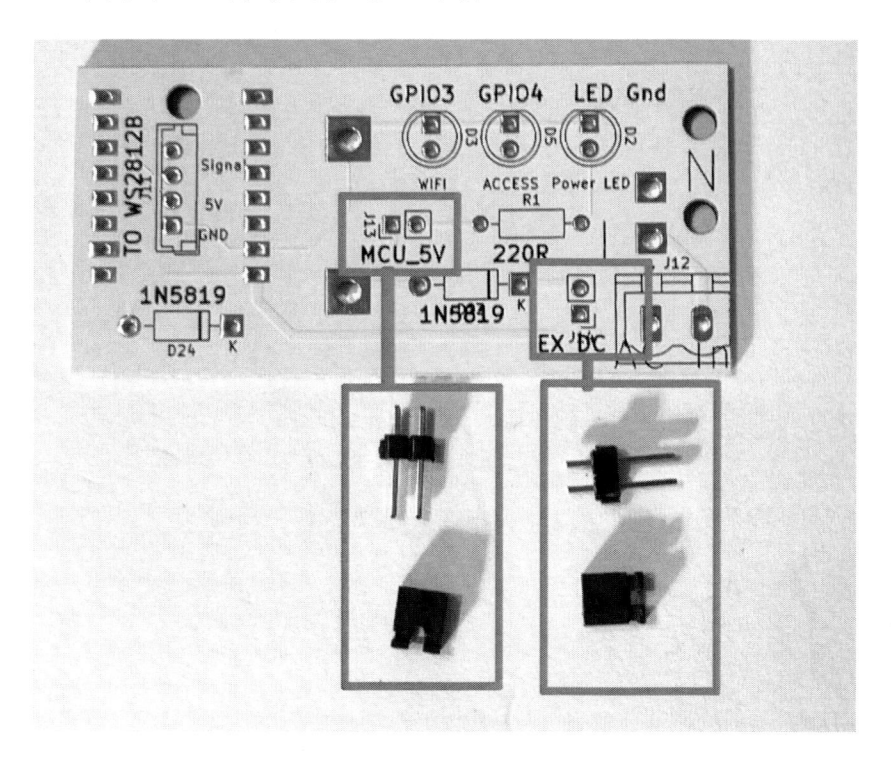

圖 104 準備放置短線帽

如下圖所示，我們準備放置短線帽於 PCB 上。

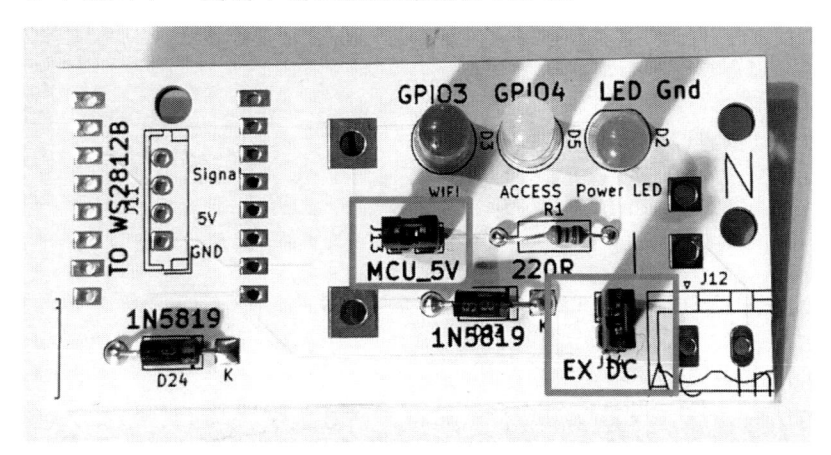

圖 105 放置短線帽於 PCB 上

如下圖所示，我們放置短線帽。

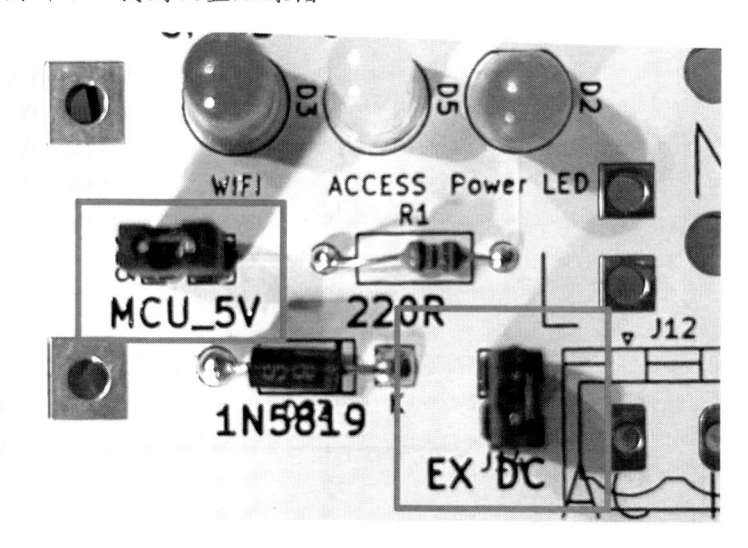

圖 106 放置短線帽

如下圖所示，我們準備焊接短線帽。

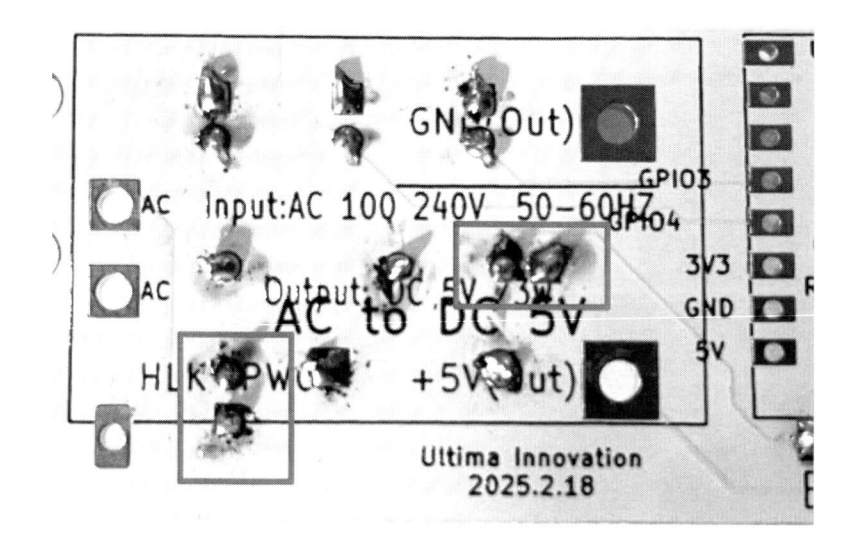

圖 107 焊接短線帽

如下圖所示，我們完成焊接短線帽。

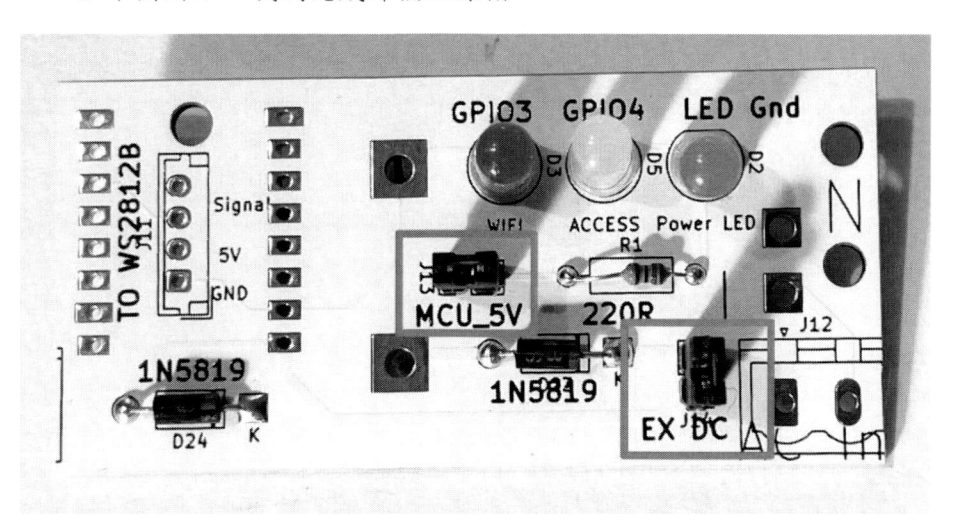

圖 108 完成焊接短線帽

安裝 AC 端子座

如下圖所示，我們準備取出 AC 端子座。

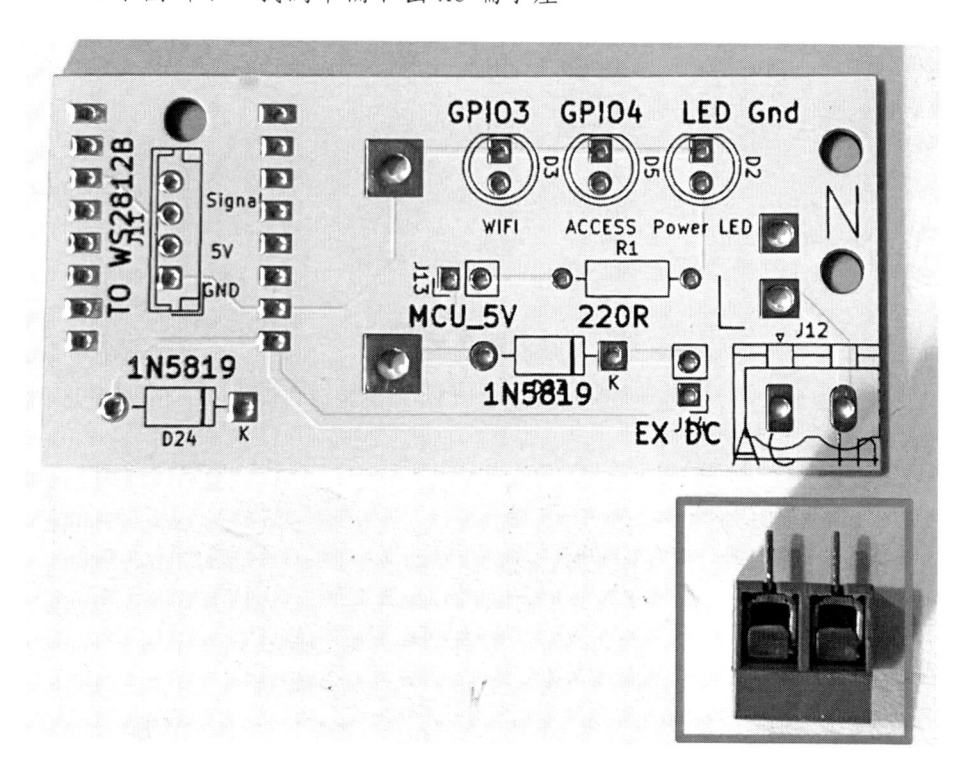

圖 109 取出 AC 端子座

如下圖所示，我們準備取出對準 AC 端子座。

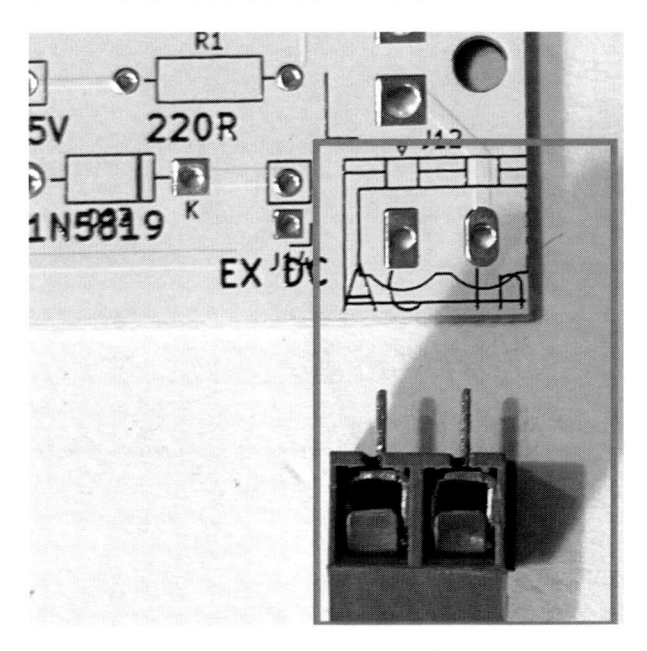

圖 110 取出對準 AC 端子座

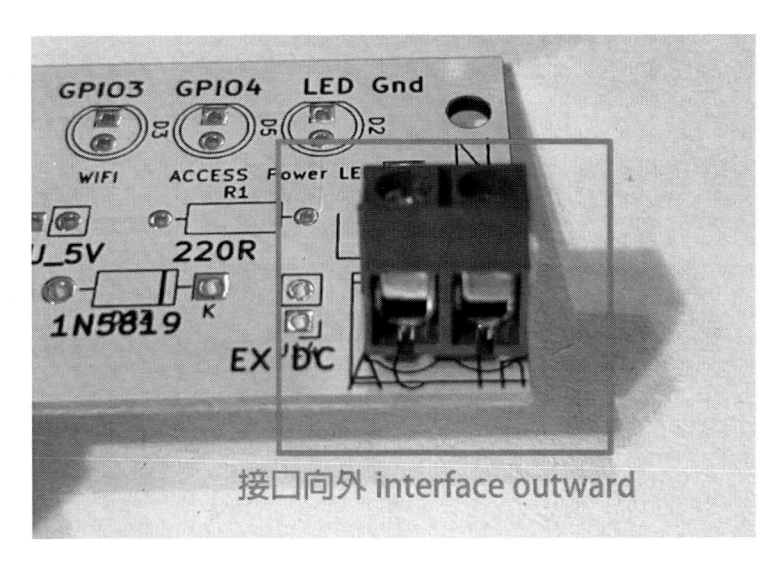

如下圖所示，我們注意 AC 端子座放置方向。

圖 111 注意 AC 端子座放置方向

如下圖所示，我們準備焊接 AC 端子座。

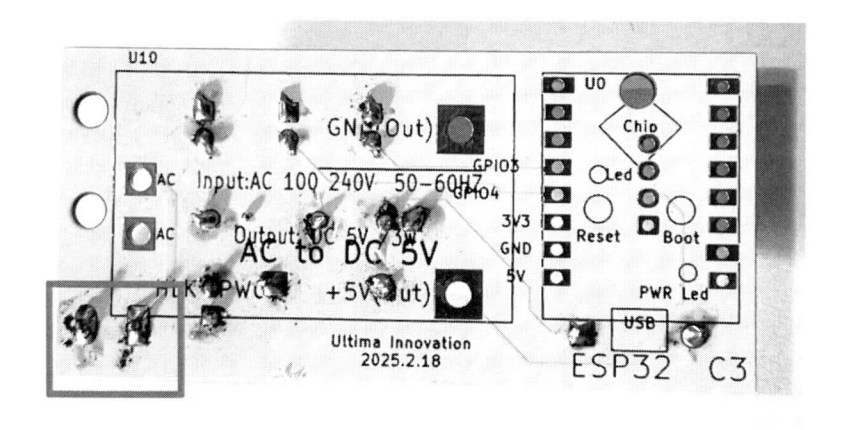

圖 112 焊接 AC 端子座

如下圖所示，我們完成焊接 AC 端子座。

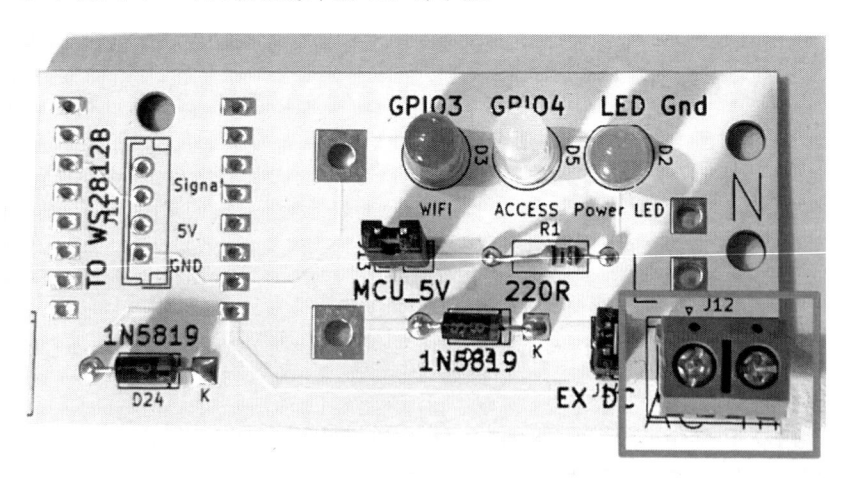

圖 113 完成焊接 AC 端子座

安裝 WS2812B 連接座

如下圖所示，我們準備取出 XH2.54 4P 公座。

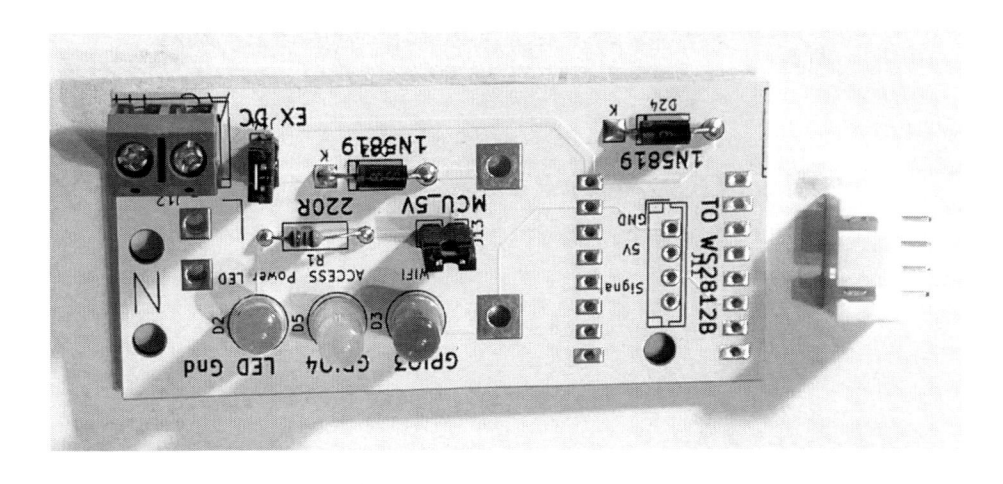

圖 114 取出 XH2.54 4P 公座

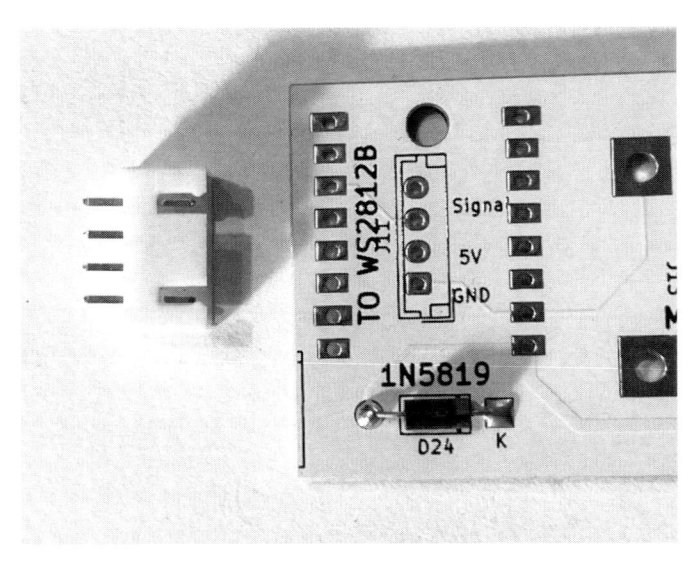

如下圖所示，我們注意 XH2.54 4P 公座方向性。

圖 115 注意 XH2.54 4P 公座方向性

如下圖所示，從另外一個視角，我們注意 XH2.54 4P 公座方向性。

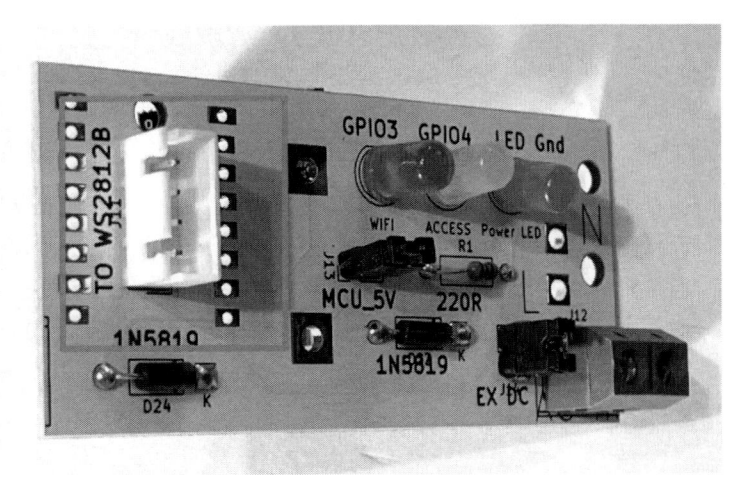

圖 116 從另外一個視角注意 XH2.54 4P 公座方向性

如下圖所示，我們準備焊接 XH2.54 4P 公座。

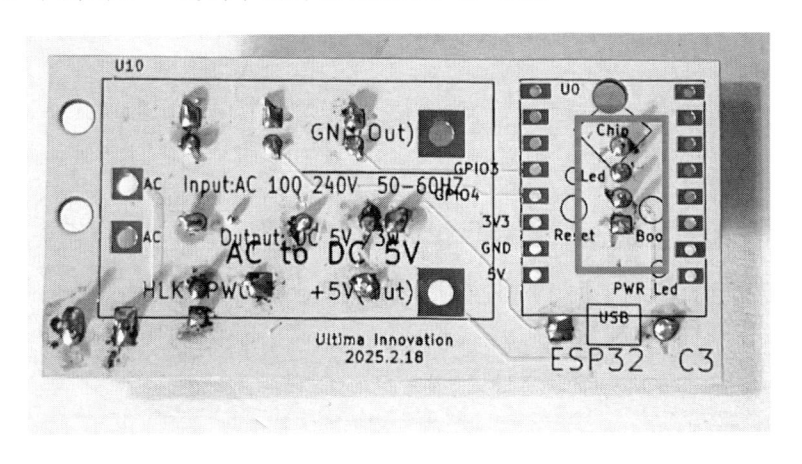

圖 117 焊接 XH2.54 4P 公座

如下圖所示，我們準備 E27 金屬燈座殼零件。

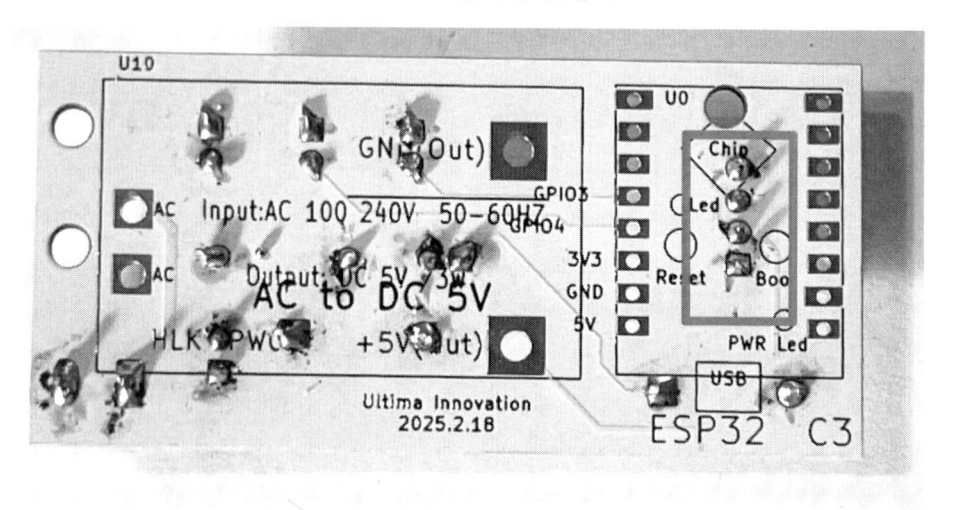

圖 118 E27 金屬燈座零件

如下圖所示，我們安裝焊接 XH2.54 4P 公座。

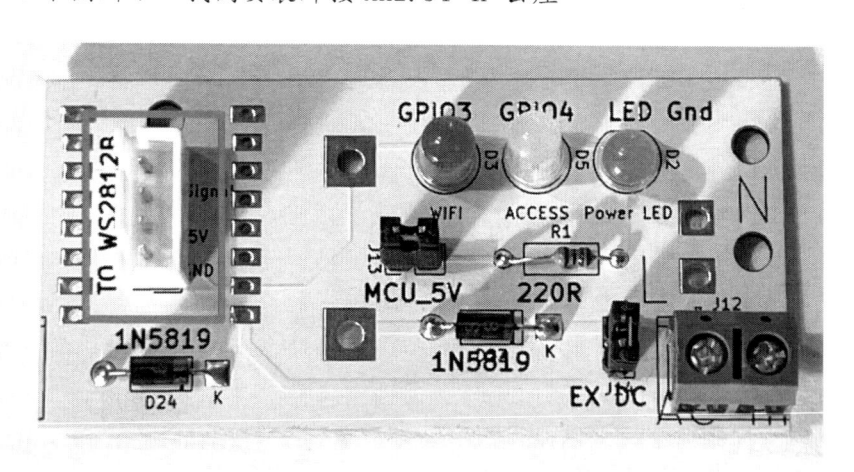

圖 119 安裝焊接 XH2.54 4P 公座

安裝 ESP32 C3 Super Mini 杜邦母座

如下圖所示，我們準備取出 8P 杜邦母座兩個。

圖 120 取出 8P 杜邦母座兩個

如下圖所示，我們準備取出 ESP32 C3 Super Mini 開發板。

圖 121 取出 ESP32 C3 Super Mini 開發板

如下圖所示，我們先把杜邦母座插上 ESP32 C3 Super Min 開發板。

圖 122 先把杜邦母座插上 ESP32 C3 Super Min 開發板

如下圖所示，我們準備放置插上的 ESP32 C3 Super Min 開發板。

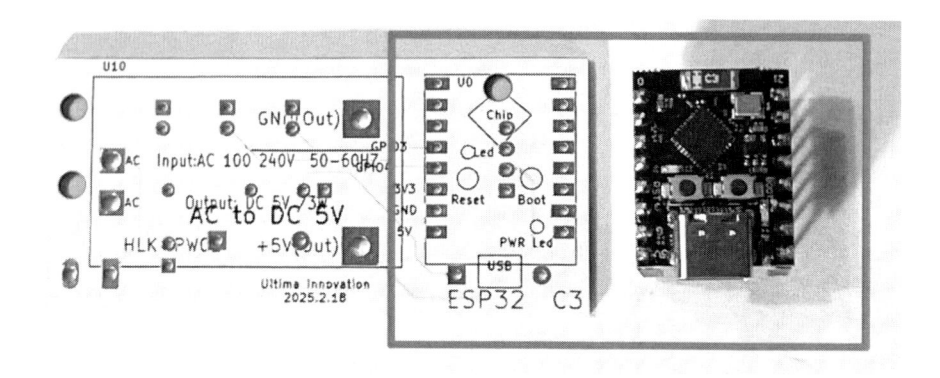

圖 123 準備放置插上的 ESP32 C3 Super Min 開發板

如下圖所示，我們準備焊接雙排 8P 杜邦母座。

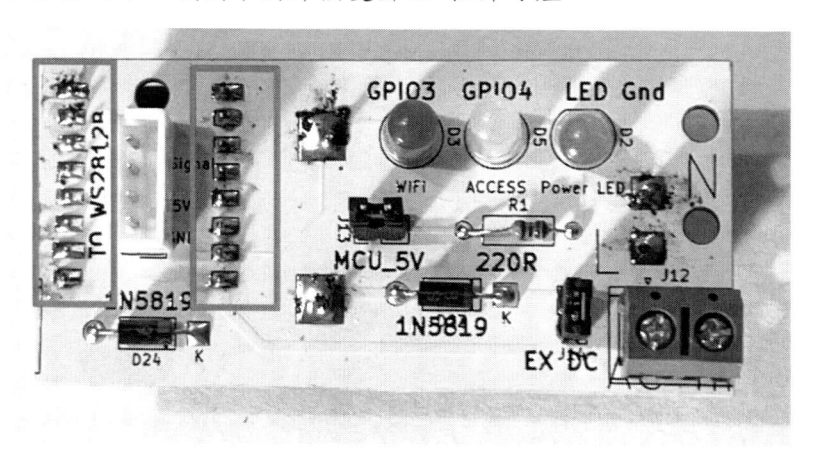

圖 124 焊接雙排 8P 杜邦母座

如下圖所示，我們安裝焊接雙排 8P 杜邦母座。

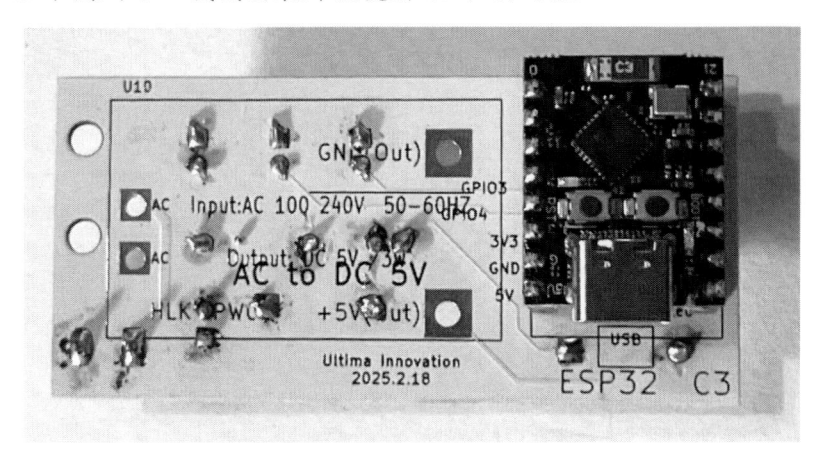

圖 125 安裝焊接雙排 8P 杜邦母座

如下圖所示，我們可以取下開發板確認焊接 OK。

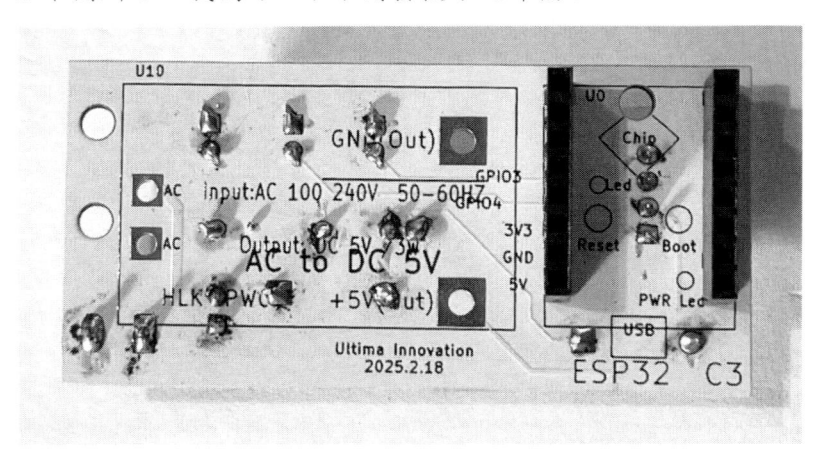

圖 126 可以取下開發板確認焊接 OK

安裝 AC to DC 變壓器

如下圖所示，我們認識 Power(AC ~ 5V) 零件。

圖 127 認識 Power(AC ~ 5V) 零件

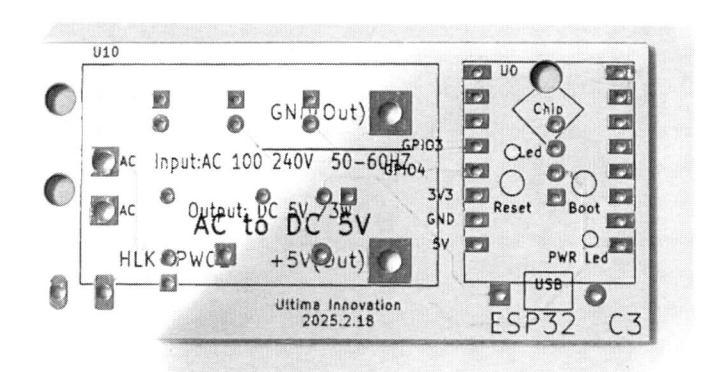

如下圖所示，我們準備放置 AC to DC 變壓器。

圖 128 準備放置 AC to DC 變壓器

如下圖所示，我們注意準備放置 AC to DC 變壓器方向。

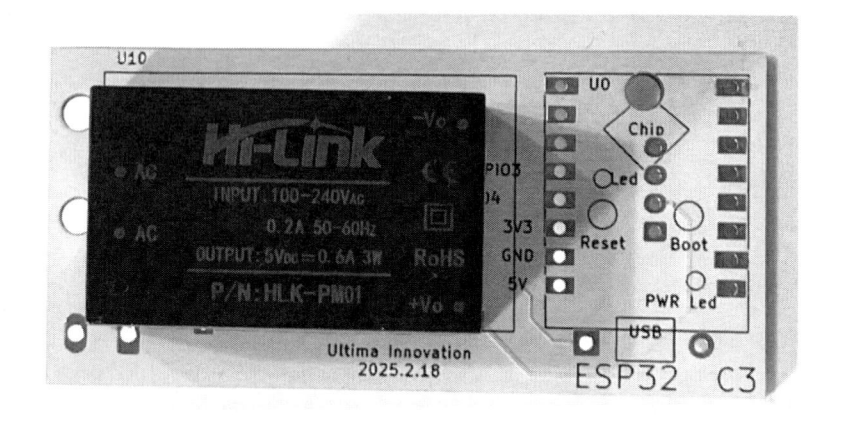

圖 129 注意準備放置 AC to DC 變壓器方向

如下圖所示，我們準備放置 AC to DC 變壓器。

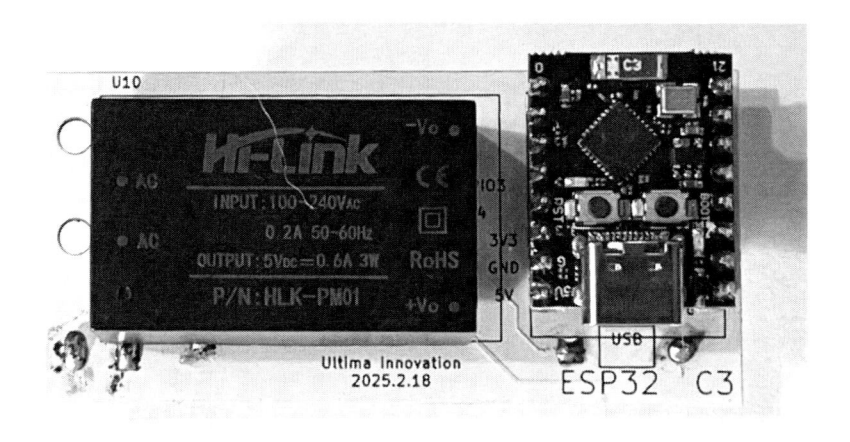

圖 130 放置 AC to DC 變壓器

如下圖所示，我們準備焊接PCB板上的AC to DC變壓器。

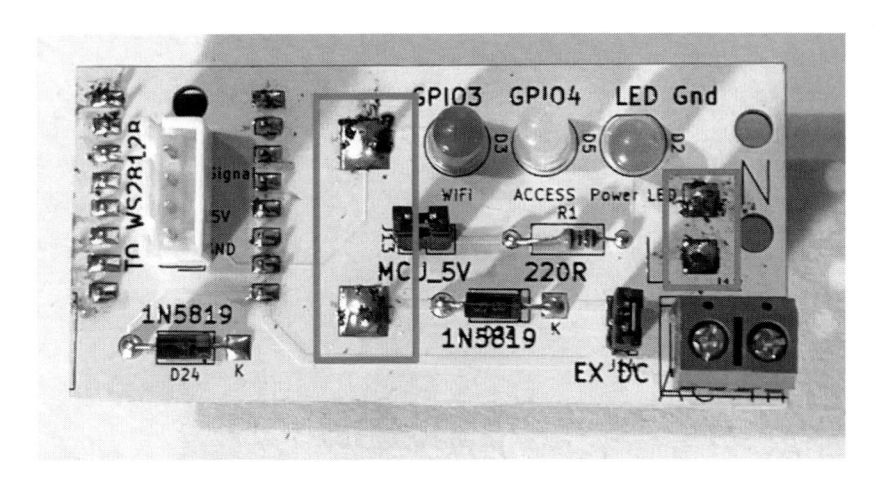

圖 131 焊接PCB板上的AC to DC變壓器

如下圖所示，我們完成焊接PCB板上的AC to DC變壓器。

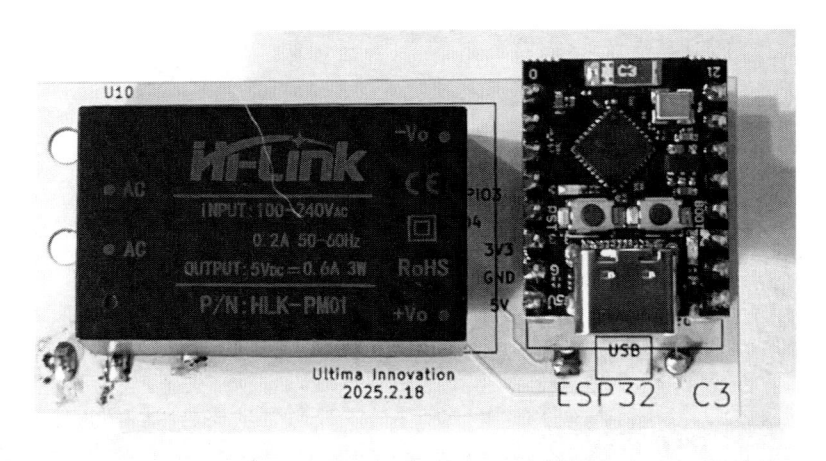

圖 132 完成焊接PCB板上的AC to DC變壓器

檢查電路是否安裝完成

如下圖所示，我們查看組立電路正面圖。

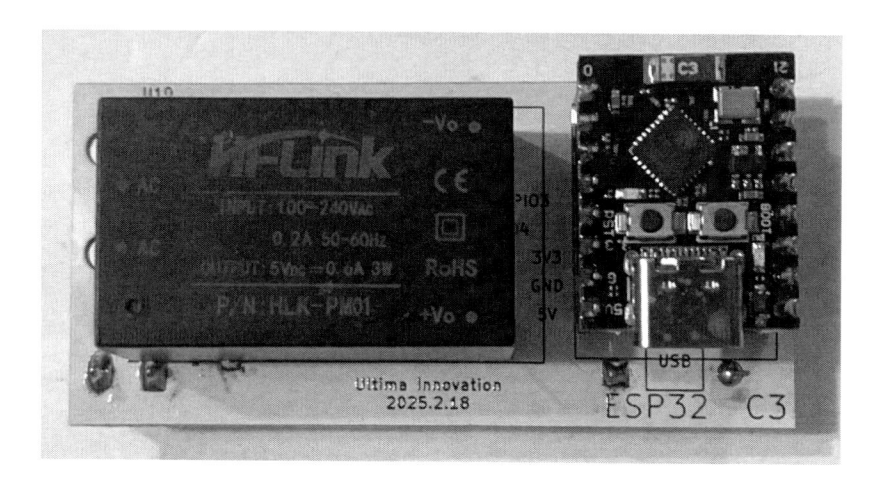

圖 133 組立電路正面圖

如下圖所示，我們查看組立電路背面圖。

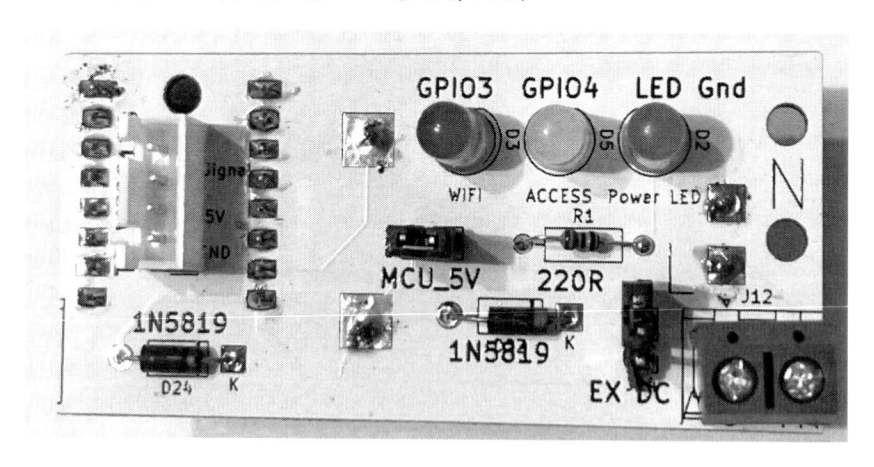

圖 134 組立電路背面圖

如下圖所示，我們查看組立電路上側面圖。

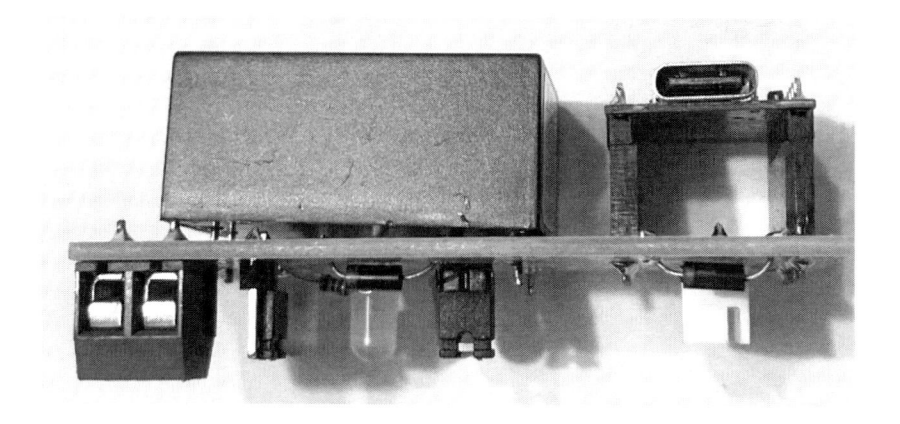

圖 135 查看組立電路上側面圖

如下圖所示，我們查看組立電路下側面圖。

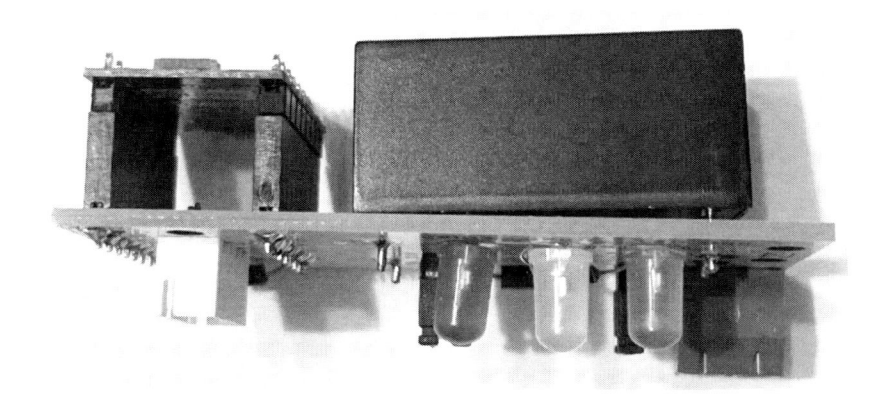

圖 136 查看組立電路下側面圖

如下圖所示，我們查看燈泡連接面圖。

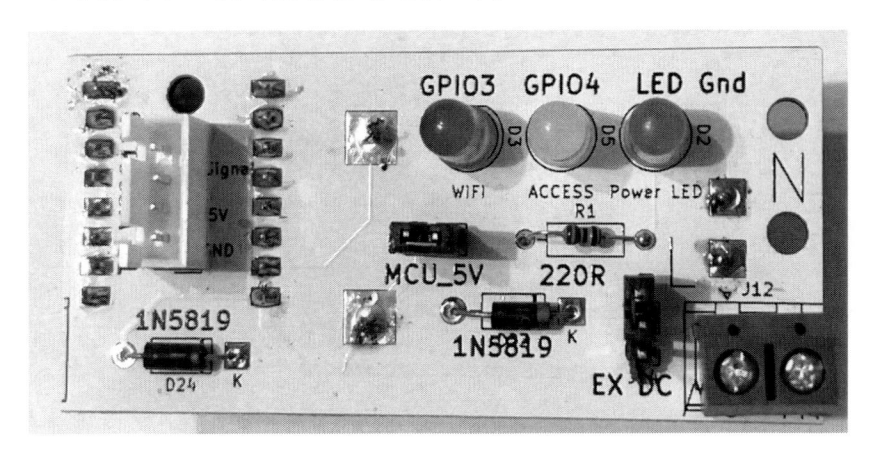

圖 137 查看燈泡連接面圖

組立 E27 金屬燈座殼

為了透過市電 110V 或 220V 的交流電的插座,我們必須要有上圖所示之 E27 燈座,為了這個 E27 燈座,如下圖所示,我們準備 E27 金屬燈座殼零件。

圖 138 E27 金屬燈座零件

如下圖所示,我們將 E27 金屬燈座殼進行組立。

圖 139 E27 金屬燈座零件

接出 E27 金屬燈座殼電力線

為了透過市電 110V 或 220V 的交流電的插座,我們必須要有上圖所示之 E27 燈座,而這個 E27 燈座必須連接到電路,如下圖所示,我們必須將 E27 金屬燈座殼零件連接上兩條 AC 交流的電線,讓市電 110V 或 220V 的交流電的插座的電力可以傳送到變壓器。

如下圖所示,我們單心電線若干。

圖 140 準備單心電線若干

如下圖所示，我們擷取兩條足夠長度之單心線(可同色或異色)。

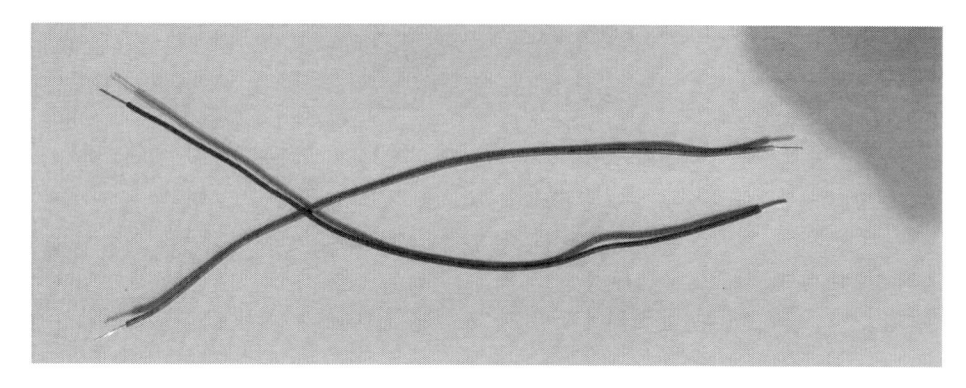

圖 141 擷取兩條足夠長度之單心線(可同色或異色)

如下圖所示，我們將兩條足夠長度之單心線連上 E27 金屬環狀零件上。

圖 142 接出 E27 金屬燈座殼電力線

接出 AC 交流電線

為了將市電 110V 或 220V 的交流電接出電線,如下圖所示之連接出 AC 電線。

圖 143 連接出 AC 電線

如下圖所示，我們完成合成燈底與電源頭在合成燈泡下方。

圖 144 合成燈底與電源頭

如下圖所示，我們將兩條單心線，一條單心線卡在與膠殼底部 　　　　　上，另一條單心線卡在 E27 金屬環 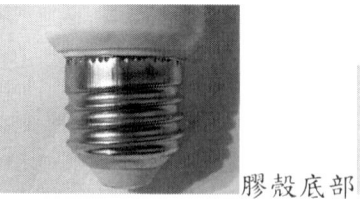　　　　　膠殼底部 　　　　　上，完成下圖所示之成品圖。

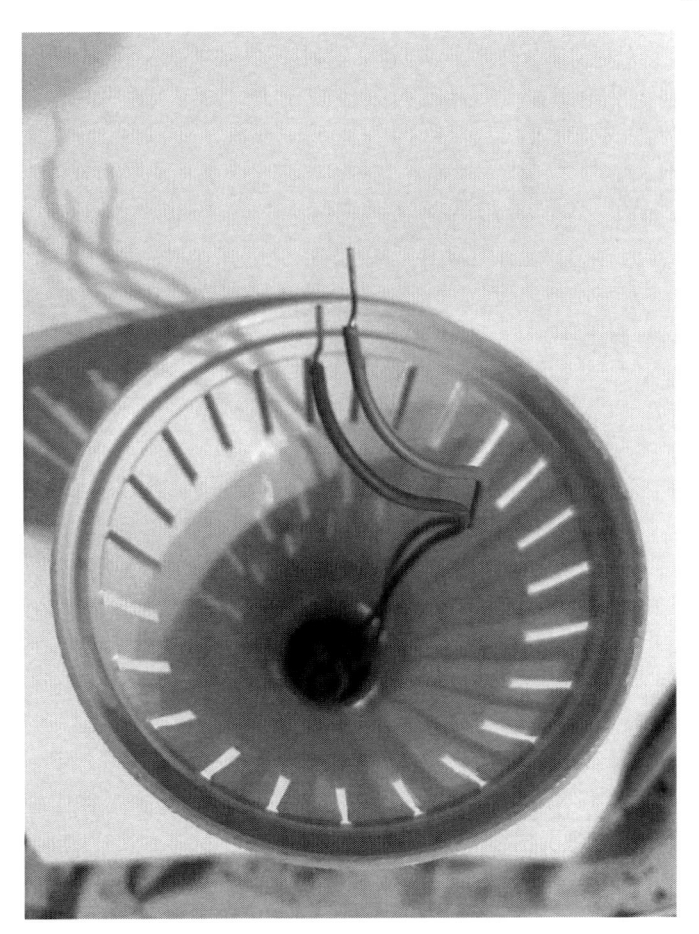

圖 145 E27 金屬燈座與 AC 單心線連接

如下圖所示，我們準備測試燈座，最後面成品可以進行 AC 電源通電測試　。

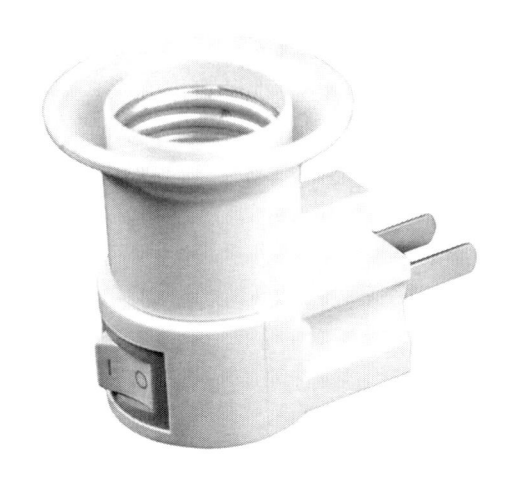

圖 146 測試燈座

準備 WS2812B 彩色燈泡模組

如下圖所示,準備 WS2812B 彩色燈泡模組。

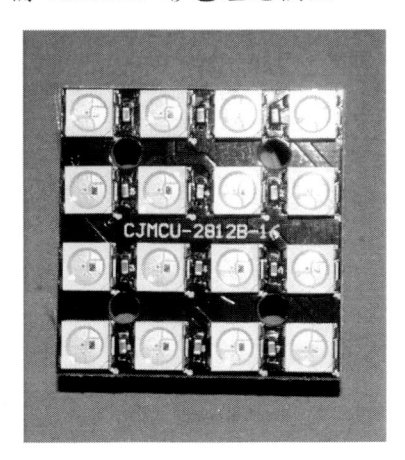

圖 147 WS2812B 彩色燈泡模組

如下圖所示,我們可以看到 WS2812B 彩色燈泡模組的背面接腳。

圖 148 翻開 WS2812B 全彩 LED 模組背面

WS2812B 彩色燈泡模組電路連接

如下圖所示,我們看到 WS2812B 彩色燈泡模組的背面接腳中,我們看到下圖所示之右邊紅框處,可以看到電路輸入端:VCC 與 GND,另外為資料輸入端:IN(Data In)。

圖 149 找到 WS2812B 全彩 LED 模組背面需要焊接腳位

如下圖所示,我們使用三條一公一母的杜邦線,將公頭一端剪斷,連接到 WS2812B 彩色燈泡模組: 電路輸入端:VCC 與 GND,另外為資料輸入端:IN(Data In),並將三條公頭一端的線露出如下圖所示。

圖 150 焊接好之 WS2812B 全彩 LED 模組

讀者可以參考下圖所示之控制 WS2812B 全彩 LED 模組連接電路圖，進行電路組立。

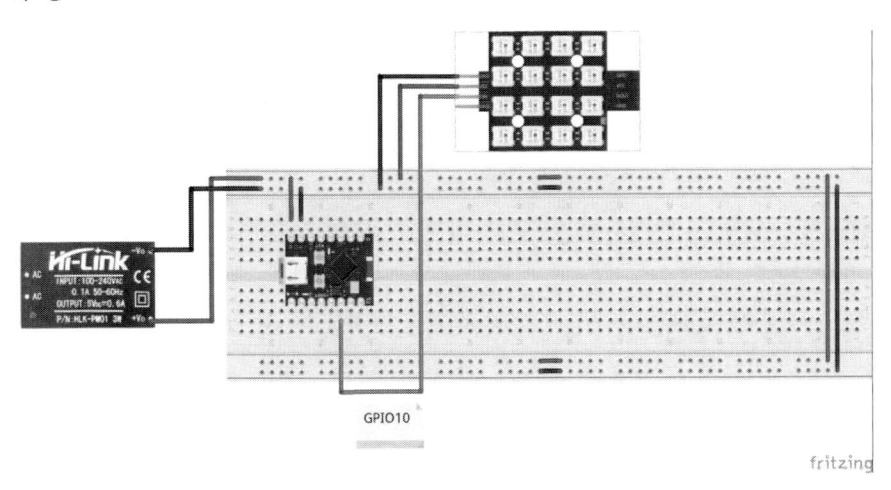

圖 151 控制 WS2812B 全彩 LED 模組連接電路圖

讀者也可以參考下表之 WS2812B 全彩 LED 模組接腳表，進行電路組立。

表 19 控制 WS2812B 全彩 LED 模組接腳表

接腳	接腳說明	開發板接腳
1	麵包板 Vcc(紅線)	接電源正極(5V)
2	麵包板 GND(藍線)	接電源負極
3	Data In(IN)	開發板 GPIO 10

- 233 -

NODEMCU-32S LUA WIFI 物聯網開發板置入燈泡

如下圖所示，我們將智慧家居之氣氛燈泡的 PCB 板拿到，可以看到大部分零件都以組立完成。

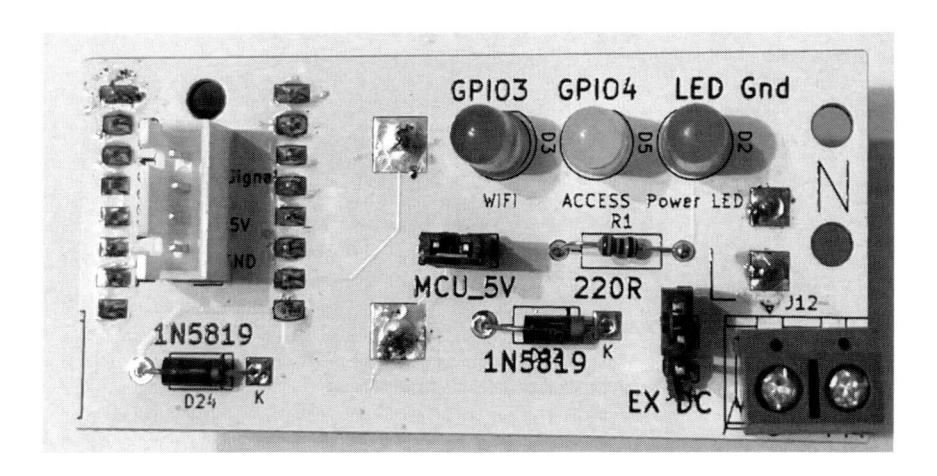

圖 152 連接好電路的 NODEMCU-32S LUA WIFI 物聯網開發板

如下圖所示，我們將燈泡連接面插頭連接好燈泡連接面第二代氣氛燈泡控制器的 PCB 板。

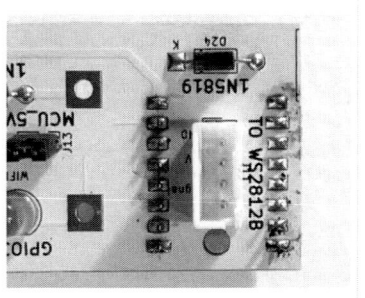

圖 153 將燈泡連接面插頭

如下圖所示，我們完成第二代氣氛燈泡控制器之整合ＷＳ２８１８Ｂ電路。

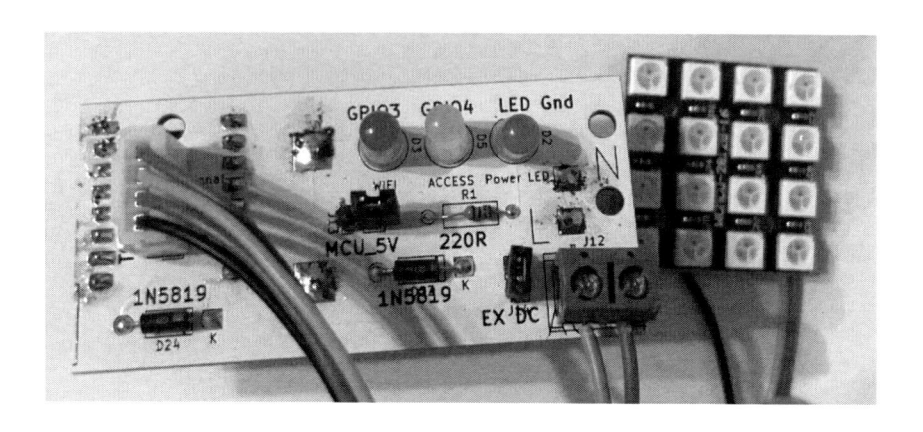

圖 154 整合ＷＳ２８１８Ｂ電路

確認開發板裝置正確

如下圖所示，我們將 NODEMCU-32S LUA WIFI 物聯網開發板置入 PCB 板，請參考下圖，不要弄錯方向，以免 NODEMCU-32S LUA WIFI 物聯網開發板燒毀。

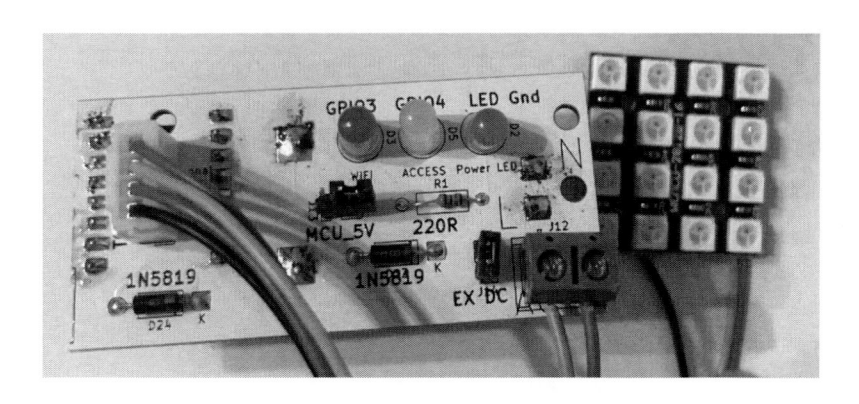

圖 155 組立開發板之電路圖

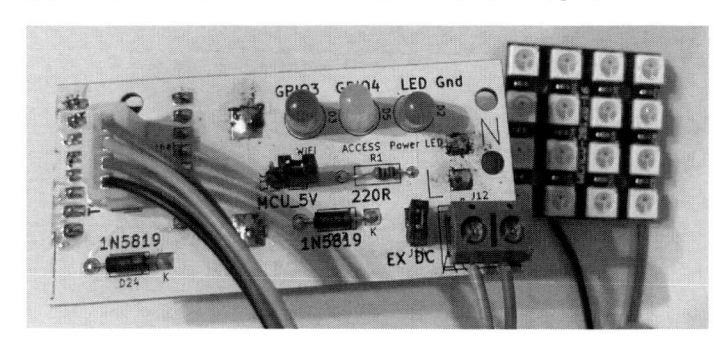

整合WS2818B電路

如下圖所示，我們 WS2812B 燈板置入 PCB 板，請參考下圖，不要弄錯方向，以免 NODEMCU-32S LUA WIFI 物聯網開發板燒毀。

圖 156 整合ＷＳ２８１８Ｂ電路

將 PCB 板置入燈泡

如下圖所示，我們將第二代氣氛燈泡控制器置入燈泡，請參考下圖，不要弄錯方向，以免 NODEMCU-32S LUA WIFI 物聯網開發板燒毀。

圖 157 將 PCB 板置入燈泡

裁減燈泡隔板

如下圖所示，我們將厚紙板隔板，根據燈殼上蓋與下殼大小，剪裁如圓形一般，大小剛剛好可以置入燈泡內。

圖 158 裁減燈泡隔板

WS2812B 彩色燈泡模組黏上隔板

如下圖所示，我們將 WS2812B 彩色燈泡模組至於厚紙板隔板正上方（以圓心為中心），用熱熔膠將 WS2812B 彩色燈泡模組固定於厚紙板隔板正上方。

圖 159 WS2812B 彩色燈泡模組黏上隔板

WS2812B 彩色燈泡隔板放置燈泡上

如下圖所示,我們將裝置好 WS2812B 彩色燈泡模組的厚紙板隔板,放置燈泡下殼上方,請注意,大小要能塞入燈殼,並不影響上蓋卡入。

圖 160 WS2812B 彩色燈泡隔板放置燈泡上

蓋上燈泡上蓋

如下圖所示,我們將燈泡上蓋蓋上,請注意必須要卡住燈泡下殼之卡榫。

圖 161 蓋上燈泡上蓋

完成組立

如下圖所示，我們將氣氛燈泡完成組立。

圖 162 完成組立

燈泡放置燈座與插上電源

如下圖所示,我們將組立好的氣氛燈泡,旋入 E27 燈座之上,準備測試。

圖 163 燈泡放置燈座

插上電源

如下圖所示,我們將組立好的氣氛燈泡,旋入 E27 燈座之後,並將 E27 燈座插入 AC 市電插座之上,並將開關打開,準備測試。

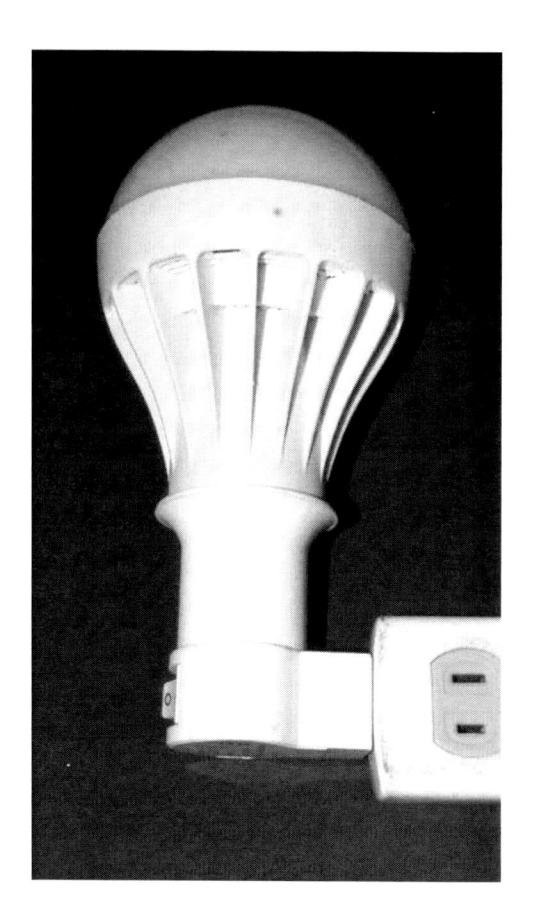

圖 164 插上電源

智慧燈管組立

之前筆者在國立暨南國際大學109年光電科技在職碩士班中教導物聯網系統整合開發與設計課程中,教學生如何運用氣氛燈泡相同電路與原理,開發一個輕鋼架 LED 燈管之智慧燈管(王仁杰,2022;李奇陽,2022),接下來,我們一步一步教導讀者如何利用氣氛燈泡的原理與架構,修改到輕鋼架 LED 燈管之智慧燈管。

輕鋼架 LED 燈座介紹

如下圖所示,可以看到大部分的輕鋼架 LED 燈座都是一個燈座,可以崁在輕鋼架的天花板之上。

圖 165 輕鋼架 LED 燈座介紹

如下圖所示，我們可以看到常見的輕鋼架裝潢之 LED 燈座。

圖 166 輕鋼架裝潢之 LED 燈座

如下圖所示，我們可以看到筆者開發之輕鋼架智慧燈管之示意電路

圖，只是透過燈光之兩端之電源接腳：　　　　　　　　來連接　輕　鋼　架　裝　潢　之　　LED　　燈　座

，取得交流 AC 電源，如下圖所示，可以見到筆者開發之輕鋼架智慧燈管之示意電路圖。

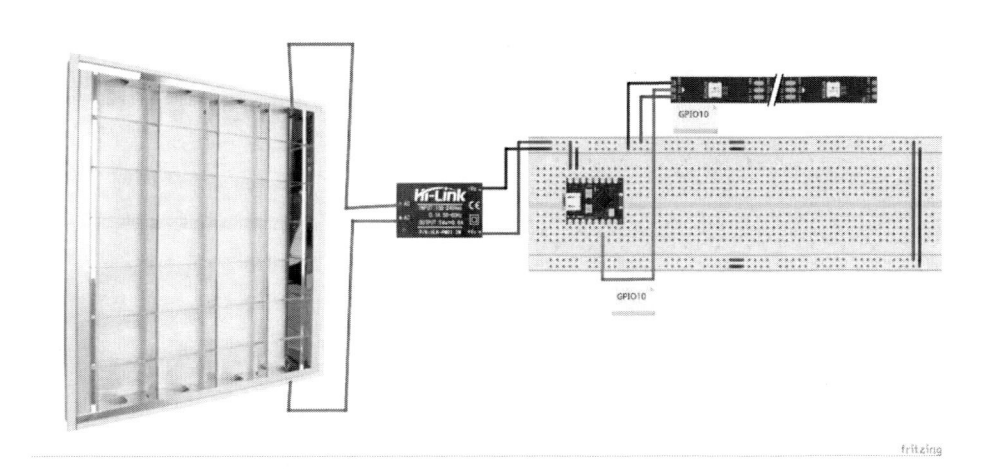

圖 167 筆者開發之輕鋼架智慧燈管之示意電路圖

如下圖所示，我們可以看到筆者開發之輕鋼架智慧燈管之實作圖。

圖 168 插入燈管之輕鋼架 LED 燈座

課程中開發輕鋼架 LED 燈座介紹

如下圖所示，為筆者在國立暨南國際大學 109 年光電科技在職碩士班，教導物聯網系統整合開發與設計課程中，教學生如何運用氣氛燈泡相同電路與原理，開發一個輕鋼架 LED 燈管之智慧燈管電路原理、開發、改裝、實作、測試、實驗到完成的過程照片。

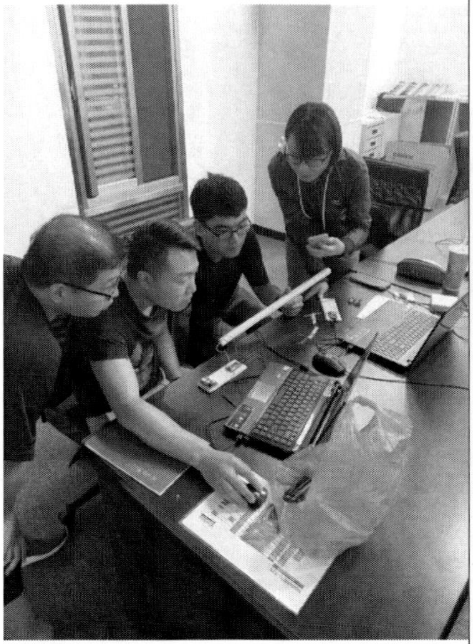

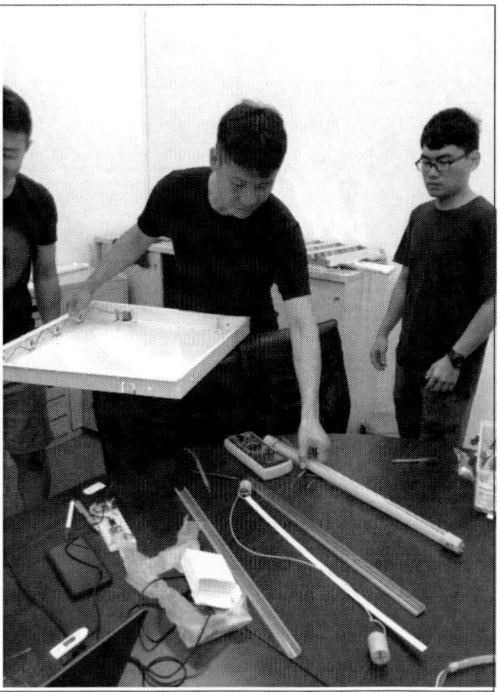

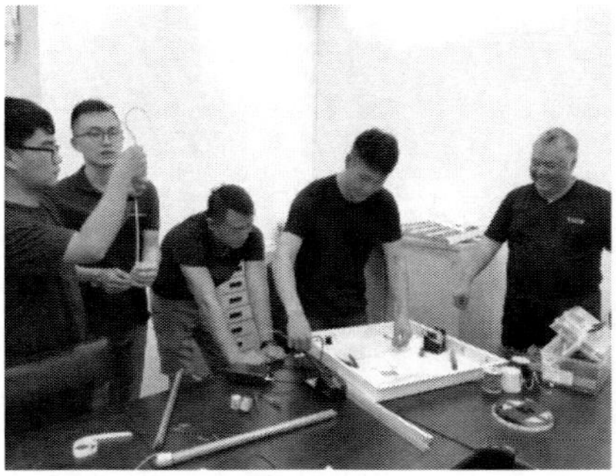

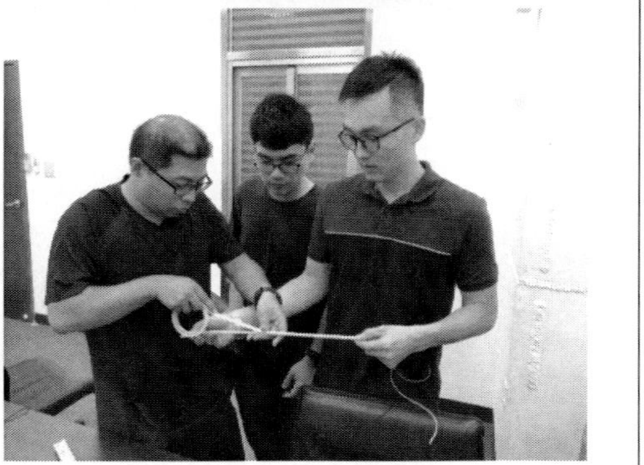

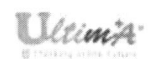

圖 169 開發一個輕鋼架 LED 燈管之智慧燈管過程照片

如下圖所示，為筆者在上課過程中，使用洞洞板，讓學生一步一步將控制器電路實作出來之實作圖。

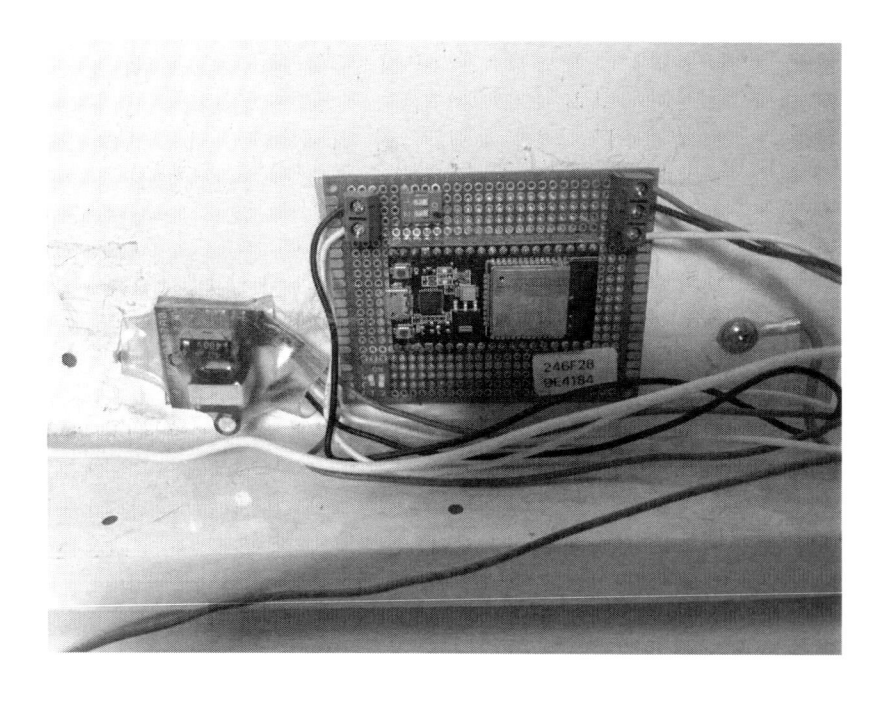

圖 170 使用洞洞板實作之控制器

如下圖所示，為上課時間使用之 AC 轉 DC 變壓器。

圖 171 上課時間使用之 AC 轉 DC 變壓器

如下圖所示，我們可以看到從燈座取得交流電源示意圖，筆者使用兩個電源線，連接到輕鋼架裝潢之 LED 燈座之燈管插座之電源區。

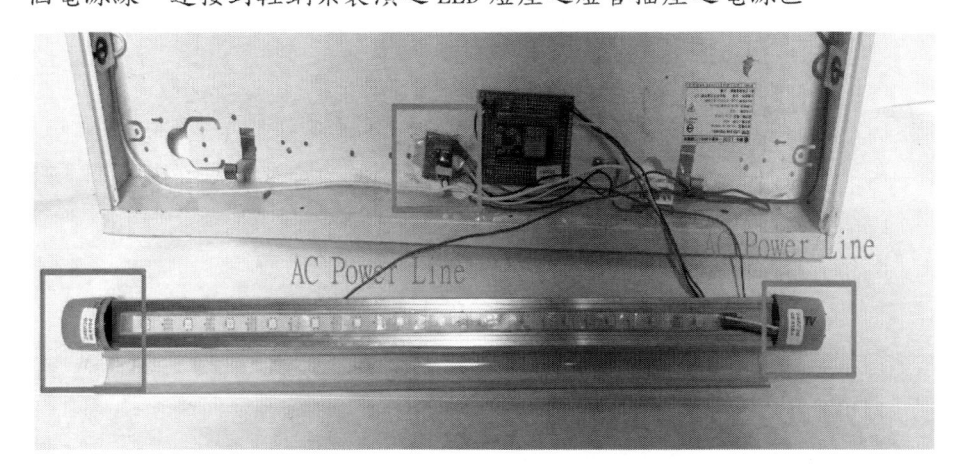

圖 172 從燈座取得交流電源示意圖

- 250 -

如下圖所示，我們可以看到從燈座取得 WS2812B 電源與訊號線示意圖，可以看到筆者建立一個三個端子座，連接三條線(VCC、GND、訊號線)，從端子座連接透過燈管旁的洞連接進去燈管內，並連接到燈管內之 WS2812B 燈條之電源資料訊號連接端內。

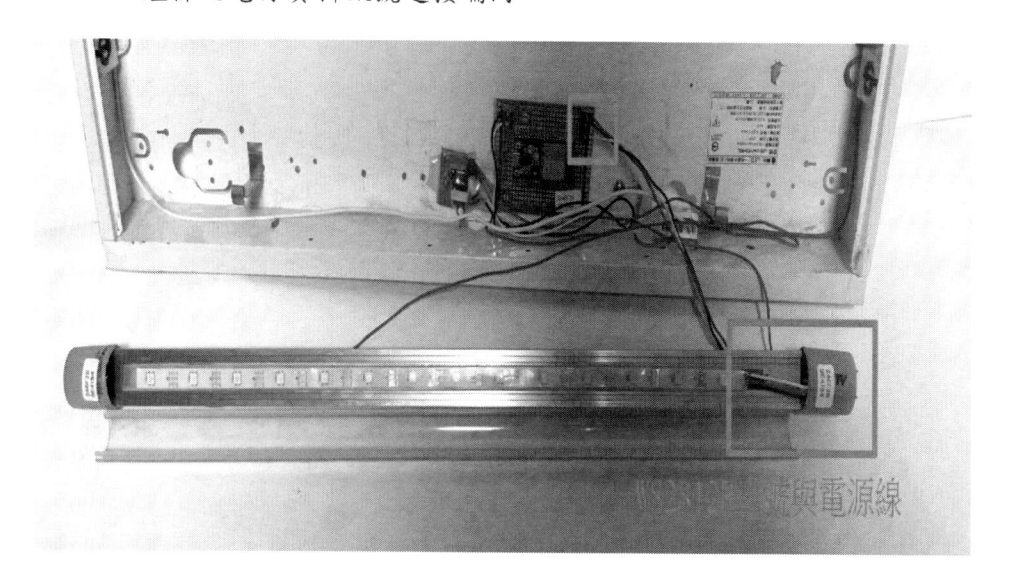

圖 173 WS2812B 電源與訊號線示意圖

如下圖所示，我們可以看到筆者教導學生實作之四支實作之智慧燈管。

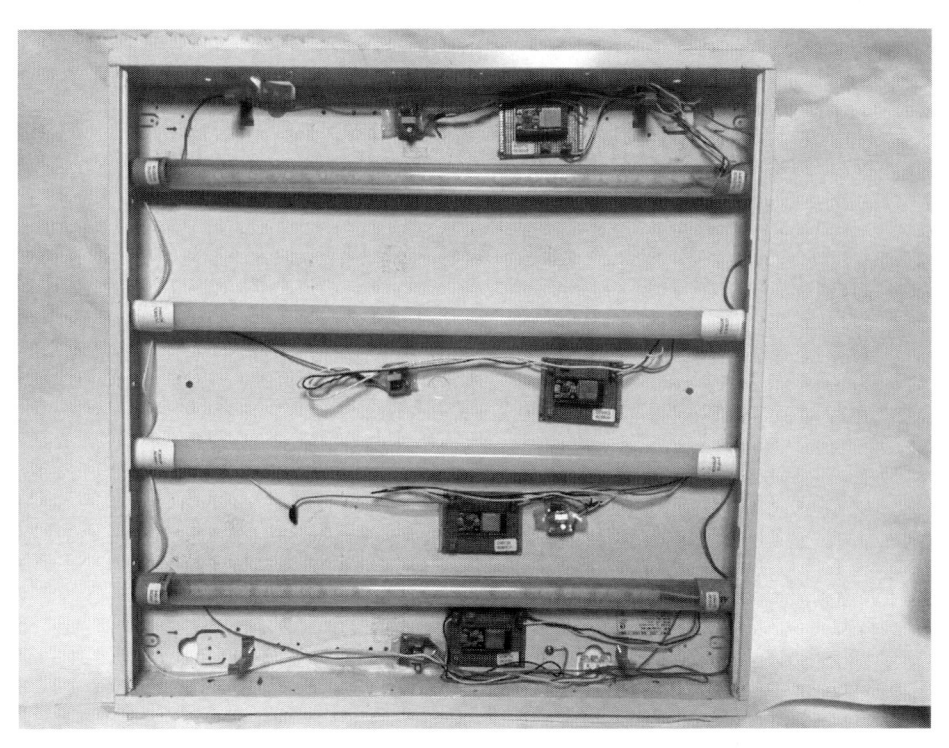

圖 174 四支實作之智慧燈管

如下圖所示，我們可以看到從日光燈內原來燈管底部，使用下圖所示之 WS2812B_Led 燈條取代。

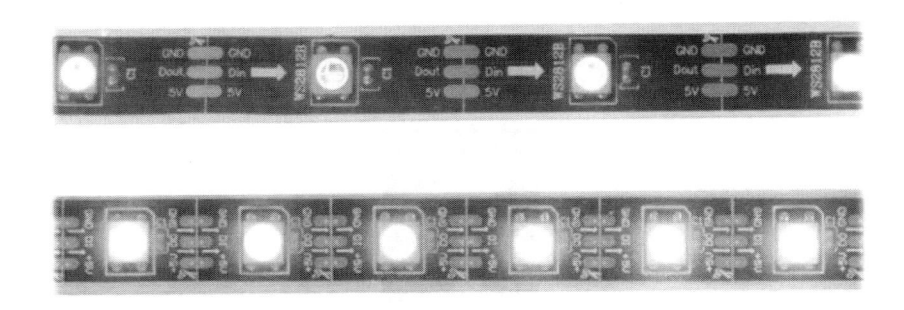

圖 175 WS2812B_Led 燈條

如下圖所示，我們可以從任何網路商城或電子零件販售商行，買到整捆之 WS2812B_Led 燈條，因為該燈條之 WS2812B 發光 IC 單體，再整捆之 WS2812B_Led 燈條排列密度不一，所以整捆之 WS2812B_Led 燈條價格會跟讀者買到的整捆之 WS2812B_Led 燈條外型與價格有所差異，不過大部分都大同小異。

圖 176 整捆之 WS2812B_Led 燈條

章節小結

本章主要介紹之如何透過 LED 燈泡外殼，與原有的 LED 日光燈管，配合輕鋼架燈管座來實作筆者開發之輕鋼架智慧燈管，基本上 WS2812B 的控制器原理與電路都大同小異，第一代使用 NodeMCU 32S 開發板，第二代氣氖燈泡控制器使用 ESP32 C3 Super Min 開發板，其 AC 轉 DC 電源變壓器（請參閱附錄），有使用新的版本之外，其餘只有裝置在燈泡與燈管上，使用金屬固定之 4X4 WS2812B 與 WS2812B LED Strip 32 顆 LED 32 顆燈泡有所不同，或 WS2812B 訊號輸入端連接到開發板之 GPIO 腳位不同等差異而已。

8
CHAPTER

MQTT Broker 模式開發

之前筆者出版：藍芽氣氛燈程式開發(智慧家庭篇)(Using Nano to Develop a Bluetooth-Control Hue Light Bulb (Smart Home Series))(曹永忠, 吳佳駿, et al., 2017d; 曹永忠, 許智誠, 蔡英德, et al., 2021b)、Ameba 氣氛燈程式開發(智慧家庭篇):Using Ameba to Develop a Hue Light Bulb (Smart Home)(曹永忠, 吳佳駿, et al., 2016b; 曹永忠, 許智誠, 蔡英德, et al., 2021a)、Ameba 8710 Wifi 氣氛燈硬體開發(智慧家庭篇) (Using Ameba 8710 to Develop a WIFI-Controled Hue Light Bulb (Smart Home Serise))(曹永忠, 許智誠, & 蔡英德, 2017a, 2021a)、Pieceduino 氣氛燈程式開發(智慧家庭篇): Using Pieceduino to Develop a WIFI-Controled Hue Light Bulb (Smart Home Serise)(曹永忠 et al., 2018; 曹永忠, 許智誠, & 蔡英德, 2021b)、Wifi 氣氛燈程式開發(ESP32 篇):Using ESP32 to Develop a WIFI-Controled Hue Light Bulb (Smart Home Series)(曹永忠, 楊志忠, et al., 2020, 2021)等多本書籍之後，上述書籍都有一些基本特性，全部都是一對一單一通訊，如果要一對多通訊控制，則必須要透過改寫操作 APP 應用軟體，但是使用的通訊方式不外乎是藍芽通訊，WIFI 通訊、TCP/IP 通訊等等，但是基本通訊原理也都受限在 APP 應用軟體需要先行與被控端的硬體進行：認識、溝

通、確認、進行命令通訊、最後進行控制燈泡。

MQTT Broker 控制架構

如下圖所示，如果筆者將將智慧燈泡或智慧燈管，在其控制燈泡的韌體內，將開發控制 WS2812B 燈泡的控制核心。而在前面部分，有介紹透過 Arduoino IDE 開發程式之監控視窗，輸入@#RRRGGGBBB#的顏色控制碼，就可以轉換成對應 WS2812B 燈泡的 R、G、B 三原色的階層顏色碼，再透過 ChangeBulbColor(R, G, B) 改變燈泡顏色函數來改變 WS2812B 燈泡的 R、G、B 三原色，進而可以控制用 WS2812B 燈泡開發的智慧燈泡與智慧燈管。

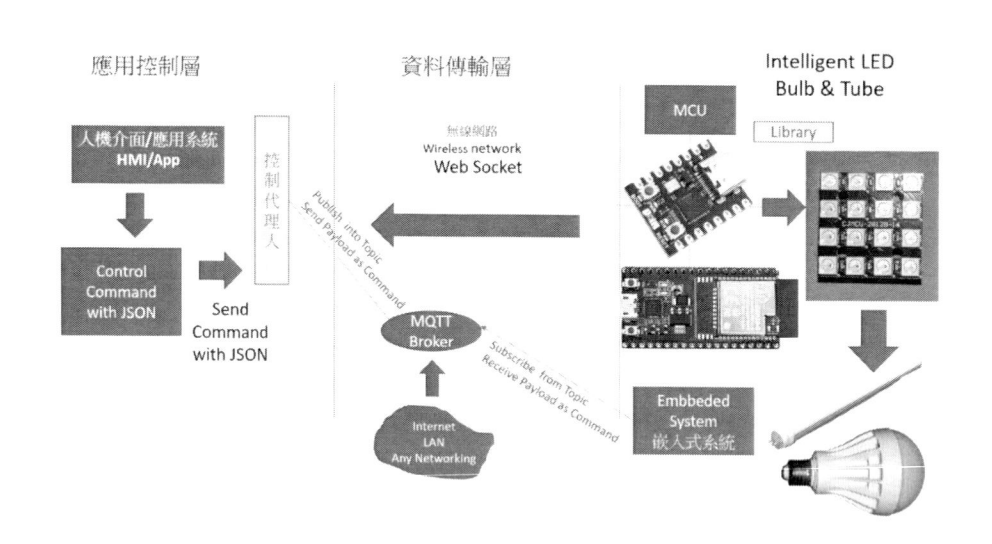

圖 177 透過 MQTT 架構傳送控制命令操作智慧燈泡之架構設計

受控端控制命令

筆者使用免費的 MQTT Broker 伺服器：broker.emqx.io，也使用標準的通訊埠:1883，由於 MQTT Broker 伺服器：broker.emqx.io 目前提供免費使用，所以其使用者與使用者密碼都不需要設定。

發布與訂閱主題之設定

如述所示，由於 MQTT Broker 伺服器：broker.emqx.io 是一個免費的 MQTT Broker 服務，所以其 TOPIC 主題第一個字元必須要為『/』，根據這樣的規則，筆者有申請使用:Arduino.org.tw 的網域使用權，所以設計下列規則：

- 發表主題 TOPIC:定義為『*/arduinoorg/Led/網路 MAC Address/*』，在設定發表主題 TOPIC 時，將本身裝置的網路 MAC Address 填入在 Led 之階層之下，如此一來，可以用『*/arduinoorg/Led/網路 MAC Address/*』單獨設定指向專有的單一個 LED 裝置。

- 訂閱主題 TOPIC:定義為『*/arduinoorg/Led/網路 MAC Address/*』，在設定訂閱主題 TOPIC 時，可以透過本身裝置的網路 MAC Address 填入在 Led 之階層之下，如此一來，可以用『*/arduinoorg/Led/網路 MAC Address/*』只訂閱自己單獨專一的裝置之網路 MAC Address，避免大量其他非自己的控制命令的訂閱與回傳，避免處理非自己裝置的控制命令。

也可以透過『/arduinoorg/Led/#』來讀取所有 LED 的裝置，如此可以透過讀取所有的控制命令的訂閱方式，將所有 LED 裝置的控制狀態統一進行儲存、分析、紀錄、過濾、監控等更進一步的行為。

控制命令之設計與解析

如下表所示，筆者設計一個 json document 的控制命令，來當為應用控制層傳輸 json document 的控制命令到 MQTT Broker 伺服器。

表 20 控制 RGB LED 發出各種顏色之控制命令之 json 文件表

```
{
  "Device":"AABBCCDDEEGG",
  "Style":"MONO"/"COLOR",
  "Command":"ON"/"OFF",
  "Color":
  {
```

```
    "R":255,

    "G":255,

    "B":255
  }
}
```

如上表所示，<u>Device:網路 MAC Address</u>，代表要控制哪一個受控端燈泡/燈管裝置之網路 MAC Address 編號，共六個 Bytes(位元組)，每一個 Byte(位元組)用十六進位的兩個文字表示(不夠一位數，前補零)，將六個六個 Bytes(位元組)，每一個用兩個文字表示之十六進位的文字表示後，連接成一個 12 字元長度的字串，如下範例：

Device:網路 MAC Address 為 01-23-5F-AA-E4-A3

則用 "Device"："　01235FAAE4A3"

來表示路 MAC Address 為 01-23-5F-AA-E4-A3 之燈泡/燈管控制器

如上表所示，如果要控制受控端燈泡/燈管裝置發出白色光或非白色之彩色光，則用<u>"Style"</u>的參數來表示，其內容為<u>"MONO"</u>，則會繼續讀取下一個參數：<u>"Command"</u>，其內容為<u>"ON"</u>則開啟白色全亮的燈泡，反之：其內容為<u>"OFF"</u>則關閉燈泡所有亮度與顏色。

如果 *"Style"* 的參數，其內容為 "COLOR"，則會繼續讀取下下一個參數：*"Color"*，參數：*"Color"* 為另一個子 json document 文件，其 <u>內容格式為：{"R":紅色原色之亮度階層(0~255),"G":綠色原色之亮度階層(0~255),"B":藍色原色之亮度階層(0~255)}</u>，如內容為 <u>{"R":255,"G":255,"B":255}</u> 則表示白色全亮、如內容為 <u>{"R":255,"G":0,"B":0}</u> 則表示紅色全亮、如內容為 <u>{"R":0,"G":255,"B":0}</u> 則表示綠色全亮、如內容為 <u>{"R":0,"G":0,"B":255}</u> 則表示藍色全亮、如內容為 <u>{"R":0,"G":0,"B":0}</u> 則表示閉燈泡所有亮度與顏色，也算是燈泡全滅不亮。

開發 MQTT Broker 伺服器讀取控制命令系統

如下圖所示，筆者仍使用 ESP32 開發板，透過連線網路、連到 MQTT Broker 伺服器：broker.emqx.io，訂閱透過『<u>/arduinoorg/Led/網路 MAC Address/</u>』的主題，教導讀者如何連上 MQTT Broker 伺服器：broker.emqx.io，進而訂閱主題後，在該主題收到任何發布到該主題的訊息，透過訂閱的機制，MQTT Broker 伺服器將會將收到的訊息(Payload)傳送給所有訂閱的使用者，本文也會介紹將讀取到的訊息(Payload)，顯示在監控視窗。

ESP32 C3 Super Min 開發板腳位圖介紹

如下圖所示，我們可以看到 ESP32 C3 Super Min 開發板所提供的接腳圖，本文是使用 ESP32 C3 Super Min 開發板。

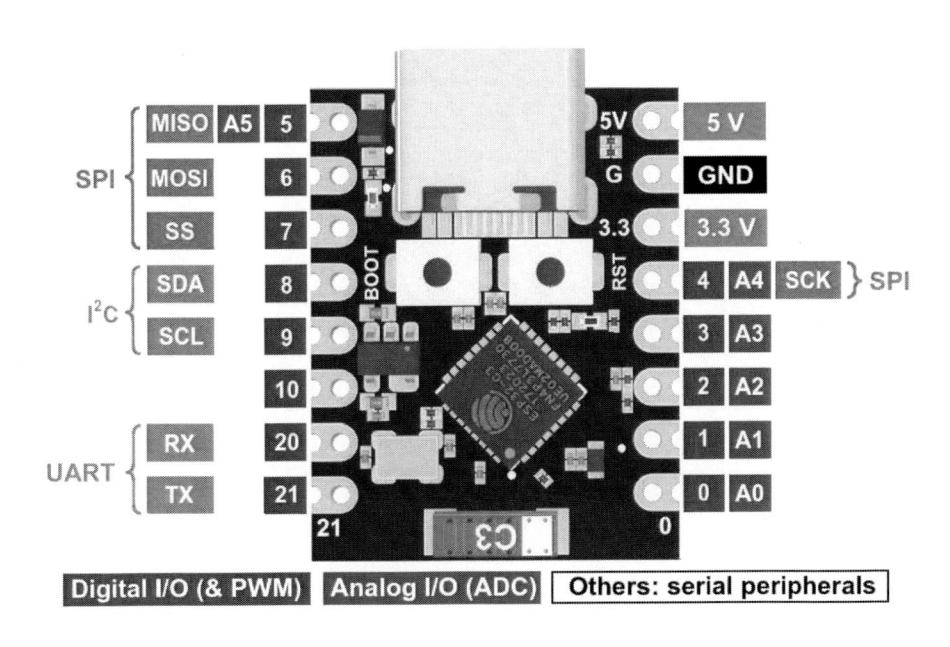

圖 178 ESP32 C3 開發板接腳圖

從 MQTT Broker 伺服器讀取控制命令

我們將 ESP32 開發板的驅動程式安裝好之後，我們打開 Arduino 開發板的開發工具：Sketch IDE 整合開發軟體（軟體下載請到：https://www.arduino.cc/en/Main/Software），攥寫一段程式，如下表所示之從 MQTT Broker 伺服器讀取控制命令程式進行測試。

表 21 從 MQTT Broker 伺服器讀取控制命令程式

從 MQTT Broker 伺服器讀取控制命令程式 (MQTT_Subscribe_ESP32_C3)
| ```
#include "initPins.h"      // 腳位與系統模組
#include "MQTTLIB.h"       // MQTT Broker 自訂模組




void setup()
{
    initALL();   //系統硬體/軟體初始化
    delay(2000);  //延遲 2 秒鐘
    initWiFi();   //網路連線，連上熱點
    ShowInternet();  //秀出網路連線資訊
    initMQTT();    //起始 MQTT Broker 連線

    connectMQTT();   //連到 MQTT Server
    delay(1000);  //延遲 1 秒鐘
``` |
```

```
}


void loop()

{

 if (!mqttclient.connected())

  {

     connectMQTT();

  }


   mqttclient.loop();

     // delay(loopdelay) ;

}


/* Function to print the sending result via Serial */


void initALL()   //系統硬體/軟體初始化

{

    Serial.begin(9600);

    Serial.println("System Start");
```

}

// 連線至 MQTT Broker

void connectMQTT()

{

  Serial.print("MQTT ClientID is :(");

  Serial.print(clintid);

  Serial.print(")\n");

  while (!mqttclient.connect(clintid, MQTTUser, MQTTPassword)) // 嘗試連線
  {
    Serial.print("-"); //印出"-"
    delay(1000); // 每秒重試一次
  }
  Serial.print("\n"); //印出換行鍵

```
Serial.print("String Topic:[");  //印出 String Topic:[

Serial.print(PubTopicbuffer);    //印出 TOPIC 內容

Serial.print("]\n");    //印出換行鍵


Serial.print("char Topic:[");//印出 char Topic:[

Serial.print(SubTopicbuffer);//印出 TOPIC 內容

Serial.print("]\n");      //印出換行鍵


mqttclient.subscribe(SubTopicbuffer);  // 訂閱指定的主題

Serial.println("\n MQTT connected!");//印出 MQTT connected!

}
```

程式下載網址：

https://github.com/brucetsao/ESP_LedTube/tree/main/Codes

主程式程式解釋

背景與目標

  本主程式主要任務是為提供開發板可以連接上網，連線到 MQTT Broker 伺服器，進行訂閱訊息之處理。

  特別針對硬體初始化、網路連線和 MQTT 通信等關鍵步驟進行說明。

程式碼涉及序列埠通信、WiFi 連線和 MQTT 客戶端操作，適合 IoT 相關應用。

程式碼分析與解譯

首先，分析程式碼結構，包括包含函式庫、設定函數（setup）、主循環函數（loop）以及兩個具體函數 initALL() 和 connectMQTT()。

以下是每個部分的詳細處理：

包含函式庫與初始註解

```
#include "initPins.h"      // pin 初始化包含函式庫，用於設定 Arduino 的 pin
#include "MQTTLIB.h"       // 自訂的 MQTT 代理伺服器函式庫，用於 MQTT 通信
```

#include "initPins.h"：這是 pin 初始化的函式庫，用於設定 Arduino 的 pin。

#include "MQTTLIB.h"：這是自訂的 MQTT 代理伺服器函式庫，用於 MQTT 通信。

setup 函數

```
void setup()
{
    initALL() ;  // 初始化系統的硬體和軟體，包括序列埠通信等
    delay(2000) ;  // 延遲 2 秒，給系統運行時間或讓用戶看到初始狀態
    initWiFi() ;   // 初始化並連線到 WiFi，連接到熱點
    ShowInternet();   // 顯示網路連線資訊，如 IP 地址等
    initMQTT() ;     // 初始化 MQTT 客戶端對象
    connectMQTT();    // 連線到 MQTT 伺服器
    delay(1000) ;  // 延遲 1 秒，給連線時間
}
```

　　initALL() ;：初始化系統的硬體和軟體，包括序列埠通信等。註解為「初始化系統的硬體和軟體，包括序列埠通信等」。

　　delay(2000) ;：延遲 2 秒，給系統運行時間或讓用戶看到初始狀態。註解為「延遲 2 秒，給系統運行時間或讓用戶看到初始狀態」。

　　initWiFi() ;：初始化並連線到 WiFi，連接到熱點。註解為「初始化並連線到 WiFi，連接到熱點」。

ShowInternet();：顯示網路連線資訊，如 IP 地址等。註解為「顯示網路連線資訊，如 IP 地址等」。

initMQTT();：初始化 MQTT 客戶端對象。註解為「初始化 MQTT 客戶端對象」。

connectMQTT();：連線到 MQTT 伺服器。註解為「連線到 MQTT 伺服器」。

delay(1000) ;：延遲 1 秒，給連線時間。註解為「延遲 1 秒，給連線時間」。

loop 函數

```
void loop()
{
  if (!mqttclient.connected())
    {
       connectMQTT(); // 如果 MQTT 客戶端未連線，則重新連線到 MQTT 伺服器
    }
   mqttclient.loop(); // 保持 MQTT 客戶端的持續運行，處理入站訊息等
```

```
        // delay(loopdelay) ; // 原有的延遲，現在被註解掉
}
```

if (!mqttclient.connected()) 區塊：如果 MQTT 客戶端未連線，則重新連線到 MQTT 伺服器。註解為「如果 MQTT 客戶端未連線，則重新連線到 MQTT 伺服器」。

mqttclient.loop();：保持 MQTT 客戶端的持續運行，處理入站訊息等。註解為「保持 MQTT 客戶端的持續運行，處理入站訊息等」。

// delay(loopdelay) ;：原有的延遲，現在被註解掉。註解為「原有的延遲，現在被註解掉」。

initALL 函數

```
/* 通過序列埠打印發送結果的函數 */
void initALL()  // 初始化系統的硬體和軟體
{
    Serial.begin(9600); // 開始序列埠通信，波特率為 9600
    Serial.println("System Start"); // 傳送 "系統啟動" 到序列埠
}
```

本函數主要工作是「初始化系統的硬體和軟體」。

Serial.begin(9600);：開始序列埠通信，波特率為 9600。註解為「開始序列埠通信，波特率為 9600」。

Serial.println("System Start");：傳送 "系統啟動" 到序列埠。註解為「傳送 "系統啟動" 到序列埠」。

connectMQTT 函數

```
// 連線到 MQTT 伺服器
void connectMQTT()
{
  Serial.print("MQTT ClientID is :(");
  Serial.print(clintid);
  Serial.print(")\n");
  // 顯示客戶端 ID，注意：原始程式碼中 clintid 可能為拼寫錯誤，
應為 clientid
  while (!mqttclient.connect(clintid, MQttUser, MQTTPassword))
// 嘗試連線到 MQTT 伺服器，使用 clintid、MQttUser、MQTTPassword
  {
    Serial.print("-");   // 每次連線失敗後，顯示 "-"
```

```
        delay(1000); // 每秒重試一次
    }
    Serial.print("\n"); // 顯示換行
    Serial.print("String Topic:["); // 顯示發佈主題
    Serial.print(PubTopicbuffer);   // 顯示發佈主題的內容
    Serial.print("]\n");   // 顯示換行
    Serial.print("char Topic:[");// 顯示訂閱主題
    Serial.print(SubTopicbuffer);// 顯示訂閱主題的內容
    Serial.print("]\n");    // 顯示換行
    mqttclient.subscrib(SubTopicbuffer); // 訂閱指定的主題,注
```
意：subscrib 可能為拼寫錯誤，應為 subscribe
```
    Serial.println("\n MQtt connected!"); // 顯示 "MQtt 已連線！
"
}
```

本函數主要工作是「連線到 MQTT 伺服器」。

Serial.print("MQTT ClientID is :("); 等：顯示客戶端 ID，注意 clintid 可能為拼寫錯誤，應為 clientid。註解為「顯示客戶端 ID，注意：原始程式碼中 clintid 可能為拼寫錯誤，應為 clientid」。

while (!mqttclient.connect(clintid, MQttUser, MQTTPassword))
區塊：嘗試連線到 MQTT 伺服器，使用 clintid、MQttUser、MQTTPassword，每次失敗顯示 "-"，每秒重試。註解為「嘗試連線到 MQTT 伺服器，使用 clintid、MQttUser、MQTTPassword，每次失敗顯示 "-"，每秒重試」。

顯示主題資訊：包括發佈主題和訂閱主題，詳細註解為「顯示發佈主題的內容」和「顯示訂閱主題的內容」。

mqttclient.subscrib(SubTopicbuffer);：訂閱指定的主題，注意 subscrib 可能為拼寫錯誤，應為 subscribe。註解為「訂閱指定的主題，注意：subscrib 可能為拼寫錯誤，應為 subscribe」。

最後顯示連線成功訊息：「顯示 "MQtt 已連線！"」。

下表所示為 MQTT_Subscribe_ESP32_C3 主程式之關鍵函數與功能整理出來的表格，有助於讀者了解。

表 22 MQTT_Subscribe_ESP32_C3 主程式之關鍵函數與功能對照表

函數名稱	主要功能	繁體中文註解示例
initALL	初始化硬體和軟體，包括序列埠通信	初始化系統的硬體和軟體，包括序列埠通信等
connectMQTT	連線到 MQTT 伺服器並	連線到 MQTT 伺服器，顯示客

	訂閱主題	戶端 ID 和主題資訊
mqttclient.loop	保持 MQTT 客戶端運行，處理入站訊息	保持 MQTT 客戶端的持續運行，處理入站訊息等

表 23 MQTT Broker 伺服器讀取控制命令程式(MQTTLib.h 檔)

```
MQTT Broker 伺服器讀取控制命令程式(MQTTLib.h)
```
```
#include <ArduinoJson.h>    // 將解釋 json 函式加入使用元件

#include <PubSubClient.h>   //將 MQTT Broker 函式加入

#define MQTTServer "broker.emqx.io"    //網路常用之 MQTT Broker 網址

#define MQTTPort 1883 //網路常用之 MQTT Broker 之通訊埠

char* MQTTUser = "";    // 不須帳密

char* MQTTPassword = "";    // 不須帳密


WiFiClient mqclient ;  // web socket 元件

PubSubClient mqttclient(mqclient) ;    // MQTT Broker 元件，用 PubSubClient 類別產生一個 MQTT 物件

StaticJsonDocument<512> doc;
```

```c
char JSONmessageBuffer[300];

String payloadStr ;


//MQTT Server Use

const char* PubTop = "/arduinoorg/Led/%s/" ;

const char* SubTop = "/arduinoorg/Led/%s/#" ;

String TopicT;

char SubTopicbuffer[200];    //MQTT Broker Subscribe TOPIC 變數

char PubTopicbuffer[200]; //MQTT Broker Publish TOPIC 變數

char Payloadbuffer[500]; //MQTT Broker Publish payload 變數


//Publish & Subscribe use

const char* PrePayload = "{\"Device\":\"%s\",\"Style\":\"%s\",\"Command\":\"%s\",\"Color\":{\"R\":%d,\"G\":%d,\"B\":%d}}" ;

String PayloadT;


char clintid[20]; //MQTT Broker Client ID
```

```
#define MQTT_RECONNECT_INTERVAL 100           // mil-
lisecond
#define MQTT_LOOP_INTERVAL      50            // mil-
lisecond


void mycallback(char* topic, byte* payload, unsigned int
length) ;



//產生MQTT Broker Client ID:依裝置 MAC 產生(傳入之String mm)
void fillCID(String mm) //產生MQTT Broker Client ID:依裝置 MAC
產生(傳入之String mm)
{
    // 產生MQTT Broker Client ID:依裝置 MAC 產生
    //compose clientid with "tw"+MAC
  clintid[0]='t' ;  //Client 開頭第一個字
```

```
    clintid[1]= 'w' ;   //Client 開頭第二個字

        mm.toCharArray(&clintid[2],mm.length()+1) ;//將傳入之
```
String mm 拆解成字元陣列
```
    clintid[2+mm.length()+1] = '\n' ; //將字元陣列最後加上\n 作
```
為結尾
```
    Serial.print("Client ID:(") ; // 串列埠印出 Client ID:(

    Serial.print(clintid) ;        // 串列埠印出 clintid 變數內容

    Serial.print(") \n") ;  // 串列埠印出 ) \n


}
```

//依傳入之 String mm 產生 MQTT Broker Publish TOPIC 與 Subscribe TOPIC
```
void fillTopic(String mm) //依傳入之 String mm 產生 MQTT Broker
```
Publish TOPIC 與 Subscribe TOPIC
```
{

   sprintf(PubTopicbuffer,PubTop,mm.c_str()) ;//根據
```
PubTopicbuffer 格式化字串，將 mm.c_str()內容填入
```
       Serial.print("Publish Topic Name:(") ;   // 串列埠印出
```

```
Publish Topic Name:(

    Serial.print(PubTopicbuffer);    // 串列埠印出 PubTopicbuffer
變數內容

    Serial.print(") \n") ;    // 串列埠印出) \n

  sprintf(SubTopicbuffer, SubTop, mm.c_str()) ; //SubTopicbuffer，
將 mm.c_str()內容填入

       Serial.print("Subscribe Topic Name:(") ;   // 串列埠印出
Subscribe Topic Name:(

    Serial.print(SubTopicbuffer);    // 串列埠印出 SubTopicbuffer
變數內容

    Serial.print(") \n")   ;   // 串列埠印出) \n

}



// 傳入下列 json 需要變數，產生下列 json 內容

void fillPayload(String mm, String ss,  String cc, int rr, int gg, int bb)

{

  /*

     傳入下列 json 需要變數，產生下列 json 內容
```

```
{

    "Device":"AABBCCDDEEGG",

    "Style":"MONO"/"COLOR",

    "Command":"ON"/"OFF",

    "Color":

    {

      "R":255,

      "G":255,

      "B":255

    }

}


{

"Device":"AABBCCDDEEGG",

"Style":"MONO",

"Command":"ON",

"Color":

  {

  "R":255,
```

```
      "G":255,

      "B":255

      }

    }
    */

    //PrePayload = "{\"Device\":\"%s\",\"Style\":\"%s\",\"Command\":\"%s\",\"Color\":{\"R\":%d,\"G\":%d,\"B\":%d}}" ;

sprintf(Payloadbuffer, PrePayload, mm.c_str(), ss.c_str(), cc.c_str(), rr, gg, bb) ; ;

    Serial.print("Payload Content:(") ;

    Serial.print(Payloadbuffer) ;

    Serial.print(") \n") ;

}

void initMQTT() //起始 MQTT Broker 連線
```

```
{
    fillCID(MacData);        //產生 MQTT Broker Client ID
    fillTopic(MacData);      //依傳入之 String mm 產生 MQTT Broker Publish TOPIC 與 Subscribe TOPIC


    mqttclient.setServer(MQTTServer, MQTTPort);//設定連線 MQTT Broker 伺服器之資料
    Serial.println("Now Set MQTT Server");  // 串列埠印出 Now Set MQTT Server 內容
   //連接 MQTT Server, Servar name :MQTTServer, Server Port :MQTTPort
   //broker.emqx.io:18832
   mqttclient.setCallback(mycallback);
   // 設定 MQTT Server, 有 subscribed 的 topic 有訊息時,通知的函數



//------------------------------------------



}
```

```c
// 連線至 MQTT Broker
void connectMQTT()
{
    Serial.print("MQTT ClientID is :(");
    Serial.print(clintid);
    Serial.print(")\n");

    while (!mqttclient.connect(clintid, MQTTUser, MQTTPassword)) // 嘗試連線
    {
        Serial.print("-");   //印出"-"
        delay(1000); // 每秒重試一次
    }
    Serial.print("\n"); //印出換行鍵

    Serial.print("String Topic:["); //印出 String Topic:[
    Serial.print(PubTopicbuffer);  //印出 TOPIC 內容
    Serial.print("]\n");   //印出換行鍵
```

```
    Serial.print("char Topic:[");//印出 char Topic:[

    Serial.print(SubTopicbuffer);//印出 TOPIC 內容

    Serial.print("]\n");     //印出換行鍵


    mqttclient.subscribe(SubTopicbuffer);  // 訂閱指定的主題

    Serial.println("\n MQTT connected!");  //印出 MQTT connected!
}


void mycallback(char* topic, byte* payload, unsigned int length)
{
    Serial.print("Message arrived [");

    Serial.print(topic);

    Serial.print("] \n");


    //deserializeJson(doc, payload, length);
    Serial.print("Message is [");
     for (int i = 0; i < length; i++)
     {
        Serial.print((char)payload[i]);
```

```
    }


  Serial.print("] \n");




// deserializeJson(doc, payload, length);

// JsonObject documentRoot = doc.as<JsonObject>();

// Serial.print("Device:") ;

// const char* a1 = documentRoot.getMember("Device") ;

// Serial.println(a1);

// double a2 = documentRoot.getMember("Temperature") ;

 //Serial.println(a2);

// double a3 = documentRoot.getMember("Humidity") ;

// Serial.println(a3);

//Serial.print("Received from MAC:");

// Serial.println(a1) ;

// Serial.print("Received Temperature:");

// Serial.println(a2) ;

// Serial.print("Received Humidity:");
```

```
    //Serial.println(a3) ;



}

//----------------

void PublishData(String mm, String ss, String cc, int rr, int gg, int bb)     //Publish System

{


    if (!mqttclient.connected())

    {

       connectMQTT();

    }

      fillPayload(mm, ss, cc, rr, gg, bb) ;

      mqttclient.publish(PubTopicbuffer, Payloadbuffer);


      mqttclient.loop();

       // delay(loopdelay) ;

}
```

程式下載網址：

https://github.com/brucetsao/ESP_LedTube/tree/main/Codes

MQTTLib 程式解釋

程式具體目標

本 MQTTLib.h 副函式庫主要是提供主程式與 MQTT 伺服器互動，實現裝置控制功能，如 LED 的開關與顏色設定。程式使用了 ArduinoJson.h 和 PubSubClient.h 兩個關鍵函式庫，分別處理 JSON 資料和 *MQTT 通訊*。

程式碼結構分析

程式碼分為多個部分，包括函式庫包含、定義、變數宣告、以及幾個主要函數的實現。以下是每個部分的詳細分析：

函式庫與定義

```
#include <ArduinoJson.h>    // 將解釋 json 函式加入使用元件
#include <PubSubClient.h>   //將 MQTT Broker 函式加入
```

函式庫包含如下解釋：

#include <ArduinoJson.h>：用於處理 JSON 格式的資料，方便序列化和反序列化。

#include <PubSubClient.h>：用於與 MQTT 伺服器通信，實現發布和訂閱功能。

定義與設定：

```
#define MQTTServer "broker.emqx.io"    //網路常用之 MQTT Broker 網址
#define MQTTPort 1883 //網路常用之 MQTT Broker 之通訊埠
char* MQTTUser = "";    // 不須帳密
char* MQTTPassword = "";    // 不須帳密
```

MQTTServer 定義為 "broker.emqx.io"，這是公用的 MQTT 伺服器地址。

MQTTPort 設為 1883，為標準 MQTT 通訊埠。

MQTTUser 和 MQTTPassword 均為空，表明無需身份驗證。

客戶端與變數宣告

客戶端宣告：

```
WiFiClient mqclient ;  // web socket 元件
PubSubClient mqttclient(mqclient) ;  // MQTT Broker 元件，用 PubSubClient 類別產生一個 MQTT 物件
```

　　WiFiClient mqclient;：宣告 WiFi 客戶端，用於網路連線。

　　PubSubClient mqttclient(mqclient);：基於 WiFi 客戶端建立 MQTT 客戶端物件。

JSON 與緩衝區：

```
StaticJsonDocument<512> doc;
char JSONmessageBuffer[300];
String payloadStr ;
```

　　StaticJsonDocument<512> doc;：宣告 JSON 文件，容量為 512 位元組，用於儲存 JSON 資料。

　　char JSONmessageBuffer[300];：用於儲存 JSON 訊息的緩衝區，長度為 300。

String payloadStr;：用於儲存 payload 的字串變數。

3. 主題與 payload 設定

MQTT Broker 主題定義：

```
//MQTT Server Use
const char* PubTop = "/arduinoorg/Led/%s" ;
const char* SubTop = "/arduinoorg/Led/#" ;
String TopicT;
char SubTopicbuffer[200];   //MQTT Broker Subscribe TOPIC 變數
char PubTopicbuffer[200]; //MQTT Broker Publish TOPIC 變數
```

　　PubTop = "/arduinoorg/Led/%s"：發布主題模板，%s 用於填入裝置識別。

　　SubTop = "/arduinoorg/Led/#"：訂閱主題模板，使用 # 為萬用字元，訂閱所有子主題。

　　SubTopicbuffer[200] 和 PubTopicbuffer[200]：分別用於儲存訂閱和發布主題的緩衝區。

MQTT Broker payload 模板：

```
//Publish & Subscribe use
const            char*            PrePayload            =
"{\"Device\":\"%s\",\"Style\":%s,\"Command\":%s,\"Color\":{\"R\
":%d,\"G\":%d,\"B\":%d}}" ;
String PayloadT;
char Payloadbuffer[250];
char clintid[20]; //MQTT Broker Client ID
```

　　PrePayload 定義 JSON 格式的 payload 模板，包含裝置（Device）、風格（Style）、命令（Command）和顏色（Color：R、G、B）。

　　Payloadbuffer[250] 用於儲存格式化後的 payload，clintid[20] 用於儲存客戶端 ID。

延遲或控制間隔設定

```
#define MQTT_RECONNECT_INTERVAL 100                // mil-
lisecond
#define MQTT_LOOP_INTERVAL      50                 // mil-
lisecond
```

MQTT_RECONNECT_INTERVAL 100：重新連線間隔為 100 毫秒。

MQTT_LOOP_INTERVAL 50：迴圈間隔為 50 毫秒。

主要函數分析

以下是程式碼中幾個關鍵函數的詳細說明：

fillCID(String mm)：

具體功能：根據輸入的 MAC 地址字串 mm 生成 MQTT 客戶端 ID。

具體實現：將客戶端 ID 設為 "tw" 加上 MAC 地址，並在序列埠輸出結果。

具體細節：clintid[0] = 't' 和 clintid[1] = 'w' 設定前綴，mm.toCharArray 將 MAC 地址轉為字元陣列，結尾添加換行符 \n。

fillTopic(String mm)：

具體功能：根據 mm 生成發布和訂閱主題。

具體實現：使用 sprintf 格式化 PubTopicbuffer 和 SubTopicbuffer，並在序列埠輸出主題名稱。

fillPayload(String mm, String ss, String cc, int rr, int gg, int bb)：

具體功能：根據輸入參數生成 JSON payload。

具體參數：mm 為裝置名稱，ss 為風格（MONO/COLOR），cc 為命令

（ON/OFF），rr、gg、bb 為 RGB 顏色值。

具體實現：使用 sprintf 格式化 payload，並輸出到序列埠。

initMQTT()：

具體功能：初始化 MQTT 連線。

具體實現：呼叫 fillCID 和 fillTopic 設定客戶端 ID 和主題，設定伺服器地址和埠，並設定回調函數 mycallback。

mycallback(char topic, byte *payload, unsigned int length)：

具體功能：處理從 MQTT 伺服器接收到的訊息。

具體實現：輸出接收的主題和 payload 內容，目前未實現 JSON 反序列化（deserializeJson 被註解掉）。

如下表所示，筆者整理 MQTTLIB 檔函式庫一覽表，讓讀者可以更見單了解 MQTTLIB.h 檔函式庫主要運作的目錄與簡單說明。

表 24 MQTTLIB 檔函式庫一覽表

函式庫或程式區塊	功能描述
ArduinoJson.h	處理 JSON 資料，序列化和反序列化

PubSubClient.h	與 MQTT 伺服器通信，實現發布和訂閱
MQTTServer, MQTTPort	設定 MQTT 伺服器地址和通訊埠
WiFiClient, mqttclient	建立網路連線和 MQTT 客戶端
PubTop, SubTop	定義發布和訂閱主題模板
fillCID	根據 MAC 地址生成客戶端 ID
fillTopic	生成發布和訂閱主題
fillPayload	根據參數生成 JSON payload
initMQTT	初始化 MQTT 連線，設定伺服器和回調函數
mycallback	處理接收到的 MQTT 訊息，輸出主題和 payload

表 25 MQTT Broker 伺服器讀取控制命令程式(commlib.h 檔)

```
MQTT Broker 伺服器讀取控制命令程式(commlib.h)

#include <String.h> // 引入處理字串的函數庫



#define IOon HIGH

#define IOoff LOW
```

```
//-----------Common Lib
void GPIOControl(int GP, int cmd)   //
{
    // GP == GPIO 號碼
    //cmd =高電位或低電位 ，cmd =>1 then 高電位, cmd =>0 then 低電位
    if (cmd==1) //cmd=1 ===>GPIO is IOon
    {
        digitalWrite(GP, IOon);
    }
    else if(cmd==0) //cmd=0 ===>GPIO is IOoff
    {
        digitalWrite(GP, IOoff) ;
    }
}
```

```c
// 計算 num 的 expo 次方
long POW(long num, int expo)
{
    long tmp = 1;   //暫存變數

    if (expo > 0) //次方大於零
    {
        for (int i = 0; i < expo; i++)   //利用迴圈累乘
        {
            tmp = tmp * num;   // 不斷乘以 num
        }
        return tmp;   //回傳產生變數
    }
    else
    {
        return tmp;   // 若 expo 小於或等於 0，返回 1
    }
}
```

```
// 生成指定長度的空格字串
String SPACE(int sp)   //sp 為傳入產生空白字串長度
{
    String tmp = "";    //產生空字串
    for (int i = 0; i < sp; i++)   //利用迴圈累加空白字元
    {
        tmp.concat(' ');   // 加入空格
    }
    return tmp; //回傳產生空白字串
}



// 轉換數字為指定長度與進位制的字串，並補零
String strzero(long num, int len, int base)
{
    //num 為傳入的數字
    //len 為傳入的要回傳字串長度之數字
    // base 幾進位
    String retstring = String("");   //產生空白字串
```

```
int ln = 1; //暫存變數

int i = 0;   //計數器

char tmp[10]; //暫存回傳內容變數

long tmpnum = num;   //目前數字

int tmpchr = 0; //字元計數器

char hexcode[] =
{'0','1','2','3','4','5','6','7','8','9','A','B','C','D','E','F'};

//產生字元的對應字串內容陣列

while (ln <= len) //開始取數字
{
   tmpchr = (int)(tmpnum % base);   //取得第n個字串的數字內容，如 1='1'、15='F'

   tmp[ln - 1] = hexcode[tmpchr];   //根據數字換算對應字串

   ln++;

   tmpnum = (long)(tmpnum / base); // 求剩下數字
}

for (i = len - 1; i >= 0; i--)
{
```

```
    retstring.concat(tmp[i]);//連接字串

  }

  return retstring;   //回傳內容

}



// 轉換指定進位制的字串為數值

unsigned long unstrzero(String hexstr, int base)

{

  String chkstring;  //暫存字串

  int len = hexstr.length();   // 取得長度

  unsigned int i = 0;

  unsigned int tmp = 0;  //取得文字之字串位置變數

  unsigned int tmp1 = 0;   //取得文字之對應字串位置變數

  unsigned long tmpnum = 0;  //目前數字

  String hexcode = String("0123456789ABCDEF");    //產生字元的對應字串內容陣列

  for (i = 0; i < len; i++)

  {
```

```
   hexstr.toUpperCase();  //先轉成大寫文字

   tmp = hexstr.charAt(i); //取第 i 個字元

   tmp1 = hexcode.indexOf(tmp);   //根據字元，判斷十進位數字

   tmpnum = tmpnum + tmp1 * POW(base, (len - i - 1));   //計算數字

   }

   return tmpnum;   //回傳內容

}



// 轉換數字為 16 進位字串，若小於 16 則補 0

String print2HEX(int number) {

   String ttt;    //暫存字串

   if (number >= 0 && number < 16) //判斷是否在區間

   {

      ttt = String("0") + String(number, HEX);   //產生前補零之字串

   }

   else

   {
```

```
    ttt = String(number, HEX);//產生字串
  }
  return ttt; //回傳內容
}

// 將 char 陣列轉為字串
String chrtoString(char *p)
{
    String tmp; //暫存字串
    char c; //暫存字元
    int count = 0;   //計數器
    while (count < 100) //100 個字元以內
    {
        c = *p; //取得字串之每一個字元內容
        if (c != 0x00)   //是否未結束
        {
            tmp.concat(String(c));   //字元累積到字串
        }
        else
```

```
            {
                  return tmp; //回傳內容
            }
            count++;   // 計數器加一
            p++;   //往下一個字元
      }
}


// 複製 String 到 char 陣列
void CopyString2Char(String ss, char *p)
{
   if (ss.length() <= 0) //是否為空字串
   {
      *p = 0x00;   //加上字元陣列結束 0x00
      return; //結束
   }
   ss.toCharArray(p, ss.length() + 1); //利用字串轉字元命令
}
```

```c
// 比較兩個 char 陣列是否相同
boolean CharCompare(char *p, char *q)
{
    // *p 第一字元陣列的指標:陣列第一字元的字元指標(用 &chararray[0]取得)
    boolean flag = false;  //是否結束旗標
    int count = 0;    //計數器
    int nomatch = 0;  //不相同比對計數器
    while (flag < 100)    ////是否結束
    {
        if (*(p + count) == 0x00 || *(q + count) == 0x00) //是否結束
            break;    //離開
        if (*(p + count) != *(q + count)) //比較不同
        {
            nomatch++;      //不相同比對計數器累加
        }
        count++;    //計數器累加
    }
```

```
    return nomatch == 0;    //回傳是否有不同
}


// 將 double 轉為字串,保留指定小數位數
String Double2Str(double dd, int decn)
{
    //double dd==>傳入之浮點數
    //int decn==>傳入之保留指定小數位數
    int a1 = (int)dd; // 先取整數位數字
    int a3;     //小數點站存變數
    if (decn > 0) //保留指定小數位數大於零
    {
        double a2 = dd - a1;   //取小數位數字
        a3 = (int)(a2 * pow(10, decn)); // 將取得之小數位數字放大 10 的 decn 倍
    }
    if (decn > 0) //保留指定小數位數大於零
    {
        return String(a1) + "." + String(a3);
```

```
        //將整數位轉乘之文字+小數點+小數點之擴大長度之數字轉換文
字==>產生新字串回傳
   }
   else
   {
       return String(a1);//將整數位轉乘之文字==>產生新字串回傳
   }
 }
```

程式下載網址：

https://github.com/brucetsao/ESP_LedTube/tree/main/Codes

commlib 程式解釋

筆者設計一個 commlib.h 之共用函式庫，其內容程式碼包括 GPIO 控制、數學運算、字串操作和數字與字串之間的轉換等功能。

程式碼開頭包含了以下部分：

```
#include <String.h>  // 引入處理字串的函數庫


#define IOon HIGH
```

```
#define IOoff LOW
```

　　#include <String.h>：引入字串處理函數庫，註解說明其作用為包含字串操作相關功能。

　　#define IOon HIGH 和 #define IOoff LOW：定義數位腳位的高低狀態常數，註解說明其用於設定 GPIO 狀態。

　　接著是本共用函式庫 commlib.h 函數的定義，筆者逐一分析並添加註解：

GPIOControl 函數

```
void GPIOControl(int GP, int cmd)    //
{
  // GP == GPIO 號碼
  //cmd =高電位或低電位 ，cmd =>1 then 高電位， cmd =>0 then 低電位
  if (cmd==1) //cmd=1 ===>GPIO is IOon
  {
      digitalWrite(GP, IOon);
```

```
    }
    else if(cmd==0) //cmd=0 ===>GPIO is IOoff
    {
        digitalWrite(GP, IOoff);
    }
}
```

具體功能:控制數位腳位的狀態,接受腳位號碼(GP)和命令(cmd,1 為高電位,0 為低電位)。

具體行為:若 cmd 為 1,則使用 digitalWrite(GP, IOon) 設定為高電位;若 cmd 為 0,則設定為低電位;其他值不處理。

註解:說明參數、功能,並指出若 cmd 不是 1 或 0,函數無動作。

POW 函數

```
// 計算 num 的 expo 次方
long POW(long num, int expo)
{
    long tmp = 1;  //暫存變數
```

```
    if (expo > 0) //次方大於零
    {
       for (int i = 0; i < expo; i++)   //利用迴圈累乘
    {
          tmp = tmp * num;   // 不斷乘以 num
       }
       return tmp;    //回傳產生變數
    }
    else
    {
       return tmp;   // 若 expo 小於或等於 0,返回 1
    }
}
```

具體功能:計算次方,接受底數(num)和指數(expo)。

具體行為:若指數大於 0,則重複乘以底數指數次數並返回結果;若指數小於等於 0,返回 1。

SPACE 函數

```
// 生成指定長度的空格字串
String SPACE(int sp)  //sp 為傳入產生空白字串長度
{
   String tmp = "";   //產生空字串
   for (int i = 0; i < sp; i++)  //利用迴圈累加空白字元
   {
      tmp.concat(' ');  // 加入空格
   }
   return tmp; //回傳產生空白字串
}
```

具體功能：生成指定長度的空格字串。

具體行為：使用迴圈添加指定數量的空格字元到字串中。

註解：說明參數 sp 表示要生成的空格數量，並在迴圈中添加行內註解說明添加空格的過程。

strzero 函數

```
// 轉換數字為指定長度與進位制的字串，並補零
```

```
String strzero(long num, int len, int base)
{
    //num 為傳入的數字
    //len 為傳入的要回傳字串長度之十進位數字
    // base 幾進位
    String retstring = String("");  //產生空白字串
    int ln = 1; //暫存變數
    int i = 0;  //計數器
    char tmp[10]; //暫存回傳內容變數
    long tmpnum = num;  //目前數字
    int tmpchr = 0; //字元計數器
    char hexcode[] = {'0','1','2','3','4','5','6','7','8','9','A','B','C','D','E','F'};
    //產生字元的對應字串內容陣列
    while (ln <= len) //開始取數字
    {
        tmpchr = (int)(tmpnum % base);   //取得第 n 個字串的數字內容，如 1='1'、15='F'
```

```
    tmp[ln - 1] = hexcode[tmpchr];    //根據數字換算對應字串

    ln++;

    tmpnum = (long)(tmpnum / base);    // 求剩下數字

  }

  for (i = len - 1; i >= 0; i--)

  {

    retstring.concat(tmp[i]);//連接字串

  }

  return retstring;    //回傳內容

}
```

具體功能：將數字轉換為指定長度與進位制的字串，並補零。

具體行為：使用陣列 tmp 儲存每個位數的字元，根據進位數（base）計算餘數並映射到對應字元，最後反向構建字串。

註解：詳細說明參數（傳入十進位數字 num、字串長度 len、進位數 base），。

unstrzero 函數

```
// 轉換指定進位制的字串為數值
```

```
unsigned long unstrzero(String hexstr, int base)
{
    String chkstring; //暫存字串
    int len = hexstr.length();   // 取得長度
    unsigned int i = 0;
    unsigned int tmp = 0; //取得文字之字串位置變數
    unsigned int tmp1 = 0;   //取得文字之對應字串位置變數
    unsigned long tmpnum = 0; //目前數字
    String hexcode = String("0123456789ABCDEF");    //產生字元的對應字串內容陣列
    for (i = 0; i < len; i++)
    {
        hexstr.toUpperCase(); //先轉成大寫文字
        tmp = hexstr.charAt(i); //取第 i 個字元
        tmp1 = hexcode.indexOf(tmp);   //根據字元，判斷十進位數字
        tmpnum = tmpnum + tmp1 * POW(base, (len - i - 1));   //計算數字
    }
    return tmpnum;   //回傳內容
```

```
}
```

　　具體功能：將指定進位制的字串轉換為數值。

　　具體行為：將字串轉為大寫，逐個字元映射到數字，根據位置權重計算最終值，使用 POW 函數計算次方。

print2HEX 函數

```
// 轉換數字為 16 進位字串，若小於 16 則補 0
String print2HEX(int number) {
  String ttt;      //暫存字串
  if (number >= 0 && number < 16) //判斷是否在區間
  {
    ttt = String("0") + String(number, HEX);   //產生前補零之字串
  }
  else
  {
    ttt = String(number, HEX);//產生字串
  }
```

```
    return ttt; //回傳內容
}
```

具體功能：將整數轉換為兩位十六進制字串，若小於 16 則補零。

具體行為：若數字在 0-15 之間，則在前面添加 "0"；否則直接轉換為十六進制字串。

chrtoString 函數

```
// 將 char 陣列轉為字串
String chrtoString(char *p)
{
    String tmp; //暫存字串

    char c; //暫存字元

    int count = 0;   //計數器

    while (count < 100) //100 個字元以內
    {
        c = *p; //取得字串之每一個字元內容

        if (c != 0x00)   //是否未結束
        {
```

```
                tmp.concat(String(c));    //字元累積到字串
        }
        else
        {
            return tmp; //回傳內容
        }
        count++;   // 計數器加一
        p++;   //往下一個字元
    }
}
```

具體功能：將以空結束符結尾的字元陣列轉換為字串，限制為 100 個字元或遇空結束符。

具體行為：逐個讀取字元，若非空結束符則添加到字串，否則返回。

CopyString2Char 函數

```
// 複製 String 到 char 陣列
void CopyString2Char(String ss, char *p)
{
```

- 314 -

```
if (ss.length() <= 0) //是否為空字串
{
    *p = 0x00;    //加上字元陣列結束 0x00
    return; //結束
}
ss.toCharArray(p, ss.length() + 1); //利用字串轉字元命令
}
```

具體功能：將字串複製到字元陣列，包括空結束符。

具體行為：若字串長度為 0，則設定陣列第一個字元為空結束符；否則使用 toCharArray 複製。

CharCompare 函數

```
// 比較兩個 char 陣列是否相同
boolean CharCompare(char *p, char *q)
{
    // *p 第一字元陣列的指標 :陣列第一字元的字元指標(用 &chararray[0]取得)
    boolean flag = false; //是否結束旗標
```

```
    int count = 0;      //計數器
    int nomatch = 0;    //不相同比對計數器
    while (flag < 100)  ////是否結束
    {
        if (*(p + count) == 0x00 || *(q + count) == 0x00) //是否結束
            break;  //離開
        if (*(p + count) != *(q + count)) //比較不同
        {
            nomatch++;      //不相同比對計數器累加
        }
        count++;    //計數器累加
    }
    return nomatch == 0;  //回傳是否有不同
}
```

具體功能：比較兩個字元陣列是否相同，檢查至遇空結束符或 100 個字元。

具體行為：使用計數器 count 比較每個位置的字元，若不同則增加不匹配計數器 nomatch，最後返回是否完全匹配。

具體問題：本程式有下面限制，筆者因為大於 100 的字元陣列不常用，所以最大陣列數量設定為100，所以迴圈條件 while(flag＜100) 存在問題，flag 為布林變數，初始化為 false（等於 0），從未修改，導致條件永遠為真，可能造成無限迴圈，除非陣列有空結束符。已在註解中指出此潛在問題。

Double2Str 函數

```
// 將 double 轉為字串，保留指定小數位數
String Double2Str(double dd, int decn)
{
    //double dd==>傳入之浮點數
    //int decn==>傳入之保留指定小數位數
    int a1 = (int)dd; // 先取整數位數字
    int a3;    //小數點站存變數
    if (decn > 0) //保留指定小數位數大於零
    {
        double a2 = dd - a1;  //取小數位數字
        a3 = (int)(a2 * pow(10, decn)); // 將取得之小數位數字放
```

大 10 的 decn 倍

　}

　if (decn > 0) //保留指定小數位數大於零

　{

　　　return String(a1) + "." + String(a3);

　　　//將整數位轉乘之文字+小數點+小數點之擴大長度之數字轉換文字==>產生新字串回傳

　}

　else

　{

　　　return String(a1);//將整數位轉乘之文字==>產生新字串回傳

　}

}

　　具體功能：將雙精度浮點數轉換為字串，指定小數位數。

　　具體行為：分離整數部分和小數部分，若指定小數位數大於 0，則計算小數部分並拼接，否則僅返回整數部分。

　　如下表所示，筆者整理 commlib.h 檔函式庫一覽表，讓讀者可以更見單了解 commlib.h 檔函式庫主要運作的目錄與簡單說明。

表 26 commlib.h 檔函式庫一覽表

函數名稱	主要功能	備註
GPIOControl	設定數位腳位狀態（高低電位）	無
POW	計算次方	不正確處理 0 或負指數
SPACE	生成指定長度的空格字串	無
strzero	數字轉字串，指定長度與進位制，補零	無
unstrzero	字串轉數字，指定進位制	無
print2HEX	整數轉兩位十六進制字串，補零	無
chrtoString	字元陣列轉字串，限制 100 字或遇空結束符	無
CopyString2Char	字串複製到字元陣列，包括空結束符	無
CharCompare	比較兩個字元陣列是否相同，潛在無限迴圈問題	可能無限迴圈，若無空結束符
Double2Str	雙精度浮點數轉字串，指定小數	需包含 <math.h>，小

	位數	數截斷

表 27 MQTT Broker 伺服器讀取控制命令程式(initPins.h 檔)

MQTT Broker 伺服器讀取控制命令程式(initPins.h)
#include "commlib.h"   // 共用函式模組 #define WiFiPin 3   //控制板上 WIFI 指示燈腳位 #define AccessPin 4   //控制板上連線指示燈腳位 #define Ledon 1   //LED 燈亮燈控制碼 #define Ledoff 0   //LED 燈滅燈控制碼   #define initDelay   6000   //初始化延遲時間 #define loopdelay 10000   //loop 延遲時間 #define _Debug 1 // 除錯模式開啟 (1: 開啟, 0: 關閉) #define TestLed 1 // 測試 LED 功能開啟 (1: 開啟, 0: 關閉) #include <String.h> // 引入處理字串的函數庫 #include <WiFi.h>   //使用網路函式庫

```cpp
#include <WiFiClient.h>        //使用網路用戶端函式庫
#include <WiFiMulti.h>         //多熱點網路函式庫
WiFiMulti wifiMulti;           //產生多熱點連線物件


IPAddress ip ;                 //網路卡取得 IP 位址之原始型態之儲存變數
String IPData ;                //網路卡取得 IP 位址之儲存變數
String APname ;                //網路熱點之儲存變數
String MacData ;               //網路卡取得網路卡編號之儲存變數
long rssi ;                    //網路連線之訊號強度`之儲存變數
int status = WL_IDLE_STATUS;   //取得網路狀態之變數
// 除錯訊息輸出函數（不換行）


String IpAddress2String(const IPAddress& ipAddress) ;
String GetMacAddress() ;// 取得網路卡 MAC 地址
void ShowMAC() ;// 在串列埠顯示 MAC 地址


void DebugMsg(String msg)//傳入 msg 字串變數以提供顯示訊息
{
    if (_Debug != 0)    //除錯訊息(啟動)
```

```
        {

                Serial.print(msg) ;   // 顯示訊息:msg 變數內容

        }

}


// 除錯訊息輸出函數（換行）

void DebugMsgln(String msg)//傳入 msg 字串變數以提供顯示訊息

{

    if (_Debug != 0)    //除錯訊息(啟動)

    {

                Serial.println(msg) ;   // 顯示訊息:msg 變數內容

        }

}




void initWiFi()      //網路連線，連上熱點

{

   //MacData = GetMacAddress() ;      //取得網路卡編號

   //加入連線熱點資料

   WiFi.mode(WIFI_STA);    //ESP32 C3 SuperMini 為了連網一定要
```

加

  WiFi.disconnect();　　//ESP32 C3 SuperMini 為了連網一定要加

  WiFi.setTxPower(WIFI_POWER_8_5dBm); //ESP32 C3 SuperMini 為了連網一定要加

  wifiMulti.addAP("NUKIOT", "iot12345");　　//加入一組熱點

  wifiMulti.addAP("Lab203", "203203203");　　//加入一組熱點

  wifiMulti.addAP("lab309", "");　　//加入一組熱點

  wifiMulti.addAP("NCNUIOT", "0123456789");　　//加入一組熱點

  wifiMulti.addAP("NCNUIOT2", "12345678");　　//加入一組熱點

  // We start by connecting to a WiFi network

  Serial.println();

  Serial.println();

  Serial.print("Connecting to ");

  //通訊埠印出 "Connecting to "

  wifiMulti.run();　　//多網路熱點設定連線

while (WiFi.status() != WL_CONNECTED)　　　　//還沒連線成功

  {

    // wifiMulti.run() 啟動多熱點連線物件，進行已經紀錄的熱點進行連線，

```
    // 一個一個連線，連到成功為主，或者是全部連不上

    // WL_CONNECTED 連接熱點成功

    Serial.print(".");     //通訊埠印出

    delay(500) ;   //停 500 ms

    wifiMulti.run();     //多網路熱點設定連線
 }

    Serial.println("WiFi connected");     //通訊埠印出 WiFi connected

    MacData = GetMacAddress();    // 取得網路卡的 MAC 地址

    ShowMAC();    // 在串列埠中印出網路卡的 MAC 地址


    Serial.print("AP Name: ");    //通訊埠印出 AP Name:

    APname = WiFi.SSID();

    Serial.println(APname);     //通訊埠印出 WiFi.SSID()==>從
熱點名稱

    Serial.print("IP address: ");     //通訊埠印出 IP address:

    ip = WiFi.localIP();

    IPData = IpAddress2String(ip) ;

    Serial.println(IPData);     //通訊埠印出
```

```
WiFi.localIP()==>從熱點取得 IP 位址

    //通訊埠印出連接熱點取得的 IP 位址

}

void ShowInternet()    //秀出網路連線資訊

{

  //印出 MAC Address

  Serial.print("MAC:") ;

  Serial.print(MacData) ;

  Serial.print("\n") ;

  //印出 SSID 名字

  Serial.print("SSID:") ;

  Serial.print(APname) ;

  Serial.print("\n") ;

  //印出取得的 IP 名字

  Serial.print("IP:") ;

  Serial.print(IPData) ;

  Serial.print("\n") ;



}
```

//--------------------

//--------------------

// 取得網路卡 MAC 地址

String GetMacAddress()

{

  String Tmp = "";   //暫存字串

  byte mac[6];   //取得網路卡 MAC 地址之暫存字串

  WiFi.macAddress(mac);   // 取得 MAC 地址

  for (int i = 0; i < 6; i++)   // 迴圈取得網路卡 MAC 地址每一個 BYTE

  {

    Tmp.concat(print2HEX(mac[i]));   // 將每個 MAC 位元組轉為十六進制

  }

  Tmp.toUpperCase();   // 轉換為大寫

```
    return Tmp;  //回傳內容
}


// 在串列埠顯示 MAC 地址
void ShowMAC()
{
Serial.print("MAC Address:(");   // 印出標籤
Serial.print(MacData);    // 印出 MAC 地址
Serial.print(")\n");   // 換行
}


// IP 地址轉換函式，將 4 個字節的 IP 轉為字串
String IpAddress2String(const IPAddress& ipAddress) {
  return String(ipAddress[0]) + "." +
         String(ipAddress[1]) + "." +
         String(ipAddress[2]) + "." +
         String(ipAddress[3]);    //回傳內容
}
```

```
void WiFion()//控制板上Wifi 指示燈打開
{
    //透過GPIOControl 控制函式去設定GPIO XX 高電位/低電位
    GPIOControl(WiFiPin, Ledon) ;
}



void WiFioff()//控制板上Wifi 指示燈關閉
{
    //透過GPIOControl 控制函式去設定GPIO XX 高電位/低電位
    GPIOControl(WiFiPin, Ledoff) ;
}

void ACCESSon( ) //控制板上連線指示燈打開
{
    //透過GPIOControl 控制函式去設定GPIO XX 高電位/低電位
    GPIOControl(AccessPin, Ledon) ;
}
```

```
void ACCESSoff()//控制板上連線指示燈關閉
{
    //透過GPIOControl 控制函式去設定 GPIO XX 高電位/低電位
    GPIOControl(AccessPin,Ledoff) ;
}
```

程式下載網址：

https://github.com/brucetsao/ESP_LedTube/tree/main/Codes

initPins 程式解釋

背景與目標

主程式宣告與共用函式庫之程式碼主要分為以下幾個部分：

函式庫與定義：引入必要的函數庫和定義控制板腳位、延遲時間及模式開關。

全域變數：儲存 WiFi 連線相關資訊，如 IP 位址、熱點名稱和 MAC 位址。

函數宣告：包括初始化 WiFi、顯示網路資訊、取得 MAC 位址以及控制指示燈。

除錯功能函數宣告：透過 DebugMsg 和 DebugMsgln 提供可開關的除錯輸出。

以下是各部分的詳細解釋：

函式庫與定義

```
#include "commlib.h"        // 引入共用函式庫，包含自定義的通用函數

#define WiFiPin 3           // 定義控制板 WiFi 指示燈的 GPIO 腳位為 3

#define AccessPin 4         // 定義控制板連線指示燈的 GPIO 腳位為 4

#define Ledon 1             // 定義 LED 開啟的控制碼為 1（高電位）

#define Ledoff 0            // 定義 LED 關閉的控制碼為 0（低電位）


#define initDelay    6000   // 定義初始化延遲時間為 6000 毫秒（6 秒）

#define loopdelay 10000     // 定義主迴圈延遲時間為 10000 毫秒（10 秒）

#define _Debug 1            // 定義除錯模式開啟，1 表示啟用，0 表示關閉

#define TestLed 1           // 定義測試 LED 功能開啟，1 表示啟
```

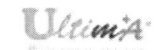

```
用，0 表示關閉
#include <String.h>          // 引入字串處理函數庫，用於字串操作
#include <WiFi.h>             // 引入 WiFi 函數庫，用於 WiFi 連線功
能
#include <WiFiClient.h>       // 引入 WiFi 用戶端函數庫，支持 WiFi
客戶端操作
#include <WiFiMulti.h>        // 引入多熱點 WiFi 函數庫，支持連線多
個 WiFi 熱點
WiFiMulti wifiMulti;          // 建立 WiFiMulti 物件，用於管理多熱
點連線
```

程式碼引入了 commlib.h（自定義函數庫）和標準 Arduino WiFi 相關函數庫（如 <WiFi.h>、<WiFiMulti.h>）。

定義了關鍵常數，如 WiFiPin（腳位 3，用於 WiFi 指示燈）和 AccessPin（腳位 4，用於連線指示燈）。

initDelay 和 loopdelay 分別設定為 6000 毫秒和 10000 毫秒，控制初始化和主迴圈的延遲。

_Debug 和 TestLed 的值為 1，表示除錯模式和測試 LED 功能均啟用。

全域變數與狀態

```
#include <WiFiMulti.h>        // 引入多熱點 WiFi 函數庫，支持連線多個 WiFi 熱點

WiFiMulti wifiMulti;           // 建立 WiFiMulti 物件，用於管理多熱點連線


IPAddress ip;                  // 儲存網路卡取得的 IP 位址，型態為 IPAddress
String IPData;                 // 儲存 IP 位址的字串格式，方便顯示
String APname;                 // 儲存目前連線的 WiFi 熱點名稱(SSID)
String MacData;                // 儲存網路卡的 MAC 位址，字串格式
long rssi;                     // 儲存 WiFi 連線的訊號強度（RSSI）
int status = WL_IDLE_STATUS;   // 儲存 WiFi 連線狀態，初始為空閒狀態
```

　　WiFiMulti wifiMulti 物件用於管理多熱點連線，允許程式嘗試連線多個 WiFi 熱點，直到成功。

　　IPAddress ip 和 String IPData 用於儲存和顯示 IP 位址。

String APname 儲存目前連線的熱點名稱，String MacData 儲存 MAC 位址。

long rssi 用於儲存訊號強度，int status 初始為 WL_IDLE_STATUS，表示 WiFi 狀態為空閒。

主要函數列表分析

```
// 宣告函數原型
String IpAddress2String(const IPAddress& ipAddress);   // 將 IPAddress 轉換為字串格式的函數
String GetMacAddress();                                 // 取得網路卡 MAC 位址的函數
void ShowMAC();                                         // 在串列埠顯示 MAC 位址的函數
void DebugMsg(String msg);                              // 除錯訊息輸出函數（不換行）
void DebugMsgln(String msg);                            // 除錯訊息輸出函數（換行）
void initWiFi();                                        // 初始化 WiFi 並連線到熱點的函數
```

```
void ShowInternet();                              // 顯示網路
連線資訊的函數
void WiFion();                                    // 開啟
WiFi 指示燈的函數
void WiFioff();                                   // 關閉
WiFi 指示燈的函數
void ACCESSon();                                  // 開啟連線
指示燈的函數
void ACCESSoff();                                 // 關閉連線
指示燈的函數
```

初始化 WiFi (initWiFi)

```
// 初始化 WiFi 連線，連上熱點
void initWiFi() // 初始化 WiFi 並嘗試連線到已配置的熱點
{
    // MacData = GetMacAddress();    // 取得 MAC 位址（目前註解掉）

    // 添加多個 WiFi 熱點的連線資料
    WiFi.mode(WIFI_STA);   // 設定 WiFi 模式為站點模式 (Station
```

Mode)，用於連線到熱點

    WiFi.disconnect();　　// 斷開任何先前連線，確保乾淨狀態

    WiFi.setTxPower(WIFI_POWER_8_5dBm); // 設定 WiFi 傳輸功率為 8.5 dBm，提升連線穩定性

    wifiMulti.addAP("NUKIOT", "iot12345");　　// 添加熱點：SSID "NUKIOT"，密碼 "iot12345"

    wifiMulti.addAP("Lab203", "203203203");　　// 添加熱點：SSID "Lab203"，密碼 "203203203"

    wifiMulti.addAP("lab309", "");　　// 添加熱點：SSID "lab309"，無密碼（開放網路）

    wifiMulti.addAP("NCNUIOT", "0123456789"); // 添加熱點：SSID "NCNUIOT"，密碼 "0123456789"

    wifiMulti.addAP("NCNUIOT2", "12345678");　　// 添加熱點：SSID "NCNUIOT2"，密碼 "12345678"

    // 開始連線過程

    Serial.println(); // 串列埠輸出空行，格式化輸出

    Serial.println(); // 串列埠輸出另一空行

    Serial.print("Connecting to "); // 輸出 "Connecting to "

    wifiMulti.run(); // 啟動多熱點連線，嘗試連線到已添加的熱點

```
    while (WiFi.status() != WL_CONNECTED)   // 若尚未連線成功,持續嘗試
    {
        Serial.print(".");         // 每嘗試一次,輸出一個點號,表示進度
        delay(500);                // 等待 500 毫秒,避免過於頻繁的嘗試
        wifiMulti.run();           // 繼續嘗試連線
    }
    Serial.println("WiFi connected");  // 連線成功後,輸出 "WiFi connected"
    MacData = GetMacAddress();         // 取得連線後的 MAC 位址
    ShowMAC();                         // 顯示 MAC 位址
    Serial.print("AP Name: ");         // 輸出 "AP Name: "
    APname = WiFi.SSID();              // 取得目前連線的熱點名稱
    Serial.println(APname);            // 輸出熱點名稱
    Serial.print("IP address: ");      // 輸出 "IP address: "
    ip = WiFi.localIP();               // 取得本地 IP 位址
```

```
    IPData = IpAddress2String(ip);      // 將 IP 位址轉換為字串
格式
    Serial.println(IPData);              // 輸出 IP 位址
}
```

函數首先設定 WiFi 模式為站點模式（WIFI_STA），斷開先前連線，並設定傳輸功率為 8.5 dBm。

添加多個熱點配置，例如 "NUKIOT"（密碼 "iot12345"）和 "Lab203"（密碼 "203203203"），包括一個開放網路 "lab309"。

使用 wifiMulti.run() 開始連線過程，透過迴圈持續嘗試，直到 WiFi.status() == WL_CONNECTED。

連線成功後，取得並顯示 MAC 位址、熱點名稱和 IP 位址。

顯示網路資訊 (ShowInternet)

```
// 顯示網路連線資訊
void ShowInternet() // 顯示目前的網路連線詳細資訊
{
    Serial.print("MAC:"); // 輸出 "MAC:"
    Serial.print(MacData); // 輸出 MAC 位址
```

```
    Serial.print("\n");         // 換行
    Serial.print("SSID:");      // 輸出 "SSID:"
    Serial.print(APname);       // 輸出熱點名稱
    Serial.print("\n");         // 換行
    Serial.print("IP:");        // 輸出 "IP:"
    Serial.print(IPData);       // 輸出 IP 位址
    Serial.print("\n");         // 換行
}
```

該函數簡單地輸出目前連線的 MAC 位址、SSID 和 IP 位址,每行以換行符分隔,格式為:

"MAC:" MAC 位址變數。

"SSID:"熱點名稱變數。

"IP:" IP 位址變數。

MAC 位址處理 (GetMacAddress 和 ShowMAC)

```
// 取得網路卡 MAC 位址
String GetMacAddress() // 取得並返回網路卡的 MAC 位址,字串格式
```

```
{
    String Tmp = "";         // 初始化臨時字串,用於儲存 MAC 位址
    byte mac[6];             // 定義陣列儲存 MAC 位址的 6 個位元組
    WiFi.macAddress(mac);    // 從 WiFi 模組取得 MAC 位址,儲存到 mac 陣列
    for (int i = 0; i < 6; i++)   // 迴圈處理每個位元組
    {
        Tmp.concat(print2HEX(mac[i]));  // 將每個位元組轉換為十六進制字串,串接至 Tmp
    }
    Tmp.toUpperCase();       // 將字串轉為大寫,統一格式
    return Tmp;              // 返回最終的 MAC 位址字串
}
```

GetMacAddress 函數從 WiFi 模組取得 MAC 位址(6 個位元組),使用 print2HEX (數字)將每個位元組轉換為十六進制字串,最後轉為大寫返回。

ShowMAC 函數在串列埠顯示 MAC 位址,格式為 "MAC Address:(<MAC>)"。

　　注意：print2HEX（數字)函數定義在 commlib.h 中，用於位元組轉十六進制。

轉換數字為 16 進位字串(String print2HEX(輸入整數數字))

```
// 轉換數字為 16 進位字串，若小於 16 則補 0
String print2HEX(int number) {
  String ttt;    //暫存字串
  if (number >= 0 && number < 16) //判斷是否在區間
  {
    ttt = String("0") + String(number, HEX);   //產生前補零之字串
  }
  else
  {
    ttt = String(number, HEX);//產生字串
  }
  return ttt; //回傳內容
}
```

IP 位址轉換文字格式（IpAddress2String）

```
// 將 IPAddress 轉換為字串格式
String IpAddress2String(const IPAddress& ipAddress)  // 將 IPAddress 物件轉換為點分十進制字串
{
    return String(ipAddress[0]) + "." + // 第一個位元組，添加點號
           String(ipAddress[1]) + "." + // 第二個位元組，添加點號
           String(ipAddress[2]) + "." + // 第三個位元組，添加點號
           String(ipAddress[3]);        // 第四個位元組
}
```

該函數將 IPAddress 物件（4 個位元組）轉換為點分十進制字串，例如 "192.168.1.1"。

過程為將每個位元組轉為字串，並以 "." 連接，確保格式正確。

LED 控制函數(開啟與關閉)

```
// 開啟 WiFi 指示燈
void WiFion() // 控制板上 WiFi 指示燈開啟
{
    GPIOControl(WiFiPin, Ledon); // 透過 GPIOControl 函數設定 WiFiPin 為高電位（LED 開啟）
}


// 關閉 WiFi 指示燈
void WiFioff() // 控制板上 WiFi 指示燈關閉
{
    GPIOControl(WiFiPin, Ledoff); // 透過 GPIOControl 函數設定 WiFiPin 為低電位（LED 關閉）
}


// 開啟連線指示燈
void ACCESSon() // 控制板上連線指示燈開啟
{
    GPIOControl(AccessPin, Ledon); // 透過 GPIOControl 函數設
```

定 AccessPin 為高電位（LED 開啟）

}

// 關閉連線指示燈

void ACCESSoff() // 控制板上連線指示燈關閉

{

    GPIOControl(AccessPin, Ledoff); // 透過 GPIOControl 函數設定 AccessPin 為低電位（LED 關閉）

}

WiFion 和 WiFioff 分別用於開啟和關閉 WiFi 指示燈，通過 GPIOControl 設定 WiFiPin 的電位。

ACCESSon 和 ACCESSoff 同樣控制連線指示燈，通過 GPIOControl 設定 AccessPin 的電位。

GPIOControl 函數未在本程式碼中定義，其功能為設定 GPIO 腳位的電位（高/低），其函數本體內容定義在 commlib.h 中。

GPIO控制函數(高電位HIGH與低電位LOW)

```
#define IOon HIGH
```

```
#define IOoff LOW



//-----------Common Lib
void GPIOControl(int GP, int cmd)   //
{
  // GP == GPIO 號碼
  //cmd =高電位或低電位 ,cmd =>1 then 高電位, cmd =>0 then 低電位
  if (cmd==1) //cmd=1 ===>GPIO is IOon
  {
      digitalWrite(GP, IOon);
  }
  else if(cmd==0) //cmd=0 ===>GPIO is IOoff
  {
      digitalWrite(GP, IOoff) ;
  }
}
```

除錯功能

```
#define _Debug 1  // 定義除錯模式開關，1 表示開啟除錯功能，0 表示關閉除錯功能
// 定義除錯訊息輸出函數（不換行），用於在除錯模式下顯示訊息
void DebugMsg(String msg)  // 函數接收一個字串參數 msg，用來指定要顯示的訊息內容
{
    if (_Debug != 0)  // 檢查除錯模式是否開啟，若 _Debug 不為 0（即啟動除錯）
    {
        Serial.print(msg);  // 通過串口輸出訊息內容（不換行），顯示 msg 變數中的文字
    }
}


// 定義除錯訊息輸出函數（換行），用於在除錯模式下顯示訊息並自動換行
void DebugMsgln(String msg)  // 函數接收一個字串參數 msg，用來指定要顯示的訊息內容
```

```
{
    if (_Debug != 0)   // 檢查除錯模式是否開啟，若 _Debug 不為 0
（即啟動除錯）
    {
        Serial.println(msg);  // 通過串口輸出訊息內容（自動換行），顯示 msg 變數中的文字
    }
}
```

DebugMsg 和 DebugMsgln 函數根據 _Debug 的值（1 表示啟用）決定是否輸出訊息到串列埠。

除錯訊息輸出函數（不換行）(DebugMsg(字串文字))

```
// 除錯訊息輸出函數（不換行）
void DebugMsg(String msg)  // 接收訊息字串 msg，進行除錯輸出
{
    if (_Debug != 0)   // 若除錯模式啟用（_Debug 為 1）
    {
        Serial.print(msg);  // 在串列埠輸出 msg 內容，不換行
    }
```

```
}
```

　　DebugMsg 不換行，適合連續輸出；DebugMsgln 會自動換行，適合單獨訊息。

除錯訊息輸出函數（換行）(DebugMsgln(字串文字))

```
// 除錯訊息輸出函數（換行）
void DebugMsgln(String msg) // 接收訊息字串 msg，進行除錯輸出並換行
{
    if (_Debug != 0)   // 若除錯模式啟用（_Debug 為 1）
    {
        Serial.println(msg); // 在串列埠輸出 msg 內容，並換行
    }
}
```

　　筆者整理了 initPins.h 檔函式庫一覽表於下表所示中，讓讀者可以更簡單明瞭整個程式的運作與原理。

表 28 initPins 檔函式庫一覽表

函式庫或程式區塊名稱	功能描述	相關變數/函數
WiFi 初始化	設定模式、斷開連線、添加多熱點、嘗試連線	initWiFi, wifiMulti, WiFi
網路資訊顯示	顯示 MAC、SSID、IP 位址	ShowInternet, MacData, APname, IPData
MAC 位址處理	取得並顯示網路卡 MAC 位址	GetMacAddress, ShowMAC
IP 位址處理	將 IPAddress 轉換為字串格式	IpAddress2String
LED 控制	控制 WiFi 和連線指示燈的開關	WiFion, WiFioff, ACCESSon, ACCESSoff
除錯輸出	根據模式開關輸出除錯訊息	DebugMsg, DebugMsgln, _Debug

如下圖所示，我們可以看到從 MQTT Broker 伺服器讀取控制命令程式的主要流程。

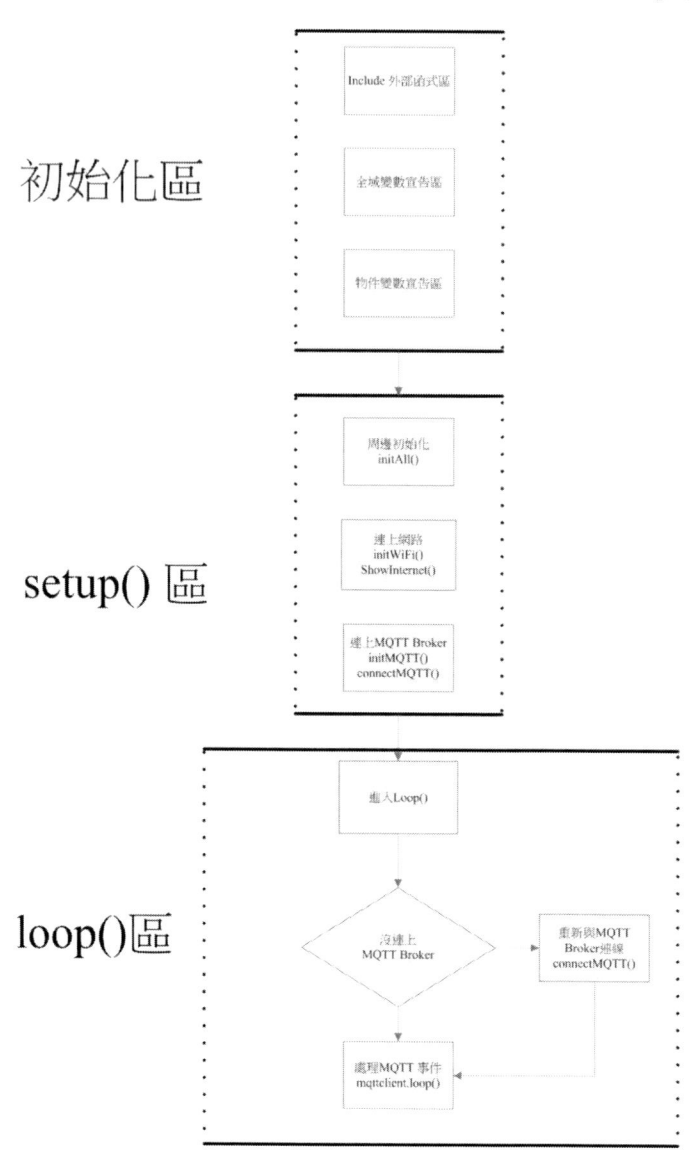

圖 179 MQTT Broker 伺服器讀取控制命令程式主流程

如下圖所示，我們可以看到程式從 MQTT Broker 伺服器收到訂閱主題，有訊息發佈到訂閱主題後回傳給程式 mycallback 處理流程。

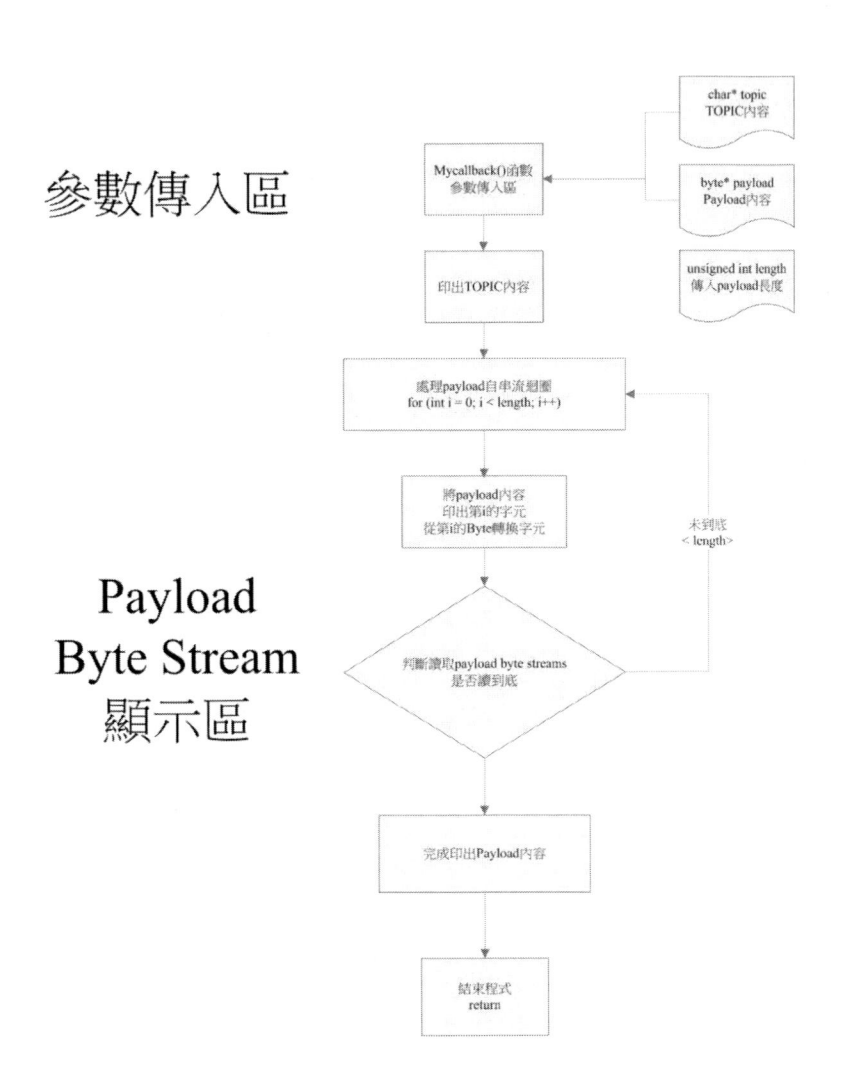

圖 180 從 MQTT Broker 伺服器讀取控制命令程式接收訂閱訊息流程

進行測試

本文會用到 MQTT BOX 來處理，對於 MQTT BOX 的工具安裝與基本使用，讀者可以參考附錄之雲端書庫一圖，可以了解官網與網址，進入網址後可以參考筆者：*MQTT 基本入門*，高雄雲端書庫：https://lib.ebookservice.tw/ks/#book/b0448f03-47e4-4076-ae03-8d73e6dd5384，相關進階書籍請筆者：*使用 ESP32 設計 MQTT 遠端控制之設計*，高雄雲端書庫：https://lib.ebookservice.tw/ks/#book/ba909cee-b11d-427e-a5ff-bb455d13cf30 與筆者：*使用 Python 設計 MQTT 資料代理人之設計*，高雄雲端書庫：https://lib.ebookservice.tw/ks/#book/1a2e9431-9205-44fd-b3cf-5536527aba1e，其他縣市的雲端圖書館，請依上面斜體底線之紅字簡報書籍名稱，自行查詢就可以找到而向縣市立圖書館借閱電子書籍。

如下圖所示，首先筆者開啟 MQTT BOX，筆者使用免費的 MQTT Broker 伺服器：*broker.emqx.io*，也使用標準的通訊埠：*1883*，由於 MQTT Broker 伺服器：*broker.emqx.io* 目前提供免費使用，所以其使用者與使用者密碼都不需要設定

圖 181　建立 MQTT Broker 連線

如下圖所示，因為筆者用的裝置網卡 MAC Address 為：188B0E1C1838，所以訂閱主題設定為『/arduinoorg/Led/#』。

圖 182　訂閱測試主題內容

如下圖所示，因為筆者用的裝置網卡 MAC Address 為：188B0E1C1838，所以發布主題設定為『*/arduinoorg/Led/188B0E1C1838/*』。

接下來筆者將下表所示之 json 文件發布：

```
{
"Device":"188B0E1C1838",
"Style":"COLOR",
"Command":"ON",
"Color":
    {
    "R":255,
    "G":255,
    "B":255
    }
}
```

圖 183 發布主題之測試功能區

如下圖所示，因為筆者用的裝置網卡 MAC Address 為：188B0E1C1838，所以訂閱主題設定為『*/arduinoorg/Led/#*』，可以見到下圖所示，已經收到發布主題的內容。

{ "Device":"188B0E1C1838", "Style":"COLOR", "Command":"ON", "Color": { "R":255, "G":255, "B":255 } }

qos : 0, **retain** : false, **cmd** : publish, **dup** : false, **topic** : /arduinoorg/Led/188B0E1C18 38/, **messageId** : , **length** : 187, **Raw payload** : 323232321231032323232346810111810599101345834495656664869496749565156344410323232323483116121108101345834677976798234441032323232346711110910997110100345834797834441032323232346711110811111434581032323232323212332103232323232323482345850535344103232323232347134585053534410323232323232323466345850535310323232323232125103232323212532

圖 184　MQTT BOX 收到發布內容圖

　　如下圖所示，筆者從從 MQTT Broker 伺服器讀取控制命令程式的 Arduino IDE 監控視窗，可以看到如上表內容與上圖收到訂閱訊息之相同的控制命令，出現在 Arduino IDE 監控視窗上。

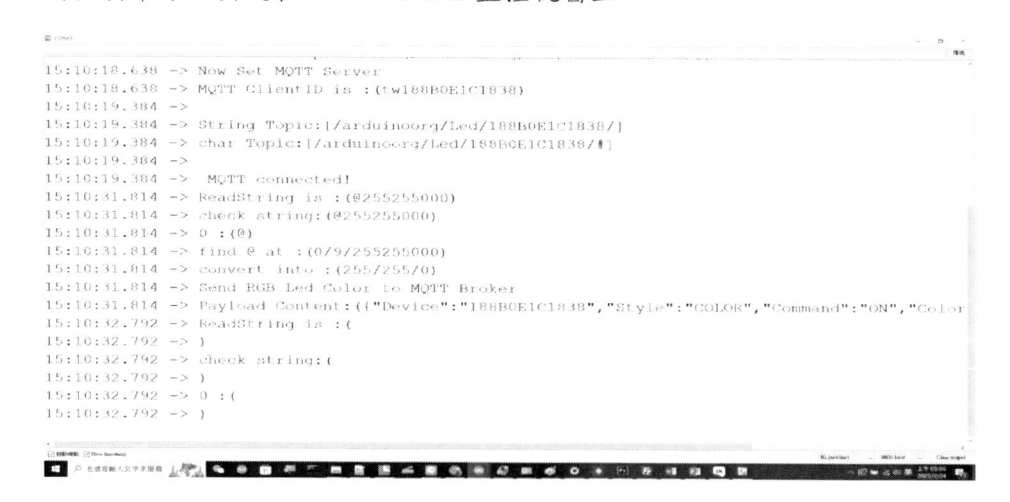

圖 185　從 MQTT Broker 伺服器讀取控制命令程式收到發布內容圖

發送控制命令到 MQTT Broker 伺服器程式

如下圖所示，筆者仍使用 ESP32 開發板，透過連線網路、連到 MQTT Broker 伺服器：broker.emqx.io，訂閱透過『/arduinoorg/Led/網路 MAC Address/』的主題，教導讀者如何連上 MQTT Broker 伺服器：broker.emqx.io，進而訂閱主題後。

筆者透過 Arduino 開發工具之監控視窗之串列通訊方式輸入，將 RGB(紅色、綠色、藍色)三個顏色的代碼輸入，透過解譯來還原 RGB(紅色、綠色、藍色)三個顏色值，進而填入 WS2812B 全彩 LED 模組的發光顏色電壓，來控制顏色。

所以我們使用了『@』這個指令，來當作所有的資料開頭，接下來就是第一個紅色燈光的值，其紅色燈光的值使用『000』~『255』來當作紅色顏色的顏色值，『000』代表紅色燈光全滅，『255』代表紅色燈光全亮，中間的值則為線性明暗之間為主。

接下來就是第二個綠色燈光的值，其綠色燈光的值使用『000』~『255』來當作綠色顏色的顏色值，『000』代表綠色燈光全滅，『255』代表綠色燈光全亮，中間的值則為線性明暗之間為主。

最後一個藍色燈光的值，其藍色燈光的值使用『000』~『255』來當作藍色顏色的顏色值，『000』代表藍色燈光全滅，『255』代表藍色燈光全亮，中間的值則為線性明暗之間為主。

在所有顏色資料傳送完畢之後，所以我們使用了『#』這個指令，來當作所有的資料的結束。

如上述敘述得知，透過開發的程式，使用者可以透過 Arduino 開發工具之監控視窗之串列通訊方式輸入：『@255255255#』，系統會轉成下表所示 json 文件到發布主題的訊息，傳送到 MQTT Broker 伺服器。

```
{
"Device":"188B0E1C1838",
"Style":"COLOR",
"Command":"ON",
"Color":
  {
  "R":255,
  "G":255,
  "B":255
  }
}
```

ESP32 C3 Super Min 開發板腳位圖介紹

如下圖所示，我們可以看到 ESP32 C3 Super Min 開發板所提供的接腳圖，本文是使 ESP32 C3 Super Min 開發板。

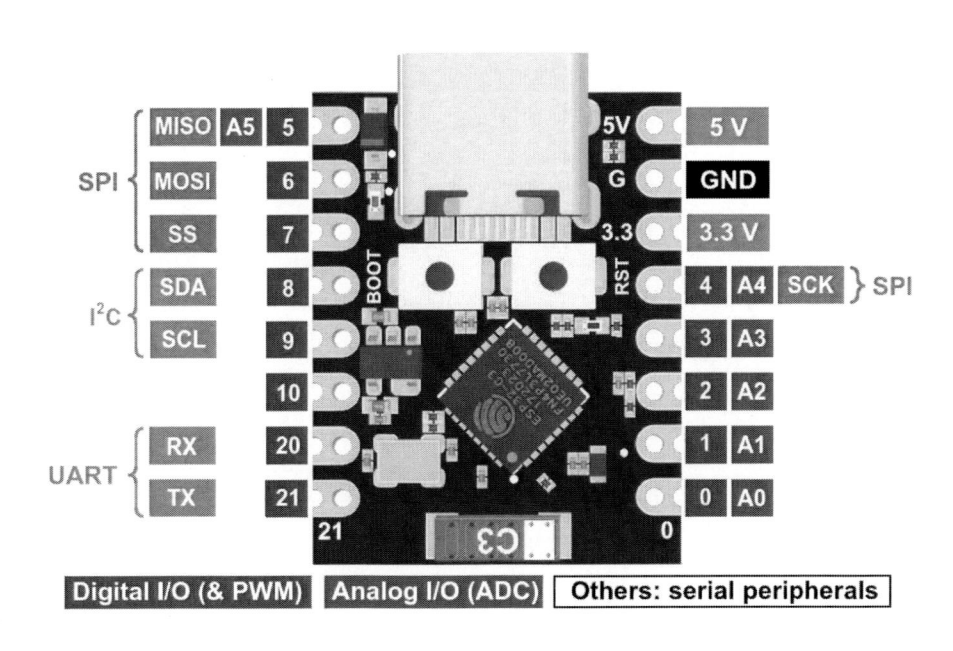

圖 186 ESP32 C3 Super Min 開發板接腳圖

透過簡易命令轉換控制命令傳送到 MQTT Broker

我們將 ESP32 開發板的驅動程式安裝好之後，我們打開 Arduino 開發板的開發工具：Sketch IDE 整合開發軟體（軟體下載請到：https://www.arduino.cc/en/Main/Software），攥寫一段程式,如下表所示之透過簡易命令轉換控制命令傳送到 MQTT Broker 程式進行測試。

表 29 透過簡易命令轉換控制命令傳送到 MQTT Broker 程式

透過簡易命令轉換控制命令傳送到 MQTT Broker 程式 (MQTT_Publish_ESP32_C3)

//透過簡易命令轉換控制命令傳送到 MQTT Broker 程式
#include "initPins.h"   // 腳位與系統模組
#include "MQTTLIB.h"   // MQTT Broker 自訂模組
 	
// released under the GPLv3 license to match the rest of the AdaFruit NeoPixel library
#include \<String.h\>   //處理字串的函數
byte RedValue = 0, GreenValue = 0, BlueValue = 0; // 設定初始顏色數值（紅、綠、藍）
String ReadStr = "   " ; // 用於儲存字串資料
 	
void initAll() ;// 初始化所有設定函數
 	
void setup()

- 359 -

```
{
    initAll();    //系統硬體/軟體初始化

    delay(2000) ; //延遲 2 秒鐘

    initWiFi() ;    //網路連線，連上熱點

    ShowInternet();    //秀出網路連線資訊

    initMQTT() ;      //起始 MQTT Broker 連線


    connectMQTT();      //連到 MQTT Server

    delay(1000) ; //延遲 1 秒鐘

}


void loop() {
  // 主要的循環程式碼，會重複執行

  if (Serial.available() > 0) // 檢查是否有可讀取的序列埠資料
    {

      ReadStr = Serial.readStringUntil(0x23); // 讀取字串直到 '#' (0x23) 符號
```

```
        Serial.print("ReadString is :(");  // 顯示讀取到的字串
        Serial.print(ReadStr);
        Serial.print(")\n");


        // 嘗試解譯讀取到的字串,並將結果存入 RGB 變數
        if (DecodeString(ReadStr, &RedValue, &GreenValue, &BlueValue)) {
            Serial.println("Send RGB Led Color to MQTT Broker");  // 顯示變更 RGB LED 顏色的訊息
            PublishData(MacData,"COLOR","ON",RedValue, GreenValue, BlueValue);  // 變更 LED 燈的顏色

        }
    }
}

// 字串解譯函式,解析 RGB 值
boolean DecodeString(String INPStr, byte *r, byte *g, byte *b)
{
```

```
Serial.print("check string:(");

Serial.print(INPStr);

Serial.print(")\n");


int i = 0;

int strsize = INPStr.length(); // 取得字串長度


for (i = 0; i < strsize; i++) {

    Serial.print(i);

    Serial.print(" :(");

    Serial.print(INPStr.substring(i, i + 1));

    Serial.print(")\n");


    // 檢查是否有 '@' 符號

    if (INPStr.substring(i, i + 1) == "@") {

        Serial.print("find @ at :(");

        Serial.print(i);

        Serial.print("/");

        Serial.print(strsize - i - 1);
```

```
Serial.print("/");

Serial.print(INPStr.substring(i + 1, strsize));

Serial.print("\n");



// 解析 RGB 數值，假設格式為 @RRRGGGBBB

*r = byte(INPStr.substring(i + 1, i + 1 + 3).toInt());

*g = byte(INPStr.substring(i + 1 + 3, i + 1 + 3 + 3).toInt());

*b = byte(INPStr.substring(i + 1 + 3 + 3, i + 1 + 3 + 3 + 3).toInt());


Serial.print("convert into :(");

Serial.print(*r);

Serial.print("/");

Serial.print(*g);

Serial.print("/");

Serial.print(*b);

Serial.print("\n");
```

```
        return true; // 解析成功
    }
}

    return false; // 解析失敗
}


// 初始化所有設定函數
void initAll()
{
    Serial.begin(9600);     // 設定序列監控速率為 9600
    Serial.println("System Start") ; //送訊息:System Start

}
```

程式下載網址：

https://github.com/brucetsao/ESP_LedTube/tree/main/Codes

MQTT_Publish_ESP32_C3 主程式解釋

背景與目標

筆者設計這個 MQTT_Publish_ESP32_C3 這個 Arduino C 語言程式，主要目的是透過簡單的序列埠命令控制 RGB LED 的顏色，並將控制命令發送到 MQ TT Broker 伺服器。

MQTT_Publish_ESP32_C3 主程式結構包括系統初始化、網路連線、輸入處理及數據發布。從程式碼中可以看到，它依賴自訂的 initPins.h 和 MQTTLIB.h 頭文件，以及標準的 String.h 來處理字串操作。

包含函式庫

```
#include "initPins.h"      // 腳位與系統模組
#include "MQTTLIB.h"       // MQTT Broker 自訂模組


// released under the GPLv3 license to match the rest of the
AdaFruit NeoPixel library
#include <String.h>        //處理字串的函數
```

#include "initPins.h"：這個頭文件用於初始化 Arduino 板的腳位設定，確保硬體準備就緒。

#include "MQTTLIB.h"：提供 MQ TT 通信的函數，支援與 MQ TT Broker 的連線和數據發布。

#include <String.h>：引入 Arduino 的 String 類別，用於字串處理，方便操作序列埠輸入。

全域變數

```
byte RedValue = 0, GreenValue = 0, BlueValue = 0;  // 設定初始顏色數值（紅、綠、藍）
String ReadStr = "      " ;  // 用於儲存字串資料
```

byte RedValue = 0, GreenValue = 0, BlueValue = 0;：這些變數用於儲存 RGB 顏色的數值，初始值為 0，範圍通常為 0-255。

String ReadStr = " ";：用於儲存從序列埠讀取的輸入字串，初始值為六個空格，後續會被重新賦值。

函數宣告

void initAll();：宣告初始化所有設定的函數，負責系統啟動時的準備工作。

setup() 函數

```
void setup()
```

```
{
    initAll();      //系統硬體/軟體初始化
    delay(2000);    //延遲2秒鐘
    initWiFi();     //網路連線，連上熱點
    ShowInternet(); //秀出網路連線資訊
    initMQTT();     //起始MQTT Broker連線

    connectMQTT();  //連到MQTT Server
    delay(1000);    //延遲1秒鐘
}
```

initAll();：呼叫 initAll 函數，初始化系統，包括序列埠設定。

delay(2000);：延遲 2 秒，確保系統穩定。

initWiFi();：初始化 WiFi 連線，連接到熱點。

ShowInternet();：顯示網路連線資訊，方便調試。

initMQTT();：初始化 MQTT 通信，準備與 Broker 連線。

connectMQTT();：連接到 MQTT Server，確保通信通道建立。

delay(1000);：延遲 1 秒，等待連線穩定。

loop() 函數

```
void loop() {

  // 主要的循環程式碼,會重複執行

  if (Serial.available() > 0) // 檢查是否有可讀取的序列埠資料
  {
    ReadStr = Serial.readStringUntil(0x23); // 讀取字串直到 '#' (0x23) 符號

    Serial.print("ReadString is :(");  // 顯示讀取到的字串
    Serial.print(ReadStr);
    Serial.print(")\n");

    // 嘗試解碼讀取到的字串,並將結果存入 RGB 變數
    if (DecodeString(ReadStr, &RedValue, &GreenValue, &BlueValue)) {
      Serial.println("Send RGB Led Color to MQTT Broker"); // 顯示變更 RGB LED 顏色的訊息
      PublishData(MacData,"COLOR","ON",RedValue, GreenValue, BlueValue); // 發布控制命令
```

```
    }
  }
}
```

if (Serial.available() > 0);：檢查序列埠是否有可讀數據，確保有輸入時才處理。

ReadStr = Serial.readStringUntil(0x23);：讀取字串直到遇到 '#' (0x23) 符號，儲存到 ReadStr。

Serial.print("ReadString is :("); Serial.print(ReadStr); Serial.print(")\n");：打印讀取的字串，方便調試。

if (DecodeString(ReadStr, &RedValue, &GreenValue, &BlueValue))：呼叫 DecodeString 函數，嘗試解析字串並將 RGB 值存入相應變數。

Serial.println("Send RGB Led Color to MQ TT Broker");：如果解碼成功，打印訊息表示將發送 RGB 顏色到 MQ TT Broker。

PublishData(MacData,"COLOR","ON",RedValue, GreenValue, BlueValue);：使用 PublishData 函數發布數據到 MQ TT Broker，參數包括設備識別 MacData、主題 "COLOR" 和狀態 "ON"，以及 RGB 值。

DecodeString() 函數

```
// 字串解碼函式，解析 RGB 值
boolean DecodeString(String INPStr, byte *r, byte *g, byte *b)
{
  Serial.print("check string:(");
  Serial.print(INPStr);
  Serial.print(")\n");


  int i = 0;
  int strsize = INPStr.length(); // 取得字串長度

  for (i = 0; i < strsize; i++) {
    Serial.print(i);
    Serial.print(" :(");
    Serial.print(INPStr.substring(i, i + 1));
    Serial.print(")\n");

    // 檢查是否有 '@' 符號
```

```
if (INPStr.substring(i, i + 1) == "@") {

    Serial.print("find @ at :(");

    Serial.print(i);

    Serial.print("/");

    Serial.print(strsize - i - 1);

    Serial.print("/");

    Serial.print(INPStr.substring(i + 1, strsize));

    Serial.print(")\n");


    // 解析 RGB 數值,假設格式為 @RRRGGGBBB
    *r = byte(INPStr.substring(i + 1, i + 1 + 3).toInt());

    *g = byte(INPStr.substring(i + 1 + 3, i + 1 + 3 + 3).toInt());

    *b = byte(INPStr.substring(i + 1 + 3 + 3, i + 1 + 3 + 3 + 3).toInt());


    Serial.print("convert into :(");

    Serial.print(*r);

    Serial.print("/");

    Serial.print(*g);
```

```
        Serial.print("/");

        Serial.print(*b);

        Serial.print(")\n");


        return true;  // 解析成功
      }
    }
  return false;  // 解析失敗
}
```

  int strsize = INPStr.length();：獲取輸入字串的長度，準備進行字符檢查。

  for (i = 0; i < strsize; i++)：循環檢查每個字符，尋找 '@' 符號。

  if (INPStr.substring(i, i + 1) == "@")：如果找到 '@'，則假設後續格式為 @RRRGGGBBB，其中 RRR、GGG、BBB 為三位的數字。

  *r = byte(INPStr.substring(i + 1, i + 1 + 3).toInt());：提取紅色值，轉換為整數後存入 *r。

  同樣地，提取綠色和藍色值，存入 *g 和 *b。

return true;：如果解碼成功，返回 true；否則，循環結束後返回 false。

initAll() 函數

```
// 初始化所有設定函數
void initAll()
{
    Serial.begin(9600);    // 設定序列監控速率為 9600
    Serial.println("System Start") ; //送訊息:System Start

}
```

　　Serial.begin(9600);：初始化序列埠通信，波特率設為 9600。

　　Serial.println("System Start");：打印 "System Start" 到序列監控器，標示系統啟動。

　　筆者整理了 MQTT_Publish_ESP32_C3 主程式一覽表於下表所示中，讓讀者可以更簡單明瞭整個程式的運作與原理。

表 30 MQTT_Publish_ESP32_C3 主程式一覽表

函式庫或程式區塊	功能描述
initPins.h	初始化 Arduino 板腳位設定
MQTTLIB.h	提供 MQTT 通信功能，支援 Broker 連線與數據發布
String.h	提供 Arduino String 類別，處理字串操作
RedValue, GreenValue, BlueValue	儲存 RGB 顏色值，範圍 0-255
ReadStr	儲存序列埠輸入的字串，初始為六個空格
setup()	初始化系統、WiFi、MQTT，確保連線穩定
loop()	主循環，處理序列埠輸入，解碼並發布 RGB 數據
DecodeString()	解析輸入字串，提取 RGB 值，格式為 @RRRGGGBBB
initAll()	初始化序列埠，打印系統啟動訊息

表 31 透過簡易命令轉換控制命令傳送到 MQTT Broker 程式(MQTTLib.h 檔)

透過簡易命令轉換控制命令傳送到 MQTT Broker 程式(MQTTLib.h)

#include <ArduinoJson.h>   // 將解釋 json 函式加入使用元件
 #include <PubSubClient.h> //將 MQTT Broker 函式加入
 	
 #define MQTTServer "broker.emqx.io"   //網路常用之 MQTT Broker 網址
 #define MQTTPort 1883 //網路常用之 MQTT Broker 之通訊埠
 char* MQTTUser = "";   // 不須帳密
 char* MQTTPassword = "";   // 不須帳密
 	
 WiFiClient mqclient ; // web socket 元件
 PubSubClient mqttclient(mqclient) ; // MQTT Broker 元件，用 PubSubClient 類別產生一個 MQTT 物件
 StaticJsonDocument<512> doc;
 char JSONmessageBuffer[300];
 String payloadStr ;

```
//MQTT Server Use
const char* PubTop = "/arduinoorg/Led/%s/" ;
const char* SubTop = "/arduinoorg/Led/%s/#" ;
String TopicT;
char SubTopicbuffer[200];    //MQTT Broker Subscribe TOPIC 變數
char PubTopicbuffer[200]; //MQTT Broker Publish TOPIC 變數
char Payloadbuffer[500]; //MQTT Broker Publish payload 變數


//Publish & Subscribe use
const char* PrePayload =
"{\"Device\":\"%s\",\"Style\":\"%s\",\"Command\":\"%s\",\"Color\":{\"R\":%d,\"G\":%d,\"B\":%d}}" ;
String PayloadT;


char clintid[20]; //MQTT Broker Client ID


#define MQTT_RECONNECT_INTERVAL 100                // millisecond
```

```c
#define MQTT_LOOP_INTERVAL        50                    // mil-
lisecond


void mycallback(char* topic, byte* payload, unsigned int length) ;


//產生 MQTT Broker Client ID:依裝置 MAC 產生(傳入之 String mm)
void fillCID(String mm) //產生 MQTT Broker Client ID:依裝置 MAC 產生(傳入之String mm)
{
    // 產生MQTT Broker Client ID:依裝置 MAC 產生
    //compose clientid with "tw"+MAC
  clintid[0]='t' ;   //Client 開頭第一個字
  clintid[1]='w' ;   //Client 開頭第二個字
    mm.toCharArray(&clintid[2],mm.length()+1) ;//將傳入之String mm 拆解成字元陣列
```

clintid[2+mm.length()+1] = '\n' ;   //將字元陣列最後加上\n作為結尾

    Serial.print("Client ID:(") ;   // 串列埠印出 Client ID:(

    Serial.print(clintid) ;   // 串列埠印出 clintid 變數內容

    Serial.print(") \n") ;   // 串列埠印出) \n

}

//依傳入之 String mm 產生 MQTT Broker Publish TOPIC 與 Subscribe TOPIC

void fillTopic(String mm) //依傳入之 String mm 產生 MQTT Broker Publish TOPIC 與 Subscribe TOPIC

{

  sprintf(PubTopicbuffer, PubTop, mm.c_str()) ;//根據 PubTopicbuffer 格式化字串，將 mm.c_str()內容填入

    Serial.print("Publish Topic Name:(") ;   // 串列埠印出 Publish Topic Name:(

    Serial.print(PubTopicbuffer) ;   // 串列埠印出 PubTopicbuffer 變數內容

```
    Serial.print(") \n") ;    // 串列埠印出) \n

   sprintf(SubTopicbuffer, SubTop, mm.c_str()) ; //SubTopicbuffer，
將 mm.c_str()內容填入

      Serial.print("Subscribe Topic Name:(") ;    // 串列埠印出
Subscribe Topic Name:(

     Serial.print(SubTopicbuffer) ;    // 串列埠印出 SubTopicbuffer
變數內容

     Serial.print(") \n")   ;    // 串列埠印出) \n

}



// 傳入下列 json 需要變數，產生下列 json 內容

void fillPayload(String mm, String ss, String cc, int rr, int gg, int
bb)

{

   //傳入下列 json 需要變數，產生下列 json 內容

   //mm  ==>裝置之網路 MAC Address==>Device

   //ss  ==>命令型態    ==>"MONO"->白色燈泡，只有開啟與關閉，
"COLOR"->可以控制彩色

    //cc  ==>控制命令    ==>在"MONO"->白色燈泡狀態下，"ON"->開啟燈
```

泡，"OFF"->關閉燈泡

　　//rr ==>燈泡紅色原色資料==>在"COLOR"下，"R":表燈泡紅色原色之階層值:0~255

　　//gg ==>燈泡綠色原色資料==>在"COLOR"下，"G":表燈泡綠色原色之階層值:0~255

　　//bb ==>燈泡藍色原色資料==>在"COLOR"下，"B":表燈泡藍色原色之階層值:0~255

/*

　　傳入下列 json 需要變數，產生下列 json 內容

　　{

　　　　"Device":"AABBCCDDEEGG",

　　　　"Style":"MONO"/"COLOR",

　　　　"Command":"ON"/"OFF",

　　　　"Color":

　　　　{

　　　　　　"R":255,

　　　　　　"G":255,

　　　　　　"B":255

```
        }

    }


    {

        "Device":"AABBCCDDEEGG",

        "Style":"MONO",

        "Command":"ON",

        "Color":

          {

            "R":255,

            "G":255,

            "B":255

          }

    }
    */

    //PrePayload =
"{\"Device\":\"%s\",\"Style\":\"%s\",\"Command\":\"%s\",\"Color\":{\"R\":%d,\"G\":%d,\"B\":%d}}" ;
```

```
sprintf(Payloadbuffer,PrePayload,mm.c_str(),ss.c_str(),cc.c_str
(),rr,gg,bb);
    //將上面傳入之參數,透過PrePayload:json格式化字串,將資料填入
後轉到Payloadbuffer變數

     Serial.print("Payload Content:(");    //印出 Payload Content:(

     Serial.print(Payloadbuffer);  //印出 Payloadbuffer 變數

     Serial.print(")\n");   //印出)\n
}


void initMQTT() //起始 MQTT Broker 連線

{

     fillCID(MacData);    //產生 MQTT Broker Client ID

     fillTopic(MacData);     //依傳入之 String mm 產生 MQTT Broker
Publish TOPIC 與 Subscribe TOPIC



     mqttclient.setServer(MQTTServer, MQTTPort);//設定連線 MQTT
```

Broker 伺服器之資料

  Serial.println("Now Set MQTT Server") ; // 串列埠印出 Now Set MQTT Server 內容

 //連接 MQTT Server ，Servar name :MQTTServer，Server Port :MQTTPort

 //broker.emqx.io:18832

 mqttclient.setCallback(mycallback);

 //設定 MQTT Broker 訂閱主題有收到資料，回傳訂閱資料之處理程序

 // 設定 MQTT Server ，有 subscribed 的 topic 有訊息時，通知的函數

//------------------------

}

 // 連線至 MQTT Broker

void connectMQTT()

{

 Serial.print("MQTT ClientID is :("); //印出 MQTT ClientID is :(

 Serial.print(clintid); //印出)clintid 變數:MQTT Broker 用戶端

ID

```
    Serial.print(")\n");    //印出) \n

    while (!mqttclient.connect(clintid, MQTTUser, MQTTPassword)) // 嘗試連線
    {
        Serial.print("-");    //印出"-"
        delay(1000);  // 每秒重試一次
    }
    Serial.print("\n"); //印出換行鍵

    Serial.print("String Topic:[");  //印出String Topic:[
    Serial.print(PubTopicbuffer);    //印出 TOPIC 內容
    Serial.print("]\n");    //印出換行鍵

    Serial.print("char Topic:[");//印出char Topic:[
    Serial.print(SubTopicbuffer);//印出 TOPIC 內容
    Serial.print("]\n");      //印出換行鍵
```

```
    mqttclient.subscribe(SubTopicbuffer);   // 訂閱指定的主題:SubTopicbuffer
    Serial.println("\n MQTT connected!");   //印出 MQTT connected!
}


void mycallback(char* topic, byte* payload, unsigned int length)
{
    Serial.print("Message TOPIC [");   //印出 Message TOPIC [
    Serial.print(topic);     //印出 topic 變數內容，訂閱主題內容
    Serial.print("] \n");   //印出 ] \n

    //deserializeJson(doc, payload, length);
    Serial.print("Message Payload [");   //印出 Message Payload [
    for (int i = 0; i < length; i++)   //迴圈取得 payload byte stream 資料
    {
        Serial.print((char)payload[i]);   //印出每一個迴圈取得 payload byte 資料(轉成字元)
    }
```

```
  Serial.print("] \n"); //印出] \n

}

//------------

void PublishData(String mm, String ss, String cc, int rr, int gg, int bb)      //Publish System

{

    //主要將參數內容,轉成 json 資料,傳送到發布主題。

    //mm ==>裝置之網路 MAC Address==>Device

    //ss ==>命令型態    ==>"MONO"->白色燈泡,只有開啟與關閉,"COLOR"->可以控制彩色

    //cc ==>控制命令    ==>在"MONO"->白色燈泡狀態下,"ON"->開啟燈泡,"OFF"->關閉燈泡

    //rr ==>燈泡紅色原色資料==>在"COLOR"下,"R":表燈泡紅色原色之階層值:0~255

    //gg ==>燈泡綠色原色資料==>在"COLOR"下,"G":表燈泡綠色原色之階層值:0~255

    //bb ==>燈泡藍色原色資料==>在"COLOR"下,"B":表燈泡藍色原色之階層值:0~255
```

```
    if(!mqttclient.connected())    //如果 MQTT Broker 伺服器未連線
{
    connectMQTT(); //重新連線 MQTT Broker 伺服器
}
    fillPayload(mm,ss,cc,rr,gg,bb);    //傳入下列 json 需要變
數,產生下列 json 內容

    mqttclient.publish(PubTopicbuffer,Payloadbuffer);

    //發布 Payloadbuffer 變數之 payload, 發送到 PubTopicbuffer
變數之主題


    mqttclient.loop();    //處理 MQTT Broker 伺服器傳輸程序


}
```

程式下載網址:

https://github.com/brucetsao/ESP_LedTube/tree/main/Codes

MQTTLib 解釋

包含與定義函式庫:

```
#include <ArduinoJson.h> // Include ArduinoJson.h，用於處理
JSON 資料。
#include <PubSubClient.h> // Include PubSubClient.h，用於 MQTT
功能。


#define MQTTServer "broker.emqx.io" // 定義 MQTT 伺服器地址。
#define MQTTPort 1883 // 定義 MQTT 伺服器端口。
char* MQTTUser = ""; // 不需要用戶名。
char* MQTTPassword = ""; // 不需要密碼。
```

程式碼首先包含 ArduinoJson.h 和 PubSubClient.h，分別用於 JSON 處理和 MQTT 連線。

定義了 MQTT 伺服器地址（broker.emqx.io）和端口（1883），無需用戶名和密碼。

變數與緩衝區：

```
WiFiClient mqclient ; // 創建 WiFi 客戶端物件。
PubSubClient mqttclient(mqclient) ; // 使用 WiFi 客戶端創建 MQTT 客戶端。
```

```cpp
StaticJsonDocument<512> doc; // 創建大小為 512 字節的 JSON 文件。
char JSONmessageBuffer[300]; // JSON 資訊緩衝區。
String payloadStr ; // 用於存儲 payload 的字串。
// MQTT 伺服器使用
const char* PubTop = "/arduinoorg/Led/%s/" ; // 發布主題格式。
const char* SubTop = "/arduinoorg/Led/%s/#" ; // 訂閱主題格式,包含通配符 #。
String TopicT; // 未使用的主題字串。
char SubTopicbuffer[200]; // 訂閱主題緩衝區。
char PubTopicbuffer[200]; // 發布主題緩衝區。
char Payloadbuffer[500]; // payload 緩衝區。
```

創建 WiFi 客戶端和 MQTT 客戶端,初始化 JSON 文件和多個緩衝區(如主題和 payload 緩衝區)。

注意到 TopicT 和 PayloadT 變數未在程式碼中使用,可能為未來功能預留。

主題與 payload 格式:

```
// Payload 格式
const char* PrePayload = "{\"Device\": \"%s\", \"Style\": \"%s\", \"Command\": \"%s\", \"Color\": {\"R\":%d, \"G\":%d, \"B\":%d}}" ; // JSON payload 格式字串。
String PayloadT; // 未使用的 payload 字串。
```

發布主題格式為 /arduinoorg/Led/%s/，訂閱主題格式為 /arduinoorg/Led/%s/#，其中 %s 通常由設備 MAC 地址填充。

JSON payload 格式包括設備、風格（MONO 或 COLOR）、命令（ON/OFF）和顏色值（R、G、B）。

MQTTLib 中函數介紹：

fillCID：根據 MAC 地址生成客戶端 ID，格式為 "tw" 加上 MAC 地址。

```
// 根據設備 MAC 地址生成客戶端 ID
void fillCID(String mm)
{
    clintid[0]='t' ; // 客戶端 ID 以 't' 開始。
    clintid[1]='w' ; // 客戶端 ID 以 'tw' 開始。
```

```
    mm.toCharArray(&clintid[2],mm.length()+1) ; // 將 mm 轉換
為字元陣列,存入 clintid[2] 開始。
    clintid[2+mm.length()+1] = '\n' ; // 在字元陣列末尾添加換
行符。
    Serial.print("Client ID:(") ; // 串列埠輸出 "Client ID:("。
    Serial.print(clintid) ; // 輸出客戶端 ID。
    Serial.print(") \n") ; // 輸出 ") \n"。
}
```

fillTopic：生成發布和訂閱主題,通過串列埠輸出確認。

```
// 根據設備 MAC 地址生成發布和訂閱主題
void fillTopic(String mm)
{
    sprintf(PubTopicbuffer, PubTop, mm.c_str()) ; // 根據格式
填充發布主題緩衝區。
    Serial.print("Publish Topic Name:(") ; // 輸出 "Publish
Topic Name:("。
    Serial.print(PubTopicbuffer) ; // 輸出發布主題。
    Serial.print(") \n") ; // 輸出 ") \n"。
```

```
    sprintf(SubTopicbuffer, SubTop, mm.c_str()) ; // 根據格式
填充訂閱主題緩衝區。
    Serial.print("Subscribe Topic Name:(") ; // 輸出 "Subscribe
Topic Name:("。
    Serial.print(SubTopicbuffer) ; // 輸出訂閱主題。
    Serial.print(") \n") ; // 輸出 ") \n"。
}
```

fillPayload：根據參數創建 JSON payload，包含設備資訊和控制命令。

```
// 創建 JSON payload，包含設備資訊、風格、命令和顏色值
void fillPayload(String mm, String ss, String cc, int rr, int gg,
int bb)
{
    sprintf(Payloadbuffer, PrePayload, mm.c_str(), ss.c_str(),
cc.c_str(), rr, gg, bb) ; // 根據格式填充 payload 緩衝區。
    Serial.print("Payload Content:(") ; // 輸出 "Payload Content:("。
    Serial.print(Payloadbuffer) ; // 輸出 payload 內容。
    Serial.print(") \n") ; // 輸出 ") \n"。
```

}

initMQTT：初始化 MQ TT 連線，設定伺服器和回調函數。

```
void initMQTT() // 初始化 MQ TT 連線。
{
    fillCID(MacData) ; // 生成客戶端 ID。
    fillTopic(MacData) ; // 生成主題。
    mqttclient.setServer(MQTTServer, MQTTPort); // 設定 MQ TT 伺服器地址和端口。
    Serial.println("Now Set MQ TT Server") ; // 輸出 "Now Set MQ TT Server"。
    mqttclient.setCallback(mycallback); // 設定接收資訊的回調函數。
}
```

connectMQTT：連線到 MQ TT 伺服器，訂閱指定主題。

```
// 連線到 MQ TT 伺服器
void connectMQTT()
{
```

```
    Serial.print("MQTT ClientID is :("); // 輸出 "MQTT ClientID
is :("。
    Serial.print(clintid); // 輸出客戶端 ID。
    Serial.print(")\n"); // 輸出 ") \n"。
    while (!mqttclient.connect(clintid, MQTTUser, MQTTPass-
word)) // 嘗試連線。
    {
        Serial.print("-"); // 輸出 "-"，表示重試。
        delay(1000); // 等待 1 秒後重試。
    }
    Serial.print("\n"); // 輸出換行。
    Serial.print("String Topic:["); // 輸出 "String Topic:["。
    Serial.print(PubTopicbuffer); // 輸出發布主題。
    Serial.print("]\n"); // 輸出 "] \n"。
    Serial.print("char Topic:["); // 輸出 "char Topic:["。
    Serial.print(SubTopicbuffer); // 輸出訂閱主題。
    Serial.print("]\n"); // 輸出 "] \n"。
    mqttclient.subscribe(SubTopicbuffer); // 訂閱指定主題。
    Serial.println("\n MQTT connected!"); // 輸出 "MQTT
```

```
connected!"。
}
```

mycallback：處理接收到的資訊，輸出主題和 *payload* 內容。

```
void mycallback(char* topic, byte* payload, unsigned int length)
{
    Serial.print("Message TOPIC ["); // 輸出 "Message TOPIC ["。
    Serial.print(topic); // 輸出主題。
    Serial.print("] \n"); // 輸出 "] \n"。
    Serial.print("Message Payload ["); // 輸出 "Message Payload ["。
    for (int i = 0; i < length; i++) // 循環遍歷 payload 數據。
    {
        Serial.print((char)payload[i]); // 輸出每個字元。
    }
    Serial.print("] \n"); // 輸出 "] \n"。
}
```

PublishData：發布數據，若未連線則先重新連線，然後填充並發布

payload。

```
// 發布數據函數
void PublishData(String mm, String ss, String cc, int rr, int gg, int bb)
{
    if (!mqttclient.connected()) // 如果未連線。
    {
        connectMQTT(); // 重新連線。
    }
    fillPayload(mm, ss, cc, rr, gg, bb) ; // 填充 payload。
    mqttclient.publish(PubTopicbuffer, Payloadbuffer); // 發布數據到指定主題。
    mqttclient.loop(); // 處理 MQTT 傳輸。
}
```

　　筆者整理了 MQTTLib.h 檔函式庫一覽表於下表所示中，讓讀者可以更簡單明瞭整個程式的運作與原理。

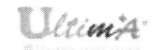

表 32 MQTT_Publish_ESP32_C3 之 MQTTLib.h 檔函式庫一覽表

組件	功能描述
ArduinoJson.h	處理 JSON 資料，解析和創建 JSON 格式內容。
PubSubClient.h	實現 MQTT 連線，發布和訂閱資訊。
MQTTServer, MQTTPort	設定 MQTT 伺服器地址和端口，無需認證。
WiFiClient, mqttclient	創建 WiFi 和 MQTT 客戶端，進行網路通信。
fillCID, fillTopic	根據 MAC 地址生成客戶端 ID 和主題。
fillPayload	創建 JSON payload，包含設備狀態和控制命令。
initMQTT, connectMQTT	初始化和連線 MQTT 伺服器，訂閱主題。
mycallback	處理接收到的資訊，輸出主題和 payload。
PublishData	發布數據，若斷線則重新連線。

接下來下表之透過簡易命令轉換控制命令傳送到 MQTT Broker 程式 (commlib.h 檔)可以參考表 25 MQTT Broker 伺服器讀取控制命令程式 (commlib.h 檔)內容與其下之程式解釋。

對於下下表之透過簡易命令轉換控制命令傳送到 MQTT Broker 程式 (initPins.h 檔)亦可以參考表 23 MQTT Broker 伺服器讀取控制命令程

式(MQTTLib.h 檔) 內容與其下之程式解釋。

下表與下下表內容需要再度瞭解之讀者，可以往前翻閱之，便可以明白與瞭解，本文就不再重複敘述之。

表 33 透過簡易命令轉換控制命令傳送到 MQTT Broker 程式(commlib.h 檔)

透過簡易命令轉換控制命令傳送到 MQTT Broker 程式(commlib.h)

#include <String.h> // 引入處理字串的函數庫
 	
#define IOon HIGH
#define IOoff LOW
 	
//----------Common Lib
void GPIOControl(int GP, int cmd)　//
{
　// GP == GPIO 號碼
　//cmd =高電位或低電位 ，cmd =>1 then 高電位， cmd =>0 then 低電位
　if (cmd==1) //cmd=1 ===>GPIO is IOon

- 398 -

```
    {
        digitalWrite(GP, IOon);
    }
    else if(cmd==0) //cmd=0 ===>GPIO is IOoff
    {
        digitalWrite(GP, IOoff) ;
    }
}


// 計算 num 的 expo 次方
long POW(long num, int expo)
{
    long tmp = 1;   //暫存變數

    if (expo > 0) //次方大於零
    {
        for (int i = 0; i < expo; i++)   //利用迴圈累乘
        {
```

```
        tmp = tmp * num;   // 不斷乘以 num

    }

    return tmp;    //回傳產生變數

}

else

{

    return tmp;    // 若 expo 小於或等於 0,返回 1

}

}


// 生成指定長度的空格字串

String SPACE(int sp)   //sp 為傳入產生空白字串長度

{

    String tmp = "";   //產生空字串

    for (int i = 0; i < sp; i++)   //利用迴圈累加空白字元

    {

        tmp.concat(' ');   // 加入空格

    }

    return tmp;   //回傳產生空白字串
```

}

// 轉換數字為指定長度與進位制的字串,並補零

String strzero(long num, int len, int base)

{

  //num 為傳入的數字

  //len 為傳入的要回傳字串長度之數字

  // base 幾進位

  String retstring = String("");　//產生空白字串

  int ln = 1; //暫存變數

  int i = 0;　//計數器

  char tmp[10]; //暫存回傳內容變數

  long tmpnum = num;　//目前數字

  int tmpchr = 0; //字元計數器

  char hexcode[] =
{'0','1','2','3','4','5','6','7','8','9','A','B','C','D','E','F'};

  //產生字元的對應字串內容陣列

```
    while (ln <= len) //開始取數字
    {
        tmpchr = (int)(tmpnum % base);    //取得第n個字串的數字內容，如1='1'、15='F'
        tmp[ln - 1] = hexcode[tmpchr];    //根據數字換算對應字串
        ln++;
        tmpnum = (long)(tmpnum / base);  // 求剩下數字
    }
    for (i = len - 1; i >= 0; i--)
    {
        retstring.concat(tmp[i]);//連接字串
    }
    return retstring;    //回傳內容
}


// 轉換指定進位制的字串為數值
unsigned long unstrzero(String hexstr, int base)
{
```

```
String chkstring; //暫存字串

int len = hexstr.length();  // 取得長度

unsigned int i = 0;

unsigned int tmp = 0; //取得文字之字串位置變數

unsigned int tmp1 = 0;  //取得文字之對應字串位置變數

unsigned long tmpnum = 0; //目前數字

String hexcode = String("0123456789ABCDEF");   //產生字元的對應字串內容陣列

for (i = 0; i < len; i++)
{
    hexstr.toUpperCase(); //先轉成大寫文字

    tmp = hexstr.charAt(i); //取第 i 個字元

    tmp1 = hexcode.indexOf(tmp);  //根據字元，判斷十進位數字

    tmpnum = tmpnum + tmp1 * POW(base, (len - i - 1));  //計算數字
}

return tmpnum;  //回傳內容
}
```

```
// 轉換數字為 16 進位字串，若小於 16 則補 0
String print2HEX(int number) {
    String ttt;     //暫存字串
    if (number >= 0 && number < 16) //判斷是否在區間
    {
        ttt = String("0") + String(number, HEX);   //產生前補零之字串
    }
    else
    {
        ttt = String(number, HEX);//產生字串
    }
    return ttt; //回傳內容
}


// 將 char 陣列轉為字串
String chrtoString(char *p)
{
    String tmp; //暫存字串
```

```cpp
    char c; //暫存字元

    int count = 0;   //計數器

    while (count < 100) //100 個字元以內

    {

        c = *p; //取得字串之每一個字元內容

        if (c != 0x00)   //是否未結束

        {

            tmp.concat(String(c));   //字元累積到字串

        }

        else

        {

            return tmp; //回傳內容

        }

        count++;   // 計數器加一

        p++;   //往下一個字元

    }
}

// 複製 String 到 char 陣列
```

```
void CopyString2Char(String ss, char *p)
{
    if (ss.length() <= 0) //是否為空字串
    {
        *p = 0x00;  //加上字元陣列結束 0x00
        return; //結束
    }
    ss.toCharArray(p, ss.length() + 1); //利用字串轉字元命令
}


// 比較兩個 char 陣列是否相同
boolean CharCompare(char *p, char *q)
{
    // *p 第一字元陣列的指標:陣列第一字元的字元指標(用
&chararray[0]取得)
    boolean flag = false; //是否結束旗標
    int count = 0;  //計數器
    int nomatch = 0;  //不相同比對計數器
    while (flag < 100)    ////是否結束
```

```cpp
    {
        if (*(p + count) == 0x00 || *(q + count) == 0x00) //是否結束
            break;    //離開
        if (*(p + count) != *(q + count)) //比較不同
        {
            nomatch++;       //不相同比對計數器累加
        }
        count++;     //計數器累加
    }
    return nomatch == 0;   //回傳是否有不同
}


// 將 double 轉為字串,保留指定小數位數
String Double2Str(double dd, int decn)
{
    //double dd==>傳入之浮點數
    //int decn==>傳入之保留指定小數位數
    int a1 = (int)dd; // 先取整數位數字
```

```
    int a3;    //小數點站存變數

    if (decn > 0) //保留指定小數位數大於零

    {

        double a2 = dd - a1;   //取小數位數字

        a3 = (int)(a2 * pow(10, decn));  // 將取得之小數位數字放大 10 的 decn 倍

    }

    if (decn > 0) //保留指定小數位數大於零

    {

        return String(a1) + "." + String(a3);

        //將整數位轉乘之文字+小數點+小數點之擴大長度之數字轉換文字==>產生新字串回傳

    }
    else

    {

        return String(a1);//將整數位轉乘之文字==>產生新字串回傳

    }

}
```

程式下載網址：

https://github.com/brucetsao/ESP_LedTube/tree/main/Codes

接下來上表之透過簡易命令轉換控制命令傳送到 MQTT Broker 程式(commlib.h 檔)可以參考表 25 MQTT Broker 伺服器讀取控制命令程式(commlib.h 檔)內容與其下之程式解釋。

需要再度瞭解之讀者,可以往前翻閱之,便可以明白與瞭解,本文就不再重複敘述之

表 34 透過簡易命令轉換控制命令傳送到 MQTT Broker 程式(initPins.h 檔)

透過簡易命令轉換控制命令傳送到 MQTT Broker 程式(initPins.h)
#include "commlib.h"   // 共用函式模組 #define WiFiPin 3   //控制板上 WIFI 指示燈腳位 #define AccessPin 4 //控制板上連線指示燈腳位 #define Ledon 1   //LED 燈亮燈控制碼 #define Ledoff 0   //LED 燈滅燈控制碼 #define initDelay   6000   //初始化延遲時間

```
#define loopdelay 10000    //loop 延遲時間

#define _Debug 1 // 除錯模式開啟 (1: 開啟, 0: 關閉)

#define TestLed 1 // 測試 LED 功能開啟 (1: 開啟, 0: 關閉)

#include <String.h> // 引入處理字串的函數庫

#include <WiFi.h>    //使用網路函式庫

#include <WiFiClient.h>    //使用網路用戶端函式庫

#include <WiFiMulti.h>    //多熱點網路函式庫

WiFiMulti wifiMulti;    //產生多熱點連線物件


IPAddress ip ;    //網路卡取得 IP 位址之原始型態之儲存變數

String IPData ;    //網路卡取得 IP 位址之儲存變數

String APname ;    //網路熱點之儲存變數

String MacData ;    //網路卡取得網路卡編號之儲存變數

long rssi ;    //網路連線之訊號強度'之儲存變數

int status = WL_IDLE_STATUS;    //取得網路狀態之變數

// 除錯訊息輸出函數（不換行）


String IpAddress2String(const IPAddress& ipAddress) ;

String GetMacAddress() ;// 取得網路卡 MAC 地址
```

```
void ShowMAC() ;// 在串列埠顯示 MAC 地址


void DebugMsg(String msg)//傳入 msg 字串變數以提供顯示訊息
{
    if (_Debug != 0)   //除錯訊息(啟動)
    {
        Serial.print(msg) ; // 顯示訊息:msg 變數內容
    }
}


// 除錯訊息輸出函數（換行）
void DebugMsgln(String msg)//傳入 msg 字串變數以提供顯示訊息
{
    if (_Debug != 0)   //除錯訊息(啟動)
    {
        Serial.println(msg) ; // 顯示訊息:msg 變數內容
    }
}
```

```
void initWiFi()    //網路連線,連上熱點
{
   //MacData = GetMacAddress() ;    //取得網路卡編號
   //加入連線熱點資料
   WiFi.mode(WIFI_STA);   //ESP32 C3 SuperMini 為了連網一定要加
   WiFi.disconnect();   //ESP32 C3 SuperMini 為了連網一定要加
   WiFi.setTxPower(WIFI_POWER_8_5dBm); //ESP32 C3 SuperMini 為了連網一定要加
   wifiMulti.addAP("NUKIOT", "iot12345");   //加入一組熱點
   wifiMulti.addAP("Lab203", "203203203");   //加入一組熱點
   wifiMulti.addAP("lab309", "");   //加入一組熱點
   wifiMulti.addAP("NCNUIOT", "0123456789");   //加入一組熱點
   wifiMulti.addAP("NCNUIOT2", "12345678");   //加入一組熱點
   // We start by connecting to a WiFi network
   Serial.println(); //印出換行
   Serial.println(); //印出換行
   Serial.print("Connecting to "); //印出 Connecting to
   //通訊埠印出 "Connecting to "
```

```
  wifiMulti.run();    //多網路熱點設定連線
 while (WiFi.status() != WL_CONNECTED)      //還沒連線成功
 {
    // wifiMulti.run() 啟動多熱點連線物件，進行已經紀錄的熱點進行連線,
    // 一個一個連線，連到成功為主，或者是全部連不上
    // WL_CONNECTED 連接熱點成功
    Serial.print(".");    //通訊埠印出
    delay(500) ;   //停 500 ms
     wifiMulti.run();     //多網路熱點設定連線
 }
    Serial.println("WiFi connected");    //通訊埠印出 WiFi connected
   MacData = GetMacAddress();   // 取得網路卡的 MAC 地址
    ShowMAC();   // 在串列埠中印出網路卡的 MAC 地址


    Serial.print("AP Name: ");    //通訊埠印出 AP Name:
    APname = WiFi.SSID(); // 取得連線之熱點之 SSID 名稱並存到 APname 變數
```

```
    Serial.println(APname);       //通訊埠印出 WiFi.SSID()==>從
熱點名稱

    Serial.print("IP address: ");    //通訊埠印出 IP address:

    ip = WiFi.localIP();    // 取得連線之網址:IP Address 並存
到 ip 變數

    IPData = IpAddress2String(ip) ; //將 ip 變數轉成文字型態
的網址,並存到 IPData 變數

    Serial.println(IPData);     //通訊埠印出
WiFi.localIP()==>從熱點取得 IP 位址

    //通訊埠印出連接熱點取得的 IP 位址
}
void ShowInternet()     //秀出網路連線資訊
{
    //印出 MAC Address

    Serial.print("MAC:") ;    //印出 MAC:

    Serial.print(MacData) ; //印出 MacData 變數

    Serial.print("\n") ;   //印出\n

    //印出 SSID 名字

    Serial.print("SSID:") ; //印出 SSID:
```

```
    Serial.print(APname) ;    //印出 APname 變數

    Serial.print("\n") ;   //印出 \n

    //印出取得的 IP 名字

    Serial.print("IP:") ;  //印出 IP:

    Serial.print(IPData) ;    //印出 MIPData 變數

    Serial.print("\n") ;      //印出 \n



}

//--------------------

//--------------------



// 取得網路卡 MAC 地址

String GetMacAddress()

{

   String Tmp = "" ;   //暫存字串

   byte mac[6];   //取得網路卡 MAC 地址之暫存字串

   WiFi.macAddress(mac);    // 取得 MAC 地址
```

```cpp
   for (int i = 0; i < 6; i++)     // 迴圈取得網路卡 MAC 地址每一個 BYTE
   {
      Tmp.concat(print2HEX(mac[i]));    // 將每個 MAC 位元組轉為十六進制
   }

   Tmp.toUpperCase();    // 轉換為大寫
   return Tmp;    //回傳內容
}

// 在串列埠顯示 MAC 地址
void ShowMAC()
{
Serial.print("MAC Address:(");    // 印出 MAC Address:(
Serial.print(MacData);    // 印出 MacData 變數：就是 MAC 地址
Serial.print(")\n");    // 換行)\n
}
```

```
// IP 地址轉換函式,將 4 個字節的 IP 轉為字串
String IpAddress2String(const IPAddress& ipAddress) {
   return String(ipAddress[0]) + "." +
          String(ipAddress[1]) + "." +
          String(ipAddress[2]) + "." +
          String(ipAddress[3]);    //回傳內容
}


void WiFion()//控制板上 Wifi 指示燈打開
{
   //透過 GPIOControl 控制函式去設定 GPIO XX 高電位/低電位
   GPIOControl(WiFiPin, Ledon) ;
}


void WiFioff()//控制板上 Wifi 指示燈關閉
{
   //透過 GPIOControl 控制函式去設定 GPIO XX 高電位/低電位
```

```
    GPIOControl(WiFiPin, Ledoff) ;
}

void ACCESSon( )  //控制板上連線指示燈打開
{
    //透過 GPIOControl 控制函式去設定 GPIO XX 高電位/低電位
    GPIOControl(AccessPin, Ledon) ;
}




void ACCESSoff( )//控制板上連線指示燈關閉
{
    //透過 GPIOControl 控制函式去設定 GPIO XX 高電位/低電位
    GPIOControl(AccessPin, Ledoff) ;
    }
```

程式下載網址：

https://github.com/brucetsao/ESP_LedTube/tree/main/Codes

initPins 程式解釋

背景與目標

主程式宣告與共用函式庫之程式碼主要分為以下幾個部分：

函式庫與定義：引入必要的函數庫和定義控制板腳位、延遲時間及模式開關。

全域變數：儲存 WiFi 連線相關資訊，如 IP 位址、熱點名稱和 MAC 位址。

函數宣告：包括初始化 WiFi、顯示網路資訊、取得 MAC 位址以及控制指示燈。

除錯功能函數宣告：透過 DebugMsg 和 DebugMsgln 提供可開關的除錯輸出。

以下是各部分的詳細解釋：

函式庫與定義

```
#include "commlib.h"      // 引入共用函式庫，包含自定義的通用函數

#define WiFiPin 3     // 定義控制板 WiFi 指示燈的 GPIO 腳位為 3

#define AccessPin 4   // 定義控制板連線指示燈的 GPIO 腳位為 4

#define Ledon 1       // 定義 LED 開啟的控制碼為 1（高電位）

#define Ledoff 0      // 定義 LED 關閉的控制碼為 0（低電位）
```

```
#define initDelay    6000      // 定義初始化延遲時間為 6000 毫秒
(6 秒)

#define loopdelay 10000        // 定義主迴圈延遲時間為 10000 毫秒
(10 秒)

#define _Debug 1               // 定義除錯模式開啟，1 表示啟用，0 表示關閉

#define TestLed 1              // 定義測試 LED 功能開啟，1 表示啟用，0 表示關閉

#include <String.h>            // 引入字串處理函數庫，用於字串操作

#include <WiFi.h>              // 引入 WiFi 函數庫，用於 WiFi 連線功能

#include <WiFiClient.h>        // 引入 WiFi 用戶端函數庫，支持 WiFi 客戶端操作

#include <WiFiMulti.h>         // 引入多熱點 WiFi 函數庫，支持連線多個 WiFi 熱點

WiFiMulti wifiMulti;           // 建立 WiFiMulti 物件，用於管理多熱點連線
```

程式碼引入了 commlib.h（自定義函數庫）和標準 Arduino WiFi 相關函數庫（如 <WiFi.h>、<WiFiMulti.h>）。

定義了關鍵常數，如 WiFiPin（腳位 3，用於 WiFi 指示燈）和 AccessPin（腳位 4，用於連線指示燈）。

initDelay 和 loopdelay 分別設定為 6000 毫秒和 10000 毫秒，控制初始化和主迴圈的延遲。

_Debug 和 TestLed 的值為 1，表示除錯模式和測試 LED 功能均啟用。

全域變數與狀態

#include <WiFiMulti.h>	// 引入多熱點 WiFi 函數庫，支援連線多個 WiFi 熱點
WiFiMulti wifiMulti;	// 建立 WiFiMulti 物件，用於管理多熱點連線
IPAddress ip;	// 儲存網路卡取得的 IP 位址，型態為 IPAddress
String IPData;	// 儲存 IP 位址的字串格式，方便顯示
String APname;	// 儲存目前連線的 WiFi 熱點名稱（SSID）

```
String MacData;              // 儲存網路卡的 MAC 位址，字串格式
long rssi;                   // 儲存 WiFi 連線的訊號強度（RSSI）
int status = WL_IDLE_STATUS; // 儲存 WiFi 連線狀態，初始為空閒
狀態
```

WiFiMulti wifiMulti 物件用於管理多熱點連線，允許程式嘗試連線多個 WiFi 熱點，直到成功。

IPAddress ip 和 String IPData 用於儲存和顯示 IP 位址。

String APname 儲存目前連線的熱點名稱，String MacData 儲存 MAC 位址。

long rssi 用於儲存訊號強度，int status 初始為 WL_IDLE_STATUS，表示 WiFi 狀態為空閒。

主要函數列表分析

```
// 宣告函數原型
String IpAddress2String(const IPAddress& ipAddress); // 將
IPAddress 轉換為字串格式的函數
String GetMacAddress();                              // 取得網路
卡 MAC 位址的函數
```

```
void ShowMAC();                              // 在串列埠
```
顯示 MAC 位址的函數

```
void DebugMsg(String msg);                   // 除錯訊息
```
輸出函數（不換行）

```
void DebugMsgln(String msg);                 // 除錯訊息
```
輸出函數（換行）

```
void initWiFi();                             // 初始化
```
WiFi 並連線到熱點的函數

```
void ShowInternet();                         // 顯示網路
```
連線資訊的函數

```
void WiFion();                               // 開啟
```
WiFi 指示燈的函數

```
void WiFioff();                              // 關閉
```
WiFi 指示燈的函數

```
void ACCESSon();                             // 開啟連線
```
指示燈的函數

```
void ACCESSoff();                            // 關閉連線
```
指示燈的函數

接下來就是主要程式部分。

除錯功能

```
#define _Debug 1  // 定義除錯模式開關，1 表示開啟除錯功能，0 表示關閉除錯功能
// 定義除錯訊息輸出函數（不換行），用於在除錯模式下顯示訊息
void DebugMsg(String msg)  // 函數接收一個字串參數 msg，用來指定要顯示的訊息內容
{
    if (_Debug != 0)  // 檢查除錯模式是否開啟，若 _Debug 不為 0（即啟動除錯）
    {
        Serial.print(msg);  // 通過串口輸出訊息內容（不換行），顯示 msg 變數中的文字
    }
}


// 定義除錯訊息輸出函數（換行），用於在除錯模式下顯示訊息並自動換行
void DebugMsgln(String msg)  // 函數接收一個字串參數 msg，用來指定要顯示的訊息內容
```

```
    {
        if (_Debug != 0)   // 檢查除錯模式是否開啟，若 _Debug 不為 0（即啟動除錯）
        {
            Serial.println(msg); // 通過串口輸出訊息內容（自動換行），顯示 msg 變數中的文字
        }
    }
```

DebugMsg 和 DebugMsgln 函數根據 _Debug 的值（1 表示啟用）決定是否輸出訊息到串列埠。

除錯訊息輸出函數（不換行）(DebugMsg(字串文字))

```
// 除錯訊息輸出函數（不換行）
void DebugMsg(String msg)  // 接收訊息字串 msg，進行除錯輸出
{
    if (_Debug != 0)   // 若除錯模式啟用（_Debug 為 1）
    {
        Serial.print(msg); // 在串列埠輸出 msg 內容，不換行
    }
```

```
}
```

　　DebugMsg 不換行，適合連續輸出；DebugMsgln 會自動換行，適合單獨訊息。

除錯訊息輸出函數（換行）(DebugMsgln(字串文字))

```
// 除錯訊息輸出函數（換行）
void DebugMsgln(String msg) // 接收訊息字串 msg，進行除錯輸出並換行
{
    if (_Debug != 0)  // 若除錯模式啟用（_Debug 為 1）
    {
        Serial.println(msg); // 在串列埠輸出 msg 內容，並換行
    }
}
```

初始化 WiFi (initWiFi)

```
// 初始化 WiFi 連線，連上熱點
void initWiFi() // 初始化 WiFi 並嘗試連線到已配置的熱點
{
```

```
    // MacData = GetMacAddress();        // 取得 MAC 位址（目前註解掉）

    // 添加多個 WiFi 熱點的連線資料
    WiFi.mode(WIFI_STA);    // 設定 WiFi 模式為站點模式（Station Mode），用於連線到熱點
    WiFi.disconnect();      // 斷開任何先前連線，確保乾淨狀態
    WiFi.setTxPower(WIFI_POWER_8_5dBm); // 設定 WiFi 傳輸功率為 8.5 dBm，提升連線穩定性
    wifiMulti.addAP("NUKIOT", "iot12345");      // 添加熱點：SSID "NUKIOT"，密碼 "iot12345"
    wifiMulti.addAP("Lab203", "203203203");     // 添加熱點：SSID "Lab203"，密碼 "203203203"
    wifiMulti.addAP("lab309", "");              // 添加熱點：SSID "lab309"，無密碼（開放網路）
    wifiMulti.addAP("NCNUIOT", "0123456789");   // 添加熱點：SSID "NCNUIOT"，密碼 "0123456789"
    wifiMulti.addAP("NCNUIOT2", "12345678");    // 添加熱點：SSID "NCNUIOT2"，密碼 "12345678"

    // 開始連線過程
```

```
    Serial.println();  // 串列埠輸出空行，格式化輸出
    Serial.println();  // 串列埠輸出另一空行
    Serial.print("Connecting to ");  // 輸出 "Connecting to "
    wifiMulti.run();  // 啟動多熱點連線，嘗試連線到已添加的熱點
    while (WiFi.status() != WL_CONNECTED)  // 若尚未連線成功，持續嘗試
    {
        Serial.print(".");     // 每嘗試一次，輸出一個點號，表示進度
        delay(500);            // 等待 500 毫秒，避免過於頻繁的嘗試
        wifiMulti.run();       // 繼續嘗試連線
    }
    Serial.println("WiFi connected");  // 連線成功後，輸出 "WiFi connected"
    MacData = GetMacAddress();         // 取得連線後的 MAC 位址
    ShowMAC();                         // 顯示 MAC 位址
    Serial.print("AP Name: ");         // 輸出 "AP Name: "
    APname = WiFi.SSID();              // 取得目前連線的熱點名
```

稱

```
    Serial.println(APname);              // 輸出熱點名稱
    Serial.print("IP address: ");        // 輸出 "IP address: "
    ip = WiFi.localIP();                 // 取得本地 IP 位址
    IPData = IpAddress2String(ip);       // 將 IP 位址轉換為字串
格式
    Serial.println(IPData);              // 輸出 IP 位址
}
```

函數首先設定 WiFi 模式為站點模式（WIFI_STA），斷開先前連線，並設定傳輸功率為 8.5 dBm。

添加多個熱點配置，例如 "NUKIOT"（密碼 "iot12345"）和 "Lab203"（密碼 "203203203"），包括一個開放網路 "lab309"，其下依樣原理。

使用 wifiMulti.run() 開始連線過程，透過迴圈持續嘗試，直到 WiFi.status() == WL_CONNECTED。

```
    while (WiFi.status() != WL_CONNECTED)  // 若尚未連線成功,
持續嘗試
    {
        Serial.print(".");    // 每嘗試一次,輸出一個點號,表示
```

- 429 -

```
進度
        delay(500);              // 等待 500 毫秒，避免過於頻繁的
嘗試
        wifiMulti.run();         // 繼續嘗試連線
    }
```

連線成功後，取得並顯示 MAC 位址、熱點名稱和 IP 位址。

```
    Serial.println("WiFi connected");// 連線成功後，輸出 "WiFi
connected"
    MacData = GetMacAddress();     // 取得連線後的 MAC 位址
    ShowMAC();                     // 顯示 MAC 位址
    Serial.print("AP Name: ");     // 輸出 "AP Name: "
    APname = WiFi.SSID();          // 取得目前連線的熱點名
稱
    Serial.println(APname);        // 輸出熱點名稱
    Serial.print("IP address: ");  // 輸出 "IP address: "
    ip = WiFi.localIP();           // 取得本地 IP 位址
    IPData = IpAddress2String(ip); // 將 IP 位址轉換為字串
格式
```

```
Serial.println(IPData);            // 輸出 IP 位址
```

顯示網路資訊 (ShowInternet)

```
// 顯示網路連線資訊
void ShowInternet() // 顯示目前的網路連線詳細資訊
{
    Serial.print("MAC:"); // 輸出 "MAC:"
    Serial.print(MacData); // 輸出 MAC 位址
    Serial.print("\n");      // 換行
    Serial.print("SSID:"); // 輸出 "SSID:"
    Serial.print(APname);   // 輸出熱點名稱
    Serial.print("\n");      // 換行
    Serial.print("IP:");    // 輸出 "IP:"
    Serial.print(IPData);   // 輸出 IP 位址
    Serial.print("\n");      // 換行
}
```

該函數簡單地輸出目前連線的 MAC 位址、SSID 和 IP 位址,每行以換行符分隔，格式為：

"MAC:" MAC 位址變數。

"SSID:" 熱點名稱變數。

"IP:" IP 位址變數。

取得 MAC 位址處理 (GetMacAddress)

```
// 顯示網路連線資訊
void ShowInternet() // 顯示目前的網路連線詳細資訊
{
    Serial.print("MAC:");      // 輸出 "MAC:"
    Serial.print(MacData);     // 輸出 MAC 位址
    Serial.print("\n");        // 換行
    Serial.print("SSID:");     // 輸出 "SSID:"
    Serial.print(APname);      // 輸出熱點名稱
    Serial.print("\n");        // 換行
    Serial.print("IP:");       // 輸出 "IP:"
    Serial.print(IPData);      // 輸出 IP 位址
    Serial.print("\n");        // 換行
}
```

GetMacAddress 函數從 WiFi 模組取得 MAC 位址(6 個位元組)，使用 print2HEX (數字)將每個位元組轉換為十六進制字串，最後轉為大寫返回。

顯示 MAC 內容 (ShowMAC)

```
// 在串列埠顯示 MAC 位址
void ShowMAC() // 顯示 MAC 位址於串列埠
{
    Serial.print("MAC Address:(");  // 輸出 "MAC Address:("
    Serial.print(MacData);           // 輸出儲存的 MAC 位址
    Serial.print(")\n");             // 輸出 ")" 並換行
}
```

ShowMAC 函數在串列埠顯示 MAC 位址，格式為 "MAC Address:(<MAC>)"。

注意：print2HEX (數字)函數定義在 commlib.h 中，用於位元組轉十六進制。

轉換數字為 16 進位字串(String print2HEX(輸入整數數字))

```
// 轉換數字為 16 進位字串，若小於 16 則補 0
String print2HEX(int number) {
   String ttt;      //暫存字串
   if (number >= 0 && number < 16) //判斷是否在區間
   {
      ttt = String("0") + String(number, HEX);   //產生前補零之字串
   }
   else
   {
      ttt = String(number, HEX);//產生字串
   }
   return ttt; //回傳內容
}
```

IP 位址轉換文字格式（IpAddress2String）

```
// 將 IPAddress 轉換為字串格式
String IpAddress2String(const IPAddress& ipAddress)   // 將 IPAddress 物件轉換為點分十進制字串
```

```
{
    return String(ipAddress[0]) + "." + // 第一個位元組,添加點號
            String(ipAddress[1]) + "." + // 第二個位元組,添加點號
            String(ipAddress[2]) + "." + // 第三個位元組,添加點號
            String(ipAddress[3]);         // 第四個位元組
}
```

該函數將 IPAddress 物件(4 個位元組)轉換為點分十進制字串,例如 "192.168.1.1"。

過程為將每個位元組轉為字串,並以 "." 連接,確保格式正確。

LED 控制函數(開啟與關閉)

```
// 開啟 WiFi 指示燈
void WiFion() // 控制板上 WiFi 指示燈開啟
{
    GPIOControl(WiFiPin, Ledon); // 透過 GPIOControl 函數設定
```

WiFiPin 為高電位（LED 開啟）

}

// 關閉 WiFi 指示燈

void WiFioff() // 控制板上 WiFi 指示燈關閉

{

    GPIOControl(WiFiPin, Ledoff); // 透過 GPIOControl 函數設定 WiFiPin 為低電位（LED 關閉）

}

// 開啟連線指示燈

void ACCESSon() // 控制板上連線指示燈開啟

{

    GPIOControl(AccessPin, Ledon); // 透過 GPIOControl 函數設定 AccessPin 為高電位（LED 開啟）

}

// 關閉連線指示燈

void ACCESSoff() // 控制板上連線指示燈關閉

```
{
    GPIOControl(AccessPin, Ledoff); // 透過 GPIOControl 函數設定 AccessPin 為低電位（LED 關閉）
}
```

WiFion 和 WiFioff 分別用於開啟和關閉 WiFi 指示燈，通過 GPIOControl 設定 WiFiPin 的電位。

ACCESSon 和 ACCESSoff 同樣控制連線指示燈，通過 GPIOControl 設定 AccessPin 的電位。

GPIOControl 函數未在本程式碼中定義，其功能為設定 GPIO 腳位的電位（高/低），其函數本體內容定義在 commlib.h 中。

GPIO 控制函數(高電位 HIGH 與低電位 LOW)

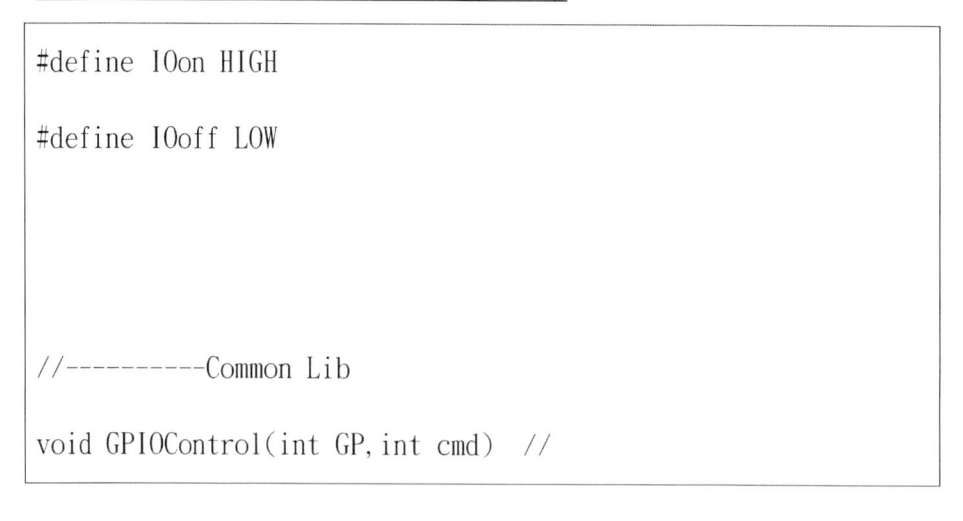

```
#define IOon HIGH
#define IOoff LOW




//----------Common Lib
void GPIOControl(int GP, int cmd)  //
```

```
{
    // GP == GPIO 號碼
    //cmd =高電位或低電位 ,cmd =>1 then 高電位, cmd =>0 then 低電位
    if (cmd==1) //cmd=1 ===>GPIO is IOon
    {
        digitalWrite(GP, IOon);
    }
    else if(cmd==0) //cmd=0 ===>GPIO is IOoff
    {
        digitalWrite(GP, IOoff) ;
    }
}
```

　　筆者整理了 initPins.h 檔函式庫一覽表於下表所示中，讓讀者可以更簡單明瞭整個程式的運作與原理。

表 35 initPins 檔函式庫一覽表

函式庫或程	功能描述	相關變數/函數

式區塊名稱		
WiFi 初始化	設定模式、斷開連線、添加多熱點、嘗試連線	initWiFi, wifiMulti, WiFi
網路資訊顯示	顯示 MAC、SSID、IP 位址	ShowInternet, MacData, APname, IPData
MAC 位址處理	取得並顯示網路卡 MAC 位址	GetMacAddress, ShowMAC
IP 位址處理	將 IPAddress 轉換為字串格式	IpAddress2String
LED 控制	控制 WiFi 和連線指示燈的開關	WiFion, WiFioff, ACCESSon, ACCESSoff
除錯輸出	根據模式開關輸出除錯訊息	DebugMsg, DebugMsgln, _Debug

如下圖所示，我們可以看到發送控制命令到 MQTT Broker 伺服器主流程。

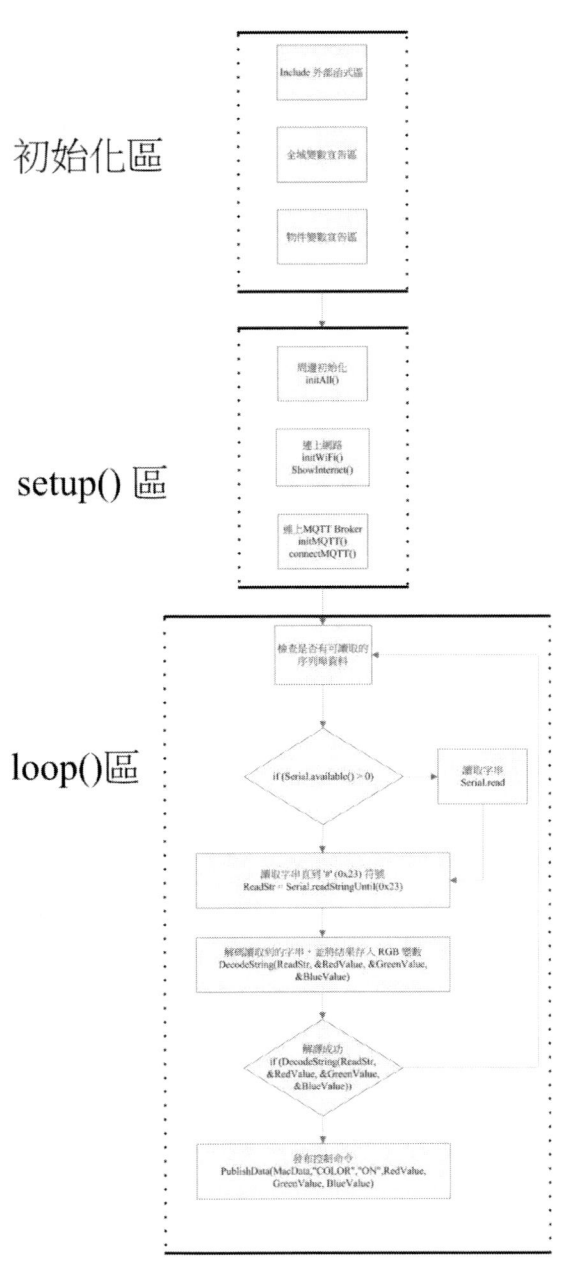

圖 187 發送控制命令到 MQTT Broker 伺服器主流程

進行測試

　　本文會用到 MQTT BOX 來處理，對於 MQTT BOX 的工具安裝與基本使用，讀者可以參考附錄之雲端書庫一圖，可以了解官網與網址，進入網址參考筆者：*MQTT 基本入門*，高雄雲端書庫：https://lib.ebookservice.tw/ks/#book/b0448f03-47e4-4076-ae03-8d73e6dd5384，相關進階書籍請筆者：*使用 ESP32 設計 MQTT 遠端控制之設計*，高雄雲端書庫：https://lib.ebookservice.tw/ks/#book/ba909cee-b11d-427e-a5ff-bb455d13cf30 與筆者：*使用 Python 設計 MQTT 資料代理人之設計*，高雄雲端書庫：https://lib.ebookservice.tw/ks/#book/1a2e9431-9205-44fd-b3cf-5536527aba1e，其他縣市的雲端圖書館，請依上面斜體底線之紅字簡報書籍名稱，自行查詢就可以找到而向縣市立圖書館借閱電子書籍。

　　如下圖所示，首先筆者開啟 MQTT BOX，筆者使用免費的 MQTT Broker 伺服器：*broker.emqx.io*，也使用標準的通訊埠：*1883*，由於 MQTT Broker 伺服器：*broker.emqx.io* 目前提供免費使用，所以其使用者與使用者密碼都不需要設定

- 441 -

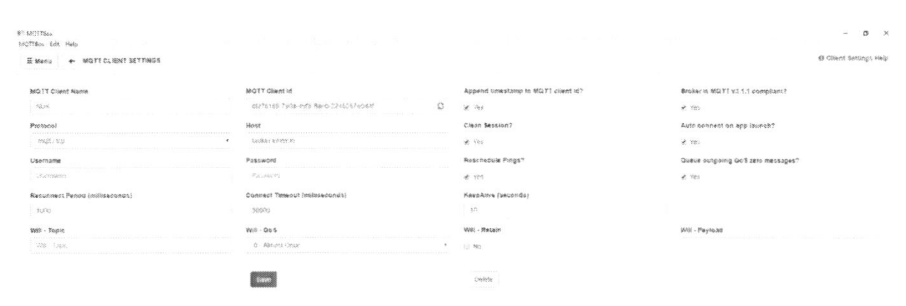

圖 188　建立 MQTT Broker 伺服器連線

如下圖所示，因為筆者用的裝置網卡 MAC Address 為：188B0E1C1838，所以訂閱主題設定為『/arduinoorg/Led/#』。

圖 189　訂閱測試主題內容

如下圖所示，筆者請您回到 Arduino IDE 主畫面，如下圖紅框處所示，

- 442 -

可以看到 ![] 的圖示，用滑鼠點下這個 ![] 圖示，可以開啟 Arduino IDE 監控視窗。

圖 190 Arduino IDE 主畫面

如上述所述操作之後，如下圖所示，可以開啟 Arduino IDE 監控視窗。

圖 191　Arduino IDE 監控視窗

　　如下圖所示，筆者開啟 Arduino IDE 監控視窗後，如下圖紅框處所示，可以輸入任何字串，透過這個下圖紅框處輸入任何文字、字串，就可以將這些文字、字串傳入開發板的串列埠，開發板的程式可以 *Serial.available()* 的函式判斷是否有任何文字、字串傳入後，就可以透過 *Serial.read()* 等相關函式讀取這些傳入的文字、字串。

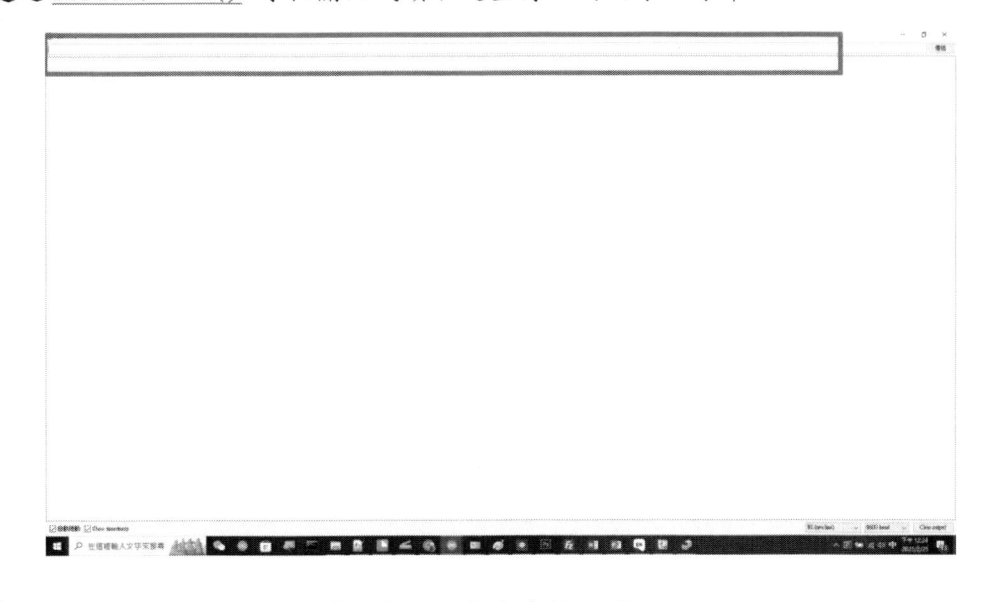

圖 192　監控視窗字串輸入區

　　如上圖紅框處所示，筆者輸入『*@255128000#*』後，按下輸入框右方之 傳送 圖示後，將『*@255128000#*』字串，傳入系統。

- 444 -

圖 193　輸入@255128000#

如下圖所示，筆者開發的系統將輸入的『*@255128000#*』字串，進行解譯之後，轉成下表所示之控制命令之 Json 文件。

```
{
  "Device": "188B0E1DD3F4",
  "Style": "COLOR",
  "Command": "ON",
  "Color": {
    "R": 255,
    "G": 128,
    "B": 0
  }
}
```

}

　　將這個 json 文件，透過筆者開發的系統，傳送到控制命令之 Json『/arduinoorg/Led/188B0E1DD3F4/』的主題 TOPIC 上，透過下圖 MQTT Box 軟體，訂閱『/arduinoorg/Led/#』後，可以看到從『/arduinoorg/Led/188B0E1DD3F4/』傳入『{"Device":"188B0E1DD3F4","Style":"COLOR","Command":"ON","Color":{"R":255,"G":128,"B":0}}』這段文字。。

```
✖ /arduinoorg/Led/#

{"Device":"188B0E1DD3F4","Style":"COLOR","Command":"ON","Color":{"R":2
55,"G":128,"B":0}}

qos : 0, retain : false, cmd : publish, dup : false, topic : /arduinoorg/Led/188B0E1DD3
F4/, messageId : , length : 119, Raw payload : 12334681011181059910134583449565
656664869496868517052344434831161211081013458346779767982344434671111
09109971101003458347978344434671111081111143458123348234585053534434713458495056443466345848125125
```

圖 194　MQTT Box 接收到送出之控制命令之 Json

　　如下圖所示，因為筆者開發的系統，也寫了訂閱自己的資料，可以訂閱自己發出的資料，所以可以看到 Arduino IDE 監控視窗已經收到發布主題的內容。

- 447 -

```
12:43:04.360 -> )
12:43:18.338 -> ReadString is :(@255128000)
12:43:18.338 -> check string:(@255128000)
12:43:18.338 -> 0 :(@)
12:43:18.338 -> find @ at :(0/9/255128000)
12:43:18.338 -> convert into :(255/128/0)
12:43:18.339 -> Send RGB Led Color to MQTT Broker
12:43:18.338 -> MQTT ClientID is :(tw188B0E1DD3F4)
12:43:19.823 ->
12:43:19.823 -> String Topic:[/arduinoorg/Led/188B0E1DD3F4/]
12:43:19.823 -> char Topic:[/arduinoorg/Led/188B0E1DD3F4/#]
12:43:19.823 ->
12:43:19.823 ->  MQTT connected!
12:43:19.823 -> Payload Content:({"Device":"188B0E1DD3F4","Style":"COLOR","Command":"ON","Color
12:43:20.844 -> ReadString is :(
12:43:20.844 -> )
12:43:20.844 -> check string:(
12:43:20.844 -> )
12:43:20.844 -> 0 :(
12:43:20.844 -> )
```

圖 195　Arduino IDE 監控視窗收到發布控制命令

解析控制命令控制 WS2812B 燈泡

如下圖所示，如果筆者將將智慧燈泡或智慧燈管，在其控制燈泡的韌體內，將開發控制 WS2812B 燈泡的控制核心，可以接受 MQTT Broker 伺服器，固定該裝置下，下表所示之控制命令組成的 json document 文件檔，來當為應用控制層傳輸 json document 的控制命令到 MQTT Broker 伺服器。

表 36　控制 RGB LED 發出各種顏色之控制命令之 json 文件表

{

　"Device":"AABBCCDDEEGG",

```
"Style":"MONO"/"COLOR",

"Command":"ON"/"OFF",

"Color":

{

  "R":255,

  "G":255,

  "B":255

}

}
```

如上表所示，Device:網路 MAC Address，代表要控制哪一個受控端燈泡/燈管裝置之網路 MAC Address 編號，共六個 Bytes(位元組)，每一個 Byte(位元組)用十六進位的兩個文字表示(不夠一位數，前補零)，將六個六個 Bytes(位元組)，每一個用兩個文字表示之十六進位的文字表示後，連接成一個 12 字元長度的字串，如下範例：

Device:網路 MAC Address 為 01-23-5F-AA-E4-A3

則用"Device":"　01235FAAE4A3"

來表示路 MAC Address 為 01-23-5F-AA-E4-A3 之燈泡/燈管控制器

如上表所示，如果要控制受控端燈泡/燈管裝置發出白色光或非白色之彩色光，則用 *"Style"* 的參數來表示，其內容為 *"MONO"*，則會繼續讀取下一個參數：*"Command"*，其內容為 *"ON"* 則開啟白色全亮的燈泡，反之：其內容為 *"OFF"* 則關閉燈泡所有亮度與顏色。

如果 *"Style"* 的參數，其內容為 *"COLOR"*，則會繼續讀取下下一個參數：*"Color"*，參數：*"Color"* 為另一個子 json document 文件，其內容格式為：*{"R":紅色原色之亮度階層(0~255),"G":綠色原色之亮度階層(0~255),"B":藍色原色之亮度階層(0~255)}*，如內容為 *{"R":255,"G":255,"B":255}* 則表示白色全亮、如內容為 *{"R":255,"G":0,"B":0}* 則表示紅色全亮、如內容為 *{"R":0,"G":255,"B":0}* 則表示綠色全亮、如內容為 *{"R":0,"G":0,"B":255}* 則表示藍色全亮、如內容為 *{"R":0,"G":0,"B":0}* 則表示閉燈泡所有亮度與顏色，也算是燈泡全滅不亮。

如下圖所示，我們可以看到 NODEMCU-32S LUA WIFI 物聯網開發板所提供的接腳圖，本文是使用 NODEMCU-32S LUA WIFI 物聯網開發板，連接 WS2812B RGB Led 模組，如下表所示，我們將 VCC、GND 接到開發板的電源端，而將 WS2812B RGB Led 模組控制腳位接到 NODEMCU-32S LUA WIFI 物聯網開發板數位腳位八(Digital Pin 8)，就可以完成電路組立。

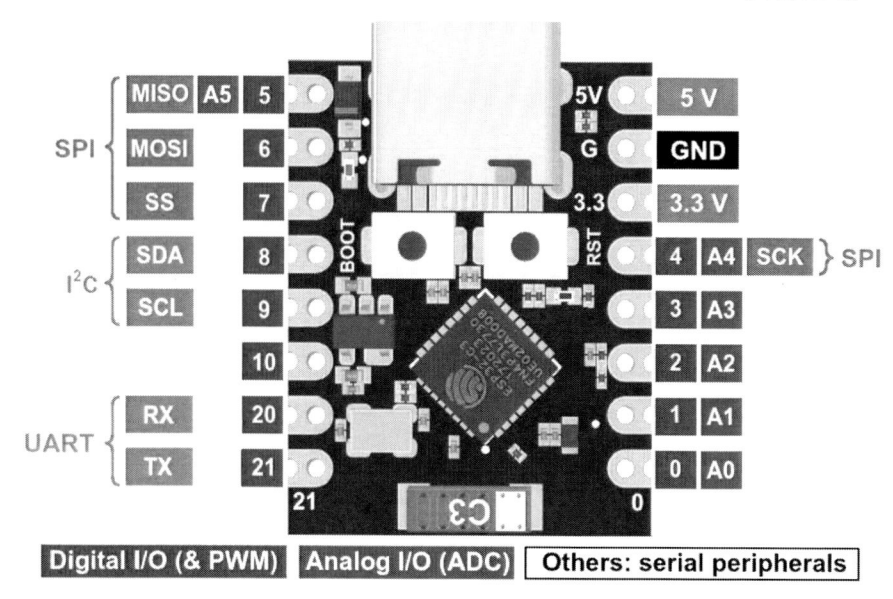

圖 196 ESP32 C3 Super Min 開發板接腳圖

我們可以遵照下表之 WS2812B RGB 全彩燈泡接腳表進行電路組立，完成下圖所示之電路圖。

表 37 WS2812B RGB 全彩燈泡接腳表

WS2812B RGB LED	開發板
VCC	+5V
GND	GND
IN	GPIO 10

- 451 -

- 452 -

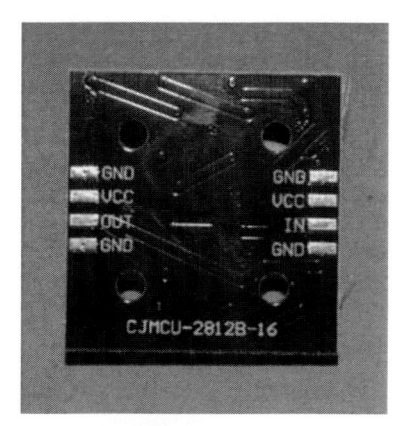

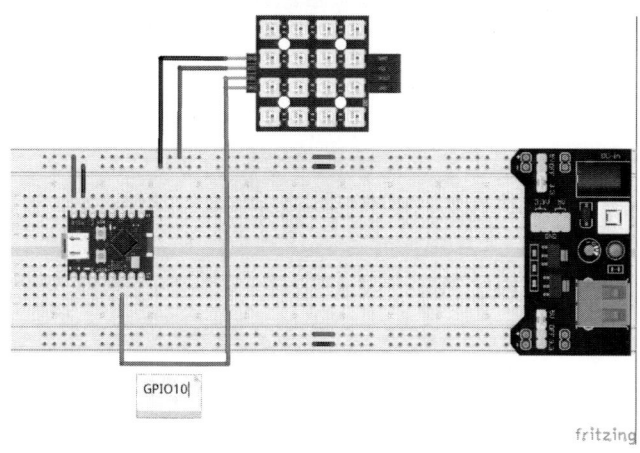

也可以參考下圖所示之電路圖，完成下圖所示之電路圖，實際電路，請參考附錄建國老師開發燈泡PCB板圖、建國老師開發燈泡PCB板圖(二代圖)部分，就可以知道完整的電路圖。

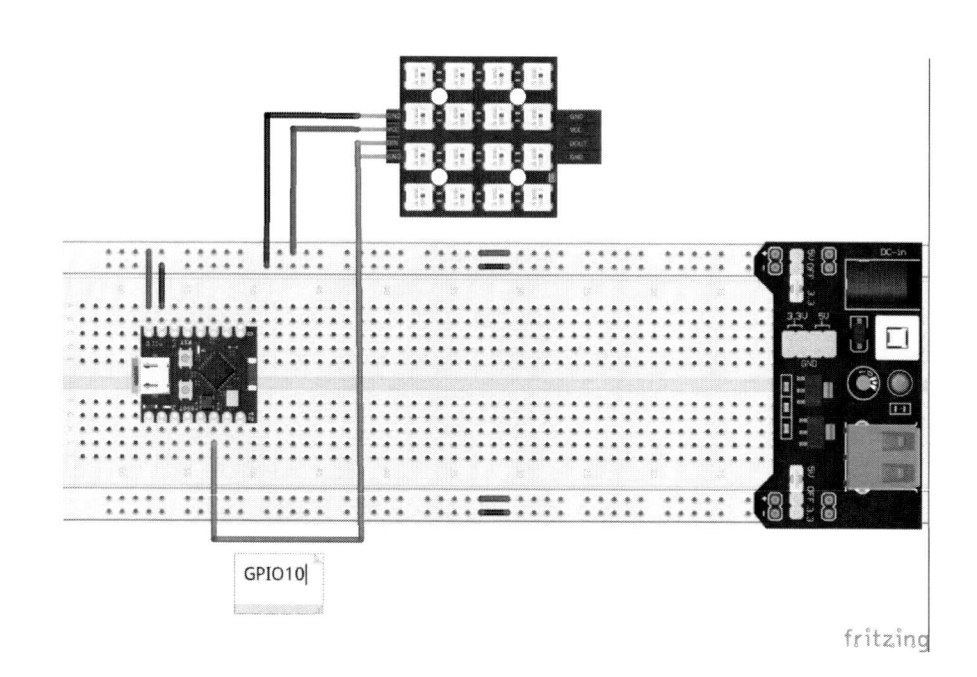

圖 197 WS2812B RGB 全彩燈泡電路圖

透過MQTT Broker 伺服器接受彩色發光命令控制燈泡

如下表所示，我們需要控制燈泡不同顏色發光，接受下表所示之紅色斜體底線之控制命令之 Json 文件，我們只需要考慮文件中『*"Device"*』為正確裝置之網卡 MAC Address、『*"Style"*』為"COLOR"、『*"Color"*』下面『*"R"*』、『*"G"*』、『*"B"*』三個參數內容。

- 453 -

```
{
    "Device":"188B0E1DD3F4",
    "Style":"COLOR",
    "Command":"ON",
    "Color":
      {
       "R":255,
       "G":255,
       "B":255
      }
}
```

開發透過 MQTT Broker 伺服器接受彩色發光命令控制燈泡程式

我們將 ESP32 開發板的驅動程式安裝好之後,我們打開 Arduino 開發板的開發工具:Sketch IDE 整合開發軟體(軟體下載請到:https://www.arduino.cc/en/Main/Software),攥寫一段程式,如下表所示之訂閱 MQTTBroker 伺服器接收訂閱內容顯示程式進行測試。

表 38 訂閱 MQTTBroker 伺服器接收訂閱內容顯示程式

訂閱 MQTTBroker 伺服器接收訂閱內容顯示程式 (MQTT_Subscribe_ESP32_C3)
| ```cpp
#include "initPins.h"      // 腳位與系統模組

#include "WS2812BLib.h"    // MQTT Broker 自訂模組

#include "MQTTLIB.h"       // MQTT Broker 自訂模組


void WiFion() ;//控制板上 Wifi 指示燈打開

void WiFioff();    //控制板上 Wifi 指示燈關閉

void ACCESSon();  //控制板上連線指示燈打開

void ACCESSoff(); //控制板上連線指示燈關閉

void SetPin();   //設定主板 GPIO 狀態


void setup()
{
    initALL() ; //系統硬體/軟體初始化

    delay(2000) ; //延遲 2 秒鐘

    initWiFi() ;   //網路連線,連上熱點

    ShowInternet();   //秀出網路連線資訊
``` |
```

```
    initMQTT() ;      //起始 MQTT Broker 連線


    connectMQTT();     //連到 MQTT Server

    delay(1000) ; //延遲 1 秒鐘
}


void loop()
{
 if (!mqttclient.connected())
   {
     connectMQTT();
    
    }
  

   mqttclient.loop();
     // delay(loopdelay) ;
}


/* Function to print the sending result via Serial */
```

```
void initALL()    //系統硬體/軟體初始化
{
    Serial.begin(9600);
    Serial.println("System Start");
    SetPin(); //設定主板 GPIO 狀態
    if (TestLed ==  1)
    {
        CheckLed() ;  // 執行燈泡顏色檢查
        DebugMsgln("Check LED") ;    //送訊息:Check LED
        ChangeBulbColor(RedValue, GreenValue, BlueValue) ; // 重設顏色
        DebugMsgln("Turn off LED") ;    //送訊息:Turn off LED
    }

}

 // 連線至 MQTT Broker
void connectMQTT()
{
```

```
ACCESSon(); //控制板上連線指示燈打開
Serial.print("MQTT ClientID is :(");
Serial.print(clintid);
Serial.print(")\n");

while (!mqttclient.connect(clintid, MQTTUser, MQTTPassword)) // 嘗試連線
{
    Serial.print("-");   //印出"-"
    delay(1000); // 每秒重試一次
}
Serial.print("\n"); //印出換行鍵
ACCESSoff(); //控制板上連線指示燈關閉
Serial.print("String Topic:["); //印出 String Topic:[
Serial.print(PubTopicbuffer);  //印出 TOPIC 內容
Serial.print("]\n");   //印出換行鍵


Serial.print("char Topic:[");//印出 char Topic:[
Serial.print(SubTopicbuffer);//印出 TOPIC 內容
```

```
    Serial.print("]\n");        //印出換行鍵


    mqttclient.subscribe(SubTopicbuffer); // 訂閱指定的主題
    Serial.println("\n MQTT connected!"); //印出 MQTT connected!
    }
```

程式下載網址：

https://github.com/brucetsao/ESP_LedTube/tree/main/Codes

主程式程式解釋

背景與目標

本主程式主要任務是為提供 ESP32 C3 Super Mini 開發板可以連接上 MQTT Broker 伺服器，可以學習如何接收 MQTT Broker 伺服器訂閱某主題下，在該主題有任何訊息(Payload)傳入時，MQTT Broker 伺服器將透過訂閱該主題名單，對該主題名單下所有用戶，轉發送上述主題傳入的任何訊息(Payload)，轉發給所有訂閱該主題的用戶

程式碼分析與解譯

首先，分析程式碼結構，包括包含函式庫、設定函數（setup）、主循環函數（loop）以及兩個具體函數 initALL() 和 connectMQTT()。

- 459 -

以下是每個部分的詳細處理：

包含函式庫與初始註解

```
#include "initPins.h" // pin 初始化標頭檔案，用於設定 Arduino 的 pin 配置
#include "MQTTLIB.h" // 自訂的 MQTT 伺服器函式庫檔案，用於 MQTT 通信
```

#include "initPins.h"：這是 pin 初始化的函式庫，用於設定 Arduino 的 pin。

#include "MQTTLIB.h"：自訂的 MQTT Broker 伺服器函式庫檔案，用於 MQTT Broker 伺服器通信

setup 函數

```
void setup()
{
    initALL(); // 初始化系統硬體和軟體，包括序列埠通信
    delay(2000); // 延遲 2 秒，給系統運行時間或讓用戶看到初始狀態
```

```
    initWiFi(); // 初始化並連線到 WiFi，連接到熱點
    ShowInternet(); // 顯示網路連線資訊，如 IP 地址
    initMQTT(); // 初始化 MQTT 客戶端對象
    connectMQTT(); // 連線到 MQTT 伺服器
    delay(1000); // 延遲 1 秒，給連線時間
}
```

initALL() ; : 初始化系統的硬體和軟體，包括序列埠通信等。註解為「初始化系統的硬體和軟體，包括序列埠通信等」。

delay(2000) ; : 延遲 2 秒，給系統運行時間或讓用戶看到初始狀態。註解為「延遲 2 秒，給系統運行時間或讓用戶看到初始狀態」。

initWiFi() ; : 初始化並連線到 WiFi，連接到熱點。註解為「初始化並連線到 WiFi，連接到熱點」。

ShowInternet();：顯示網路連線資訊，如 IP 地址等。註解為「顯示網路連線資訊，如 IP 地址等」。

initMQTT();：初始化 MQTT 客戶端對象。註解為「初始化 MQTT 客戶端對象」。

connectMQTT();：連線到 MQTT 伺服器。註解為「連線到 MQTT 伺服器」。

delay(1000);：延遲 1 秒，給連線時間。註解為「延遲 1 秒，給連線時間」。

loop 函數

```
void loop()
{
    if (!mqttclient.connected())
    {
        connectMQTT(); // 如果 MQTT 客戶端未連線，則重新連線到 MQTT 伺服器
    }
    mqttclient.loop(); // 保持 MQTT 客戶端的持續運行，處理入站訊息等
    // delay(loopdelay); // 原有的延遲，現在被註解掉
}
```

if (!mqttclient.connected()) 區塊：如果 MQTT 客戶端未連線，則重新連線到 MQTT 伺服器。註解為「如果 MQTT 客戶端未連線，則重新連線到 MQTT 伺服器」。

mqttclient.loop();：保持 MQTT 客戶端的持續運行，處理入站訊息等。註解為「保持 MQTT 客戶端的持續運行，處理入站訊息等」。

// delay(loopdelay) ;：原有的延遲，現在被註解掉。註解為「原有的延遲，現在被註解掉」。

initALL 函數

```
void initALL() // 初始化系統硬體和軟體
{
    // 開始序列埠通信，波特率為 9600
    Serial.begin(9600);
    // 傳送 "系統啟動" 到序列埠
    Serial.println("System Start");
}
```

本函數主要工作是「初始化系統的硬體和軟體」。

Serial.begin(9600);：開始序列埠通信，波特率為 9600。註解為「開始序列埠通信，波特率為 9600」。

Serial.println("System Start");：傳送 "系統啟動" 到序列埠。註解為「傳送 "系統啟動" 到序列埠」。

connectMQTT 函數

```
// 連線到 MQTT 伺服器
void connectMQTT()
{
    // 打印 MQTT 客戶端 ID 的開頭訊息
    Serial.print("MQTT ClientID is :(");
    // 打印客戶端 ID (注意:變數名稱可能拼寫錯誤,應為 'clientid')
    Serial.print(clintid);
    // 打印結束括號和換行
    Serial.print(")\n");


    // 嘗試使用客戶端 ID、用戶名和密碼連線到 MQTT 伺服器
    while (!mqttclient.connect(clintid, MQTTUser, MQTTPassword))
    {
        // 每次連線失敗時,打印 "-" 表示
        Serial.print("-");
        // 每秒重試一次
```

```
        delay(1000);
    }


    // 打印換行
    Serial.print("\n");
    // 打印發佈主題的開頭
    Serial.print("String Topic:[ ");
    // 打印發佈主題的內容
    Serial.print(PubTopicbuffer);
    // 打印結束括號和換行
    Serial.print(" ]\n");
    // 打印訂閱主題的開頭
    Serial.print("char Topic:[ ");
    // 打印訂閱主題的內容
    Serial.print(SubTopicbuffer);
    // 打印結束括號和換行
    Serial.print(" ]\n");
    // 訂閱指定的主題（注意：'subscrib' 可能拼寫錯誤，應為 'subscribe'）
```

```
    mqttclient.subscribe(SubTopicbuffer);


    // 打印連線成功的訊息

    Serial.println("\n MQtt connected!");

}
```

本函數主要工作是「連線到 MQTT 伺服器」。

Serial.print("MQTT ClientID is :(")；等：顯示客戶端 ID，注意 clintid 可能為拼寫錯誤，應為 clientid。註解為「顯示客戶端 ID，注意：原始程式碼中 clintid 可能為拼寫錯誤，應為 clientid」。

while (!mqttclient.connect(clintid, MQttUser, MQTTPassword)) 區塊：嘗試連線到 MQTT 伺服器，使用 clintid、MQttUser、MQTTPassword，每次失敗顯示 "-"，每秒重試。註解為「嘗試連線到 MQTT 伺服器，使用 clintid、MQttUser、MQTTPassword，每次失敗顯示 "-"，每秒重試」。

```
// 打印換行

    Serial.print("\n");

    // 打印發佈主題的開頭

    Serial.print("String Topic:[ ");
```

```
    // 打印發佈主題的內容
    Serial.print(PubTopicbuffer);
    // 打印結束括號和換行
    Serial.print(" ]\n");
    // 打印訂閱主題的開頭
    Serial.print("char Topic:[ ");
    // 打印訂閱主題的內容
    Serial.print(SubTopicbuffer);
    // 打印結束括號和換行
    Serial.print(" ]\n");
    // 訂閱指定的主題（注意：'subscrib' 可能拼寫錯誤，應為
'subscribe'）
```

　　顯示主題資訊：包括發佈主題和訂閱主題，詳細註解為「顯示發佈主題的內容」和「顯示訂閱主題的內容」。

　　mqttclient.subscrib(SubTopicbuffer);：訂閱指定的主題，注意 subscrib 可能為拼寫錯誤，應為 subscribe。註解為「訂閱指定的主題，注意：subscrib 可能為拼寫錯誤，應為 subscribe」。

　　最後顯示連線成功訊息：「顯示 "MQtt 已連線！"」。

下表所示為 MQTT_Subscribe_ESP32_C3 主程式之關鍵函數與功能整理出來的表格，有助於讀者了解。

表 39 MQTT_Subscribe_ESP32_C3 主程式之關鍵函數與功能對照表

函數名稱	主要功能	繁體中文註解示例
initALL	初始化硬體和軟體，包括序列埠通信	初始化系統的硬體和軟體，包括序列埠通信等
connectMQTT	連線到 MQTT 伺服器並訂閱主題	連線到 MQTT 伺服器，顯示客戶端 ID 和主題資訊
mqttclient.loop	保持 MQTT 客戶端運行，處理入站訊息	保持 MQTT 客戶端的持續運行，處理入站訊息等

表 40 訂閱 MQTTBroker 伺服器接收訂閱內容顯示程式(MQTTLib.h 檔)

訂閱 MQTTBroker 伺服器接收訂閱內容顯示程式(MQTTLib.h)
#include <ArduinoJson.h>　// 將解釋 json 函式加入使用元件　　#include <PubSubClient.h> //將 MQTT Broker 函式加入　　　　　　　　#define MQTTServer "broker.emqx.io"　　//網路常用之 MQTT Broker 網址

```
#define MQTTPort 1883 //網路常用之 MQTT Broker 之通訊埠
char* MQTTUser = "";    // 不須帳密
char* MQTTPassword = "";    // 不須帳密


WiFiClient mqclient ;   // w e b   s o c k e t  元件
PubSubClient mqttclient(mqclient) ;   // MQTT Broker 元件，用 PubSubClient 類別產生一個 MQTT 物件
StaticJsonDocument<512> doc;
char JSONmessageBuffer[300];
String payloadStr ;



//MQTT Server Use
const char* PubTop = "/arduinoorg/Led/%s" ;
const char* SubTop = "/arduinoorg/Led/#" ;
String TopicT;
char SubTopicbuffer[200];   //MQTT Broker Subscribe TOPIC 變數
char PubTopicbuffer[200]; //MQTT Broker Publish TOPIC 變數
```

```c
//Publish & Subscribe use

const char* PrePayload =
"{\"Device\":\"%s\",\"Style\":%s,\"Command\":%s,\"Color\":{\"R\":%d,\"G\":%d,\"B\":%d}}" ;

String PayloadT;

char Payloadbuffer[250];

char clintid[20]; //MQTT Broker Client ID


#define MQTT_RECONNECT_INTERVAL 100         // millisecond

#define MQTT_LOOP_INTERVAL      50          // millisecond



void mycallback(char* topic, byte* payload, unsigned int length) ;
```

```
//產生 MQTT Broker Client ID:依裝置 MAC 產生(傳入之 String mm)
void fillCID(String mm) //產生 MQTT Broker Client ID:依裝置 MAC 產生(傳入之 String mm)
{
    // 產生 MQTT Broker Client ID:依裝置 MAC 產生
    //compose clientid with "tw"+MAC
    clintid[0]= 't' ;   //Client 開頭第一個字
    clintid[1]= 'w' ;   //Client 開頭第二個字
        mm.toCharArray(&clintid[2],mm.length()+1) ;//將傳入之 String mm 拆解成字元陣列
        clintid[2+mm.length()+1] = '\n' ; //將字元陣列最後加上\n 作為結尾
        Serial.print("Client ID:(") ; // 串列埠印出 Client ID:(
        Serial.print(clintid) ;      // 串列埠印出 clintid 變數內容
        Serial.print(") \n") ;   // 串列埠印出 ) \n
}
```

//依傳入之 String mm 產生 MQTT Broker Publish TOPIC 與 Subscribe TOPIC

  void fillTopic(String mm)//依傳入之 String mm 產生 MQTT Broker Publish TOPIC 與 Subscribe TOPIC

  {

   sprintf(PubTopicbuffer, PubTop, mm.c_str()) ;//根據 PubTopicbuffer 格式化字串，將 mm.c_str()內容填入

    Serial.print("Publish Topic Name:(") ; // 串列埠印出 Publish Topic Name:(

    Serial.print(PubTopicbuffer) ; // 串列埠印出 PubTopicbuffer 變數內容

    Serial.print(") \n") ; // 串列埠印出) \n

   sprintf(SubTopicbuffer, SubTop, mm.c_str()) ; //SubTopicbuffer，將 mm.c_str()內容填入

    Serial.print("Subscribe Topic Name:(") ; // 串列埠印出 Subscribe Topic Name:(

    Serial.print(SubTopicbuffer) ; // 串列埠印出 SubTopicbuffer 變數內容

```
        Serial.print(") \n")   ;   // 串列埠印出) \n
}



// 傳入下列 json 需要變數,產生下列 json 內容
void fillPayload(String mm, String ss, String cc, int rr, int gg, int bb)
{
  /*
    傳入下列 json 需要變數,產生下列 json 內容
    {
      "Device":"AABBCCDDEEGG",
      "Style":"MONO"/"COLOR",
      "Command":"ON"/"OFF",
      "Color":
        {
          "R":255,
          "G":255,
          "B":255
        }
```

}

{

"Device":"AABBCCDDEEGG",

"Style":MONO,

"Command":ON,

"Color":

{

"R":255,

"G":255,

"B":255

}

}

*/

sprintf(Payloadbuffer, PrePayload, mm.c_str(), ss.c_str(), cc.c_str(), rr, gg, bb);;

　　Serial.print("Payload Content:(");

　　Serial.print(Payloadbuffer);

```
        Serial.print(") \n") ;
    }



    void initMQTT() //起始 MQTT Broker 連線
    {
        fillCID(MacData) ;   //產生 MQTT Broker Client ID
        fillTopic(MacData) ;    //依傳入之 String mm 產生 MQTT
Broker Publish TOPIC 與 Subscribe TOPIC

        mqttclient.setServer(MQTTServer, MQTTPort);//設定連線
MQTT Broker 伺服器之資料
        Serial.println("Now Set MQTT Server") ; // 串列埠印出 Now
Set MQTT Server 內容
      //連接 MQTT Server，Servar name :MQTTServer，Server
Port :MQTTPort
      //broker.emqx.io:18832
      mqttclient.setCallback(mycallback);
      // 設定 MQTT Server，有 subscribed 的 topic 有訊息時，通知
```

的函數

```
//--------------------------

}

void mycallback(char* topic, byte* payload, unsigned int length)
{
    Serial.print("Message arrived [");
    Serial.print(topic);
    Serial.print("] \n");

    //deserializeJson(doc, payload, length);
    Serial.print("Message is [");
    for (int i = 0; i < length; i++)
    {
        Serial.print((char)payload[i]);
    }
```

```
   Serial.print("] \n");
 }
```

程式下載網址：

https://github.com/brucetsao/ESP_LedTube/tree/main/Codes

MQTTLib 程式解釋

程式具體目標

本 MQTTLib.h 副函式庫主要是提供主程式與 MQTT 伺服器互動，實現裝置控制功能，如 LED 的開關與顏色設定。程式使用了 ArduinoJson.h 和 PubSubClient.h 兩個關鍵函式庫，分別處理 JSON 資料和 **MQTT 通訊**。

程式碼結構分析

程式碼分為多個部分，包括函式庫包含、定義、變數宣告、以及幾個主要函數的實現。以下是每個部分的詳細分析：

函式庫與定義

```
#include <ArduinoJson.h>   // 將解釋 json 函式加入使用元件
#include <PubSubClient.h>  // 將 MQTT Broker 函式加入
```

函式庫包含如下解釋：

#include <ArduinoJson.h>：用於處理 JSON 格式的資料，方便序列化和反序列化。

#include <PubSubClient.h>：用於與 MQTT 伺服器通信，實現發布和訂閱功能。

定義與設定：

```
#define MQTTServer "broker.emqx.io"    //網路常用之 MQTT Broker 網址
#define MQTTPort 1883 //網路常用之 MQTT Broker 之通訊埠
char* MQTTUser = "";   // 不須帳密
char* MQTTPassword = "";    // 不須帳密
```

MQTTServer 定義為 "broker.emqx.io"，這是公用的 MQTT 伺服器地址。

MQTTPort 設為 1883，為標準 MQTT 通訊埠。

MQTTUser 和 MQTTPassword 均為空，表明無需身份驗證。

客戶端與變數宣告

客戶端宣告：

```
WiFiClient mqclient ; // web socket 元件
PubSubClient mqttclient(mqclient) ; // MQTT Broker 元件，用 PubSubClient 類別產生一個 MQTT 物件
```

WiFiClient mqclient;：宣告 WiFi 客戶端，用於網路連線。

PubSubClient mqttclient(mqclient);：基於 WiFi 客戶端建立 MQTT 客戶端物件。

JSON 與緩衝區：

```
StaticJsonDocument<512> doc;
char JSONmessageBuffer[300];
String payloadStr ;
```

StaticJsonDocument<512> doc;：宣告 JSON 文件，容量為 512 位元組，用於儲存 JSON 資料。

char JSONmessageBuffer[300];：用於儲存 JSON 訊息的緩衝區，長度為 300。

String payloadStr;：用於儲存 payload 的字串變數。

4. 主題與 payload 設定

MQTT Broker 主題定義：

```
//MQTT Server Use
const char* PubTop = "/arduinoorg/Led/%s" ;
const char* SubTop = "/arduinoorg/Led/#" ;
String TopicT;
char SubTopicbuffer[200];    //MQTT Broker Subscribe TOPIC 變數
char PubTopicbuffer[200]; //MQTT Broker Publish TOPIC 變數
```

const char* PubTop = "/arduinoorg/Led/%s"：透過格式化字串，產生：/arduinoorg/Led/裝置之 MAC Address 的字串

const char* SubTop = "/arduinoorg/Led/#"：透過格式化字串，產生：/arduinoorg/Led/#，的字串，『#』代表所有的字元與字串。

String TopicT:暫存主體之字串變數。

SubTop = "/arduinoorg/Led/#"：訂閱主題模板，使用 # 為萬用字元，訂閱所有子主題。

SubTopicbuffer[200] 和 PubTopicbuffer[200]：分別用於儲存訂閱

和發布主題的緩衝區。

MQTT Broker payload 模板：

```
//Publish & Subscribe use
const char* PrePayload = "{\"Device\":\"%s\",\"Style\":%s,\"Command\":%s,\"Color\":{\"R\":%d,\"G\":%d,\"B\":%d}}" ;
String PayloadT;
char Payloadbuffer[250];
char clintid[20]; //MQTT Broker Client ID
```

PrePayload 定義 JSON 格式的 payload 模板，包含裝置（Device）、風格（Style）、命令（Command）和顏色（Color：R、G、B）。

Payloadbuffer[250] 用於儲存格式化後的 payload。

clintid[20] 用於儲存客戶端 ID。

延遲或控制間隔設定

```
#define MQTT_RECONNECT_INTERVAL 100            // millisecond
```

```
#define MQTT_LOOP_INTERVAL         50                    // mil-
lisecond
```

MQTT_RECONNECT_INTERVAL 100：重新連線間隔為 100 毫秒。

MQTT_LOOP_INTERVAL 50：迴圈間隔為 50 毫秒。

主要函數分析

以下是程式碼中幾個關鍵函數的詳細說明：

fillCID(String mm)：

```
//產生MQTT Broker Client ID:依裝置 MAC 產生(傳入之String mm)
void fillCID(String mm) //產生MQTT Broker Client ID:依裝置 MAC 產生(傳入之String mm)
{
    // 產生MQTT Broker Client ID:依裝置 MAC 產生
    //compose clientid with "tw"+MAC
    clintid[0]='t'；  //Client 開頭第一個字
    clintid[1]='w'；  //Client 開頭第二個字
        mm.toCharArray(&clintid[2],mm.length()+1) ;// 將傳入之
String mm 拆解成字元陣列
```

```
    clintid[2+mm.length()+1] = '\n' ; //將字元陣列最後加上\n作
為結尾
    Serial.print("Client ID:(") ;  // 串列埠印出 Client ID:(
    Serial.print(clintid) ;         // 串列埠印出 clintid 變數內容
    Serial.print(") \n") ;   // 串列埠印出) \n
}
```

具體功能：根據輸入的 MAC 地址字串 mm 生成 MQTT 客戶端 ID。

具體實現：將客戶端 ID 設為 "tw" 加上 MAC 地址，並在序列埠輸出結果。

具體細節：clintid[0] = 't' 和 clintid[1] = 'w' 設定前綴，mm.toCharArray 將 MAC 地址轉為字元陣列，結尾添加換行符 \n。

fillTopic(String mm)：

```
//依傳入之 String mm 產生 MQTT Broker Publish TOPIC 與 Subscribe TOPIC
void fillTopic(String mm) //依傳入之 String mm 產生 MQTT Broker Publish TOPIC 與 Subscribe TOPIC
{
```

```
    sprintf(PubTopicbuffer, PubTop, mm.c_str())      ;// 根 據
PubTopicbuffer 格式化字串,將 mm.c_str()內容填入

    Serial.print("Publish Topic Name:(")  ;   // 串列埠印出
Publish Topic Name:(

    Serial.print(PubTopicbuffer)   ;      // 串 列 埠 印 出
PubTopicbuffer 變數內容

    Serial.print(") \n")  ;   // 串列埠印出) \n

  sprintf(SubTopicbuffer, SubTop, mm.c_str())                 ;
//SubTopicbuffer,將 mm.c_str()內容填入

    Serial.print("Subscribe Topic Name:(")  ;   // 串列埠印出
Subscribe Topic Name:(

    Serial.print(SubTopicbuffer)   ;      // 串 列 埠 印 出
SubTopicbuffer 變數內容

    Serial.print(") \n")   ;   // 串列埠印出) \n
}
```

　　具體功能:根據 mm :傳入之裝置之 MAC Addtess,產生發布和訂閱主題。

　　具體實現:根據 mm :傳入之裝置之 MAC Addtess,使用 sprintf 格

式化 PubTopicbuffer 和 SubTopicbuffer，並在序列埠輸出主題名稱。

fillPayload(String mm, String ss, String cc, int rr, int gg, int bb)：

```
// 傳入下列 json 需要變數，產生下列 json 內容
void fillPayload(String mm, String ss, String cc, int rr, int gg, int bb)
{
printf(Payloadbuffer, PrePayload, mm.c_str(), ss.c_str(), cc.c_str(), rr, gg, bb);;
    Serial.print("Payload Content:(");
   Serial.print(Payloadbuffer);
   Serial.print(") \n");
}
```

具體功能：根據輸入參數(String mm, String ss, String cc, int rr, int gg, int bb)生成下表所示之 JSON payload。

具體參數：mm 為裝置名稱，ss 為風格（MONO/COLOR），cc 為命令（ON/OFF），rr、gg、bb 為 RGB 顏色值。

具體實現：使用 sprintf 格式化 payload，並生成下表所示之 JSON payload 內容輸出到 Payloadbuffer 變數。

```
/*
    傳入下列 json 需要變數，產生下列 json 內容
    {
    "Device":"AABBCCDDEEGG",
    "Style":"MONO"/"COLOR",
    "Command":"ON"/"OFF",
    "Color":
        {
        "R":255,
        "G":255,
        "B":255
        }
    }

    {
    "Device":"AABBCCDDEEGG",
    "Style":MONO,
```

```
    "Command":ON,

    "Color":

        {

         "R":255,

         "G":255,

         "B":255

        }

    }

    */
```

initMQTT() :

```
void initMQTT() //起始 MQTT Broker 連線

{

    fillCID(MacData);    //產生 MQTT Broker Client ID

    fillTopic(MacData);       //依傳入之 String mm 產生 MQTT

Broker Publish TOPIC 與 Subscribe TOPIC



    mqttclient.setServer(MQTTServer, MQTTPort);//設定連線 MQTT
```

Broker 伺服器之資料

  Serial.println("Now Set MQTT Server"); // 串列埠印出 Now Set MQTT Server 內容

  // 連接 MQTT Server， Servar name :MQTTServer， Server Port :MQTTPort

  //broker.emqx.io:18832

  mqttclient.setCallback(mycallback);

  // 設定 MQTT Server， 有 subscribed 的 topic 有訊息時，通知的函數

}

  具體功能：初始化 MQTT 連線。

  具體實現：呼叫 fillCID 和 fillTopic 設定客戶端 ID 和主題，設定伺服器地址和埠，並設定回調函數 mycallback。

mycallback(char topic, byte *payload, unsigned int length)：

void mycallback(char* topic, byte* payload, unsigned int length)
{
  Serial.print("Message arrived [");

```
    Serial.print(topic);
    Serial.print("] \n");


    //deserializeJson(doc, payload, length);
     Serial.print("Message is [");
      for (int i = 0; i < length; i++)
      {
          Serial.print((char)payload[i]);
      }
    Serial.print("] \n");
}
```

具體功能：處理從 MQTT 伺服器接收到的訊息。

具體實現：輸出接收的主題和 payload 內容，目前未實現 JSON 反序列化（deserializeJson 被註解掉）。

如下表所示，筆者整理 MQTTLIB 檔函式庫一覽表，讓讀者可以更見單了解 MQTTLIB.h 檔函式庫主要運作的目錄與簡單說明。

表 41 MQTTLIB 檔函式庫一覽表

函式庫或程式區塊	功能描述
ArduinoJson.h	處理 JSON 資料，序列化和反序列化
PubSubClient.h	與 MQTT 伺服器通信，實現發布和訂閱
MQTTServer, MQTTPort	設定 MQTT 伺服器地址和通訊埠
WiFiClient, mqttclient	建立網路連線和 MQTT 客戶端
PubTop, SubTop	定義發布和訂閱主題模板
fillCID	根據 MAC 地址生成客戶端 ID
fillTopic	生成發布和訂閱主題
fillPayload	根據參數生成 JSON payload
initMQTT	初始化 MQTT 連線，設定伺服器和回調函數
mycallback	處理接收到的 MQTT 訊息，輸出主題和 payload

表 42 訂閱 MQTTBroker 伺服器接收訂閱內容顯示程式(commlib.h 檔)

訂閱 MQTTBroker 伺服器接收訂閱內容顯示程式(commlib.h)
#include <String.h> // 引入處理字串的函數庫

```
#define IOon HIGH
#define IOoff LOW



//-----------Common Lib
void GPIOControl(int GP, int cmd)   //
{
    // GP == GPIO 號碼
    //cmd =高電位或低電位 ，cmd =>1 then 高電位， cmd =>0 then 低電位
    if (cmd==1) //cmd=1 ===>GPIO is IOon
    {
        digitalWrite(GP, IOon);
    }
    else if(cmd==0) //cmd=0 ===>GPIO is IOoff
    {
        digitalWrite(GP, IOoff) ;
    }
```

```
}




// 計算 num 的 expo 次方

long POW(long num, int expo)

{

  long tmp = 1;    //暫存變數


  if (expo > 0) //次方大於零

  {

    for (int i = 0; i < expo; i++)  //利用迴圈累乘

    {

      tmp = tmp * num;  // 不斷乘以 num

    }

    return tmp;    //回傳產生變數

  }

  else

  {

    return tmp;   // 若 expo 小於或等於 0，返回 1
```

```
        }
    }


// 生成指定長度的空格字串
String SPACE(int sp)   //sp 為傳入產生空白字串長度
{
    String tmp = "";   //產生空字串
    for (int i = 0; i < sp; i++)   //利用迴圈累加空白字元
    {
        tmp.concat(' ');   // 加入空格
    }
    return tmp; //回傳產生空白字串
}


// 轉換數字為指定長度與進位制的字串,並補零
String strzero(long num, int len, int base)
{
    //num 為傳入的數字
```

```
//len 為傳入的要回傳字串長度之數字
// base 幾進位
String retstring = String("");   //產生空白字串
int ln = 1; //暫存變數
int i = 0;   //計數器
char tmp[10]; //暫存回傳內容變數
long tmpnum = num;   //目前數字
int tmpchr = 0; //字元計數器
char hexcode[] =
{'0','1','2','3','4','5','6','7','8','9','A','B','C','D','E','F'};
//產生字元的對應字串內容陣列
while (ln <= len) //開始取數字
{
    tmpchr = (int)(tmpnum % base);   //取得第 n 個字串的數字內容，如 1='1'、15='F'
    tmp[ln - 1] = hexcode[tmpchr];   //根據數字換算對應字串
    ln++;
    tmpnum = (long)(tmpnum / base); // 求剩下數字
```

```cpp
    }
    for (i = len - 1; i >= 0; i--)
    {
      retstring.concat(tmp[i]);//連接字串
    }
    return retstring;   //回傳內容
}


// 轉換指定進位制的字串為數值
unsigned long unstrzero(String hexstr, int base)
{
    String chkstring; //暫存字串
    int len = hexstr.length();  // 取得長度
    unsigned int i = 0;
    unsigned int tmp = 0; //取得文字之字串位置變數
    unsigned int tmp1 = 0;  //取得文字之對應字串位置變數
    unsigned long tmpnum = 0; //目前數字
    String hexcode = String("0123456789ABCDEF");    //產生字元
```

的對應字串內容陣列

```
    for (i = 0; i < len; i++)

    {

        hexstr.toUpperCase();   //先轉成大寫文字

        tmp = hexstr.charAt(i);  //取第 i 個字元

        tmp1 = hexcode.indexOf(tmp);    //根據字元，判斷十進位數字

        tmpnum = tmpnum + tmp1 * POW(base, (len - i - 1));   //計算數字

    }

    return tmpnum;   //回傳內容

}


// 轉換數字為 16 進位字串，若小於 16 則補 0
String print2HEX(int number) {

    String ttt;    //暫存字串

    if (number >= 0 && number < 16) //判斷是否在區間

    {

        ttt = String("0") + String(number, HEX);  //產生前補零之
```

字串

    }

    else

    {

      ttt = String(number, HEX);//產生字串

    }

    return ttt; //回傳內容

}

// 將 char 陣列轉為字串

String chrtoString(char *p)

{

    String tmp; //暫存字串

    char c; //暫存字元

    int count = 0;   //計數器

    while (count < 100) //100 個字元以內

    {

        c = *p; //取得字串之每一個字元內容

        if (c != 0x00)   //是否未結束

```
            {
                    tmp.concat(String(c));    //字元累積到字串
            }
            else
            {
                    return tmp; //回傳內容
            }
            count++;   // 計數器加一
            p++;  //往下一個字元
        }
}


// 複製 String 到 char 陣列
void CopyString2Char(String ss, char *p)
{
    if (ss.length() <= 0) //是否為空字串
    {
        *p = 0x00;   //加上字元陣列結束 0x00
        return; //結束
```

	}

	ss.toCharArray(p, ss.length() + 1); //利用字串轉字元命令

}

// 比較兩個 char 陣列是否相同

boolean CharCompare(char *p, char *q)

{

	// *p 第一字元陣列的指標 :陣列第一字元的字元指標(用&chararray[0]取得)

	boolean flag = false; //是否結束旗標

	int count = 0; //計數器

	int nomatch = 0; //不相同比對計數器

	while (flag < 100) ////是否結束

	{

		if (*(p + count) == 0x00 || *(q + count) == 0x00) //是否結束

			break; //離開

		if (*(p + count) != *(q + count)) //比較不同

		{

- 499 -

```
            nomatch++;        //不相同比對計數器累加

        }

        count++;        //計數器累加

    }

    return nomatch == 0;    //回傳是否有不同

}


// 將 double 轉為字串,保留指定小數位數

String Double2Str(double dd, int decn)

{

    //double dd==>傳入之浮點數

    //int decn==>傳入之保留指定小數位數

    int a1 = (int)dd;  // 先取整數位數字

    int a3;      //小數點站存變數

    if (decn > 0)  //保留指定小數位數大於零

    {

        double a2 = dd - a1;   //取小數位數字

        a3 = (int)(a2 * pow(10, decn));  // 將取得之小數位數字放大 10 的 decn 倍
```

```
        }
    if (decn > 0) //保留指定小數位數大於零
    {
        return String(a1) + "." + String(a3);
        //將整數位轉乘之文字+小數點+小數點之擴大長度之數字轉換文字==>產生新字串回傳
    }
    else
    {
        return String(a1);//將整數位轉乘之文字===>產生新字串回傳
    }
}
```

程式下載網址：

https://github.com/brucetsao/ESP_LedTube/tree/main/Codes

上表之訂閱 MQTTBroker 伺服器接收訂閱內容顯示程式(commlib.h 檔)可以參考表 25 MQTT Broker 伺服器讀取控制命令程式(commlib.h 檔)，需要再度瞭解之讀者，可以往前翻閱之，便可以明白與瞭解，本文就不再重複敘述之。

表 43 訂閱 MQTTBroker 伺服器接收訂閱內容顯示程式(initPins.h 檔)

訂閱 MQTTBroker 伺服器接收訂閱內容顯示程式(initPins.h)
#include "commlib.h"   // 共用函式模組
#define WiFiPin 3   //控制板上 WIFI 指示燈腳位
#define AccessPin 4 //控制板上連線指示燈腳位
#define Ledon 1   //LED 燈亮燈控制碼
#define Ledoff 0   //LED 燈滅燈控制碼
#define initDelay   6000   //初始化延遲時間
#define loopdelay 10000   //loop 延遲時間
#include <String.h> // 引入處理字串的函數庫
#include <WiFi.h>   //使用網路函式庫
#include <WiFiClient.h>   //使用網路用戶端函式庫
#include <WiFiMulti.h>   //多熱點網路函式庫
WiFiMulti wifiMulti;   //產生多熱點連線物件

```
IPAddress ip ;          //網路卡取得 IP 位址之原始型態之儲存變數

String IPData ;         //網路卡取得 IP 位址之儲存變數

String APname ;         //網路熱點之儲存變數

String MacData ;        //網路卡取得網路卡編號之儲存變數

long rssi ;             //網路連線之訊號強度'之儲存變數

int status = WL_IDLE_STATUS;  //取得網路狀態之變數

// 除錯訊息輸出函數（不換行）


String IpAddress2String(const IPAddress& ipAddress) ;

String GetMacAddress() ;// 取得網路卡 MAC 地址

void ShowMAC() ;// 在串列埠顯示 MAC 地址

void WiFion() ;//控制板上 Wifi 指示燈打開

void WiFioff();    //控制板上 Wifi 指示燈關閉

void ACCESSon(); //控制板上連線指示燈打開

void ACCESSoff(); //控制板上連線指示燈關閉

void SetPin(); //設定主板GPIO 狀態




void SetPin() //設定主板GPIO 狀態
```

```
{
    pinMode(WiFiPin, OUTPUT);    //控制板上 WIFI 指示燈腳位
    pinMode(AccessPin, OUTPUT);  //控制板上連線指示燈腳位
    WiFioff();      //控制板上 Wifi 指示燈關閉
    ACCESSoff();    //控制板上連線指示燈關閉
}

void initWiFi()    //網路連線,連上熱點
{
    //MacData = GetMacAddress();    //取得網路卡編號
    //加入連線熱點資料
    WiFi.mode(WIFI_STA);    //ESP32 C3 SuperMini 為了連網一定要加
    WiFi.disconnect();      //ESP32 C3 SuperMini 為了連網一定要加
    WiFi.setTxPower(WIFI_POWER_8_5dBm); //ESP32 C3 SuperMini 為了連網一定要加
    wifiMulti.addAP("NUKIOT", "iot12345");    //加入一組熱點
    wifiMulti.addAP("Lab203", "203203203");   //加入一組熱點
    wifiMulti.addAP("lab309", "");            //加入一組熱點
```

```
wifiMulti.addAP("NCNUIOT", "0123456789");   //加入一組熱點
wifiMulti.addAP("NCNUIOT2", "12345678");   //加入一組熱點
// We start by connecting to a WiFi network
Serial.println();
Serial.println();
Serial.print("Connecting to ");
//通訊埠印出 "Connecting to "
wifiMulti.run();   //多網路熱點設定連線
while (WiFi.status() != WL_CONNECTED)      //還沒連線成功
  {
    // wifiMulti.run() 啟動多熱點連線物件，進行已經紀錄的熱點進行連線，
    // 一個一個連線，連到成功為主，或者是全部連不上
    // WL_CONNECTED 連接熱點成功
    Serial.print(".");   //通訊埠印出
    delay(500) ;   //停 500 ms
     wifiMulti.run();   //多網路熱點設定連線
  }
```

```
    WiFion();//控制板上 Wifi 指示燈打開

    Serial.println("WiFi connected");      //通訊埠印出 WiFi connected

    MacData = GetMacAddress();    // 取得網路卡的 MAC 地址

    ShowMAC();    // 在串列埠中印出網路卡的 MAC 地址


    Serial.print("AP Name: ");    //通訊埠印出 AP Name:

    APname = WiFi.SSID();

    Serial.println(APname);     //通訊埠印出 WiFi.SSID()==>從熱點名稱

    Serial.print("IP address: ");    //通訊埠印出 IP address:

    ip = WiFi.localIP();

    IPData = IpAddress2String(ip) ;

    Serial.println(IPData);     //通訊埠印出 WiFi.localIP()==>從熱點取得 IP 位址

    //通訊埠印出連接熱點取得的 IP 位址
}

void ShowInternet()    //秀出網路連線資訊
{
```

```
    //印出 MAC Address
    Serial.print("MAC:") ;
    Serial.print(MacData) ;
    Serial.print("\n") ;
    //印出 SSID 名字
    Serial.print("SSID:") ;
    Serial.print(APname) ;
    Serial.print("\n") ;
    //印出取得的 IP 名字
    Serial.print("IP:") ;
    Serial.print(IPData) ;
    Serial.print("\n") ;


}
//--------------------
//--------------------



// 取得網路卡 MAC 地址
```

```
String GetMacAddress()
{
    String Tmp = "";    //暫存字串
    byte mac[6];    //取得網路卡 MAC 地址之暫存字串
    WiFi.macAddress(mac);    // 取得 MAC 地址

    for (int i = 0; i < 6; i++)    // 迴圈取得網路卡 MAC 地址每一個 BYTE
    {
        Tmp.concat(print2HEX(mac[i]));    // 將每個 MAC 位元組轉為十六進制
    }

    Tmp.toUpperCase();    // 轉換為大寫
    return Tmp;    //回傳內容
}

// 在串列埠顯示 MAC 地址
void ShowMAC()
```

```
{
Serial.print("MAC Address:(");   // 印出標籤
Serial.print(MacData);    // 印出 MAC 地址
Serial.print(")\n");   // 換行
}



// IP 地址轉換函式，將 4 個字節的 IP 轉為字串
String IpAddress2String(const IPAddress& ipAddress) {
    return String(ipAddress[0]) + "." +
        String(ipAddress[1]) + "." +
        String(ipAddress[2]) + "." +
        String(ipAddress[3]);   //回傳內容
}


void WiFion()//控制板上 Wifi 指示燈打開
{
    //透過 GPIOControl 控制函式去設定 GPIO XX 高電位/低電位
    GPIOControl(WiFiPin, Ledon) ;
```

}

void WiFioff()//控制板上 Wifi 指示燈關閉

{

   //透過 GPIOControl 控制函式去設定 GPIO XX 高電位/低電位

   GPIOControl(WiFiPin, Ledoff) ;

}

void ACCESSon() //控制板上連線指示燈打開

{

   //透過 GPIOControl 控制函式去設定 GPIO XX 高電位/低電位

   GPIOControl(AccessPin, Ledon) ;

}

void ACCESSoff()//控制板上連線指示燈關閉

{

   //透過 GPIOControl 控制函式去設定 GPIO XX 高電位/低電位

   GPIOControl(AccessPin, Ledoff) ;

```
    }
```

程式下載網址：

https://github.com/brucetsao/ESP_LedTube/tree/main/Codes

initPins 程式解釋

背景與目標

主程式宣告與共用函式庫之程式碼主要分為以下幾個部分：

函式庫與定義：引入必要的函數庫和定義控制板腳位、延遲時間及模式開關。

全域變數：儲存 WiFi 連線相關資訊，如 IP 位址、熱點名稱和 MAC 位址。

函數宣告：包括初始化 WiFi、顯示網路資訊、取得 MAC 位址以及控制指示燈。

除錯功能函數宣告：透過 DebugMsg 和 DebugMsgln 提供可開關的除錯輸出。

以下是各部分的詳細解釋：

函式庫與定義

```
#include "commlib.h"      // 引入共用函式庫，包含自定義的通用函
```

數

#define WiFiPin 3   // 定義控制板 WiFi 指示燈的 GPIO 腳位為 3

#define AccessPin 4 // 定義控制板連線指示燈的 GPIO 腳位為 4

#define Ledon 1   // 定義 LED 開啟的控制碼為 1（高電位）

#define Ledoff 0   // 定義 LED 關閉的控制碼為 0（低電位）

#define initDelay   6000   // 定義初始化延遲時間為 6000 毫秒（6 秒）

#define loopdelay 10000   // 定義主迴圈延遲時間為 10000 毫秒（10 秒）

#define _Debug 1   // 定義除錯模式開啟，1 表示啟用，0 表示關閉

#define TestLed 1   // 定義測試 LED 功能開啟，1 表示啟用，0 表示關閉

#include <String.h>   // 引入字串處理函數庫，用於字串操作

#include <WiFi.h>   // 引入 WiFi 函數庫，用於 WiFi 連線功能

#include <WiFiClient.h> // 引入 WiFi 用戶端函數庫，支持 WiFi 客戶端操作

```
#include <WiFiMulti.h>       // 引入多熱點 WiFi 函數庫,支持連線多
個 WiFi 熱點
WiFiMulti wifiMulti;         // 建立 WiFiMulti 物件,用於管理多熱
點連線
```

程式碼引入了 commlib.h（自定義函數庫）和標準 Arduino WiFi 相關函數庫（如 <WiFi.h>、<WiFiMulti.h>）。

定義了關鍵常數,如 WiFiPin（腳位 3,用於 WiFi 指示燈）和 AccessPin（腳位 4,用於連線指示燈）。

initDelay 和 loopdelay 分別設定為 6000 毫秒和 10000 毫秒,控制初始化和主迴圈的延遲。

_Debug 和 TestLed 的值為 1,表示除錯模式和測試 LED 功能均啟用。

全域變數與狀態

```
#include <WiFiMulti.h>       // 引入多熱點 WiFi 函數庫,支持連線多
個 WiFi 熱點
WiFiMulti wifiMulti;         // 建立 WiFiMulti 物件,用於管理多熱
點連線
```

```
IPAddress ip;              // 儲存網路卡取得的 IP 位址，型態為
IPAddress
String IPData;             // 儲存 IP 位址的字串格式，方便顯示
String APname;             // 儲存目前連線的 WiFi 熱點名稱（SSID）
String MacData;            // 儲存網路卡的 MAC 位址，字串格式
long rssi;                 // 儲存 WiFi 連線的訊號強度（RSSI）
int status = WL_IDLE_STATUS; // 儲存 WiFi 連線狀態，初始為空閒
狀態
```

WiFiMulti wifiMulti 物件用於管理多熱點連線，允許程式嘗試連線多個 WiFi 熱點，直到成功。

IPAddress ip 和 String IPData 用於儲存和顯示 IP 位址。

String APname 儲存目前連線的熱點名稱，String MacData 儲存 MAC 位址。

long rssi 用於儲存訊號強度，int status 初始為 WL_IDLE_STATUS，表示 WiFi 狀態為空閒。

主要函數列表分析

```
// 宣告函數原型
String IpAddress2String(const IPAddress& ipAddress);   // 將 IPAddress 轉換為字串格式的函數
String GetMacAddress();                                 // 取得網路卡 MAC 位址的函數
void ShowMAC();                                         // 在串列埠顯示 MAC 位址的函數
void DebugMsg(String msg);                              // 除錯訊息輸出函數（不換行）
void DebugMsgln(String msg);                            // 除錯訊息輸出函數（換行）
void initWiFi();                                        // 初始化 WiFi 並連線到熱點的函數
void ShowInternet();                                    // 顯示網路連線資訊的函數
void WiFion();                                          // 開啟 WiFi 指示燈的函數
void WiFioff();                                         // 關閉 WiFi 指示燈的函數
```

```
void ACCESSon();                              // 開啟連線
指示燈的函數
void ACCESSoff();                             // 關閉連線
指示燈的函數
```

除錯功能

```
#define _Debug 1 // 定義除錯模式開關，1 表示開啟除錯功能，0 表示關閉除錯功能
// 定義除錯訊息輸出函數（不換行），用於在除錯模式下顯示訊息
void DebugMsg(String msg) // 函數接收一個字串參數 msg，用來指定要顯示的訊息內容
{
    if (_Debug != 0)  // 檢查除錯模式是否開啟，若 _Debug 不為 0（即啟動除錯）
    {
        Serial.print(msg); // 通過串口輸出訊息內容（不換行），顯示 msg 變數中的文字
    }
}
```

```
// 定義除錯訊息輸出函數（換行），用於在除錯模式下顯示訊息並
自動換行
void DebugMsgln(String msg) // 函數接收一個字串參數 msg，
用來指定要顯示的訊息內容
{
    if (_Debug != 0)   // 檢查除錯模式是否開啟，若 _Debug 不
為 0（即啟動除錯）
    {
        Serial.println(msg); // 通過串口輸出訊息內容（自動
換行），顯示 msg 變數中的文字
    }
}
```

DebugMsg 和 DebugMsgln 函數根據 _Debug 的值（1 表示啟用）決定是否輸出訊息到串列埠。

除錯訊息輸出函數（不換行）(DebugMsg(字串文字))

```
// 除錯訊息輸出函數（不換行）
void DebugMsg(String msg) // 接收訊息字串 msg，進行除錯輸出
```

```
{
    if (_Debug != 0)   // 若除錯模式啟用（_Debug 為 1）
    {
        Serial.print(msg);  // 在串列埠輸出 msg 內容，不換行
    }
}
```

DebugMsg 不換行，適合連續輸出；DebugMsgln 會自動換行，適合單獨訊息。

除錯訊息輸出函數（換行）(DebugMsgln(字串文字))

```
// 除錯訊息輸出函數（換行）
void DebugMsgln(String msg)  // 接收訊息字串 msg，進行除錯輸出並換行
{
    if (_Debug != 0)   // 若除錯模式啟用（_Debug 為 1）
    {
        Serial.println(msg);  // 在串列埠輸出 msg 內容，並換行
    }
}
```

初始化 WiFi (initWiFi)

```
// 初始化 WiFi 連線，連上熱點
void initWiFi() // 初始化 WiFi 並嘗試連線到已配置的熱點
{
    // MacData = GetMacAddress();      // 取得 MAC 位址（目前註解掉）

    // 添加多個 WiFi 熱點的連線資料
    WiFi.mode(WIFI_STA);   // 設定 WiFi 模式為站點模式（Station Mode），用於連線到熱點

    WiFi.disconnect();     // 斷開任何先前連線，確保乾淨狀態

    WiFi.setTxPower(WIFI_POWER_8_5dBm); // 設定 WiFi 傳輸功率為 8.5 dBm，提升連線穩定性

    wifiMulti.addAP("NUKIOT", "iot12345");   // 添加熱點：SSID "NUKIOT"，密碼 "iot12345"

    wifiMulti.addAP("Lab203", "203203203");  // 添加熱點：SSID "Lab203"，密碼 "203203203"

    wifiMulti.addAP("lab309", "");           // 添加熱點：
```

SSID "lab309"，無密碼（開放網路）

    wifiMulti.addAP("NCNUIOT", "0123456789");   // 添加熱點：SSID "NCNUIOT"，密碼 "0123456789"

    wifiMulti.addAP("NCNUIOT2", "12345678");   // 添加熱點：SSID "NCNUIOT2"，密碼 "12345678"

    // 開始連線過程

    Serial.println(); // 串列埠輸出空行，格式化輸出

    Serial.println(); // 串列埠輸出另一空行

    Serial.print("Connecting to "); // 輸出 "Connecting to "

    wifiMulti.run(); // 啟動多熱點連線，嘗試連線到已添加的熱點

    while (WiFi.status() != WL_CONNECTED) // 若尚未連線成功，持續嘗試

    {

        Serial.print(".");   // 每嘗試一次，輸出一個點號，表示進度

        delay(500);   // 等待 500 毫秒，避免過於頻繁的嘗試

        wifiMulti.run();   // 繼續嘗試連線

    }

```
    Serial.println("WiFi connected");    // 連線成功後，輸出 "WiFi connected"
    MacData = GetMacAddress();           // 取得連線後的 MAC 位址
    ShowMAC();                           // 顯示 MAC 位址
    Serial.print("AP Name: ");           // 輸出 "AP Name: "
    APname = WiFi.SSID();                // 取得目前連線的熱點名稱
    Serial.println(APname);              // 輸出熱點名稱
    Serial.print("IP address: ");        // 輸出 "IP address: "
    ip = WiFi.localIP();                 // 取得本地 IP 位址
    IPData = IpAddress2String(ip);       // 將 IP 位址轉換為字串格式
    Serial.println(IPData);              // 輸出 IP 位址
}
```

函數首先設定 WiFi 模式為站點模式（WIFI_STA），斷開先前連線，並設定傳輸功率為 8.5 dBm。

添加多個熱點配置，例如 "NUKIOT"（密碼 "iot12345"）和 "Lab203"（密碼 "203203203"）⋯.及許多相同設定，為一個多熱點的帳號密碼配置。

使用 wifiMulti.run() 開始連線過程，透過迴圈持續嘗試，直到 WiFi.status() == WL_CONNECTED。

```
wifiMulti.run();  // 啟動多熱點連線，嘗試連線到已添加的熱點
while (WiFi.status() != WL_CONNECTED)  // 若尚未連線成功，持續嘗試
{
    Serial.print(".");      // 每嘗試一次，輸出一個點號，表示進度
    delay(500);             // 等待 500 毫秒，避免過於頻繁的嘗試
    wifiMulti.run();        // 繼續嘗試連線
}
```

連線成功後，取得並顯示 MAC 位址、熱點名稱和 IP 位址。

```
Serial.println("WiFi connected");   // 連線成功後，輸出 "WiFi connected"
MacData = GetMacAddress();          // 取得連線後的 MAC 位址
ShowMAC();                          // 顯示 MAC 位址
Serial.print("AP Name: ");          // 輸出 "AP Name: "
APname = WiFi.SSID();               // 取得目前連線的熱點名稱
```

```
Serial.println(APname);              // 輸出熱點名稱

Serial.print("IP address: ");        // 輸出 "IP address: "

ip = WiFi.localIP();                 // 取得本地 IP 位址

IPData = IpAddress2String(ip);       // 將 IP 位址轉換為字串格式

Serial.println(IPData);              // 輸出 IP 位址
```

顯示網路資訊 (ShowInternet)

```
// 顯示網路連線資訊

void ShowInternet() // 顯示目前的網路連線詳細資訊

{

    Serial.print("MAC:"); // 輸出 "MAC:"

    Serial.print(MacData); // 輸出 MAC 位址

    Serial.print("\n");    // 換行

    Serial.print("SSID:"); // 輸出 "SSID:"

    Serial.print(APname);  // 輸出熱點名稱

    Serial.print("\n");    // 換行

    Serial.print("IP:");   // 輸出 "IP:"
```

```
    Serial.print(IPData);    // 輸出 IP 位址
    Serial.print("\n");      // 換行
}
```

該函數簡單地輸出目前連線的 MAC 位址、SSID 和 IP 位址，每行以換行符分隔，格式為：

"MAC:" MAC 位址變數。

"SSID:"熱點名稱變數。

"IP:" IP 位址變數。

取得 MAC 位址處理 (GetMacAddress)

```
// 取得網路卡 MAC 位址
String GetMacAddress() // 取得並返回網路卡的 MAC 位址，字串格式
{
    String Tmp = "";         // 初始化臨時字串，用於儲存 MAC 位址
    byte mac[6];             // 定義陣列儲存 MAC 位址的 6 個位元組
    WiFi.macAddress(mac);    // 從 WiFi 模組取得 MAC 位址，儲存到 mac 陣列
```

```
    for (int i = 0; i < 6; i++)    // 迴圈處理每個位元組
    {
        Tmp.concat(print2HEX(mac[i]));   // 將每個位元組轉換為十六進制字串，串接至 Tmp
    }
    Tmp.toUpperCase();     // 將字串轉為大寫，統一格式
    return Tmp;            // 返回最終的 MAC 位址字串
}
```

GetMacAddress 函數從 WiFi 模組取得 MAC 位址(6 個位元組)，使用 print2HEX (數字)將每個位元組轉換為十六進制字串，最後轉為大寫返回。

顯示 MAC 位址字串 (ShowMAC)

```
// 在串列埠顯示 MAC 位址
void ShowMAC() // 顯示 MAC 位址於串列埠
{
    Serial.print("MAC Address:(");  // 輸出 "MAC Address:("
    Serial.print(MacData);          // 輸出儲存的 MAC 位址
```

```
    Serial.print(")\n");              // 輸出 ")" 並換行
}
```

ShowMAC 函數在串列埠顯示 MAC 位址，格式為 "MAC Address:(<MAC>)"。

注意：print2HEX（數字）函數定義在 commlib.h 中，用於位元組轉十六進制。

轉換數字為 16 進位字串(String print2HEX(輸入整數數字))

```
// 轉換數字為 16 進位字串，若小於 16 則補 0
String print2HEX(int number) {
  String ttt;      //暫存字串
  if (number >= 0 && number < 16) //判斷是否在區間
  {
    ttt = String("0") + String(number, HEX);   //產生前補零之字串
  }
  else
  {
    ttt = String(number, HEX);//產生字串
```

```
    }
    return ttt; //回傳內容
}
```

IP 位址轉換文字格式 (IpAddress2String)

```
// 將 IPAddress 轉換為字串格式
String IpAddress2String(const IPAddress& ipAddress) // 將 IPAddress 物件轉換為點分十進制字串
{
    return String(ipAddress[0]) + "." + // 第一個位元組,添加點號
           String(ipAddress[1]) + "." + // 第二個位元組,添加點號
           String(ipAddress[2]) + "." + // 第三個位元組,添加點號
           String(ipAddress[3]);        // 第四個位元組
}
```

該函數將 IPAddress 物件(4 個位元組)轉換為點分十進制字串,

例如 "192.168.1.1"。

過程為將每個位元組轉為字串，並以 "." 連接，確保格式正確。

LED 控制函數(開啟予關閉)

```
// 開啟 WiFi 指示燈
void WiFion() // 控制板上 WiFi 指示燈開啟
{
    GPIOControl(WiFiPin, Ledon); // 透過 GPIOControl 函數設定 WiFiPin 為高電位（LED 開啟）
}


// 關閉 WiFi 指示燈
void WiFioff() // 控制板上 WiFi 指示燈關閉
{
    GPIOControl(WiFiPin, Ledoff); // 透過 GPIOControl 函數設定 WiFiPin 為低電位（LED 關閉）
}


// 開啟連線指示燈
```

```
void ACCESSon() // 控制板上連線指示燈開啟
{
    GPIOControl(AccessPin, Ledon); // 透過 GPIOControl 函數設定 AccessPin 為高電位（LED 開啟）
}


// 關閉連線指示燈
void ACCESSoff() // 控制板上連線指示燈關閉
{
    GPIOControl(AccessPin, Ledoff); // 透過 GPIOControl 函數設定 AccessPin 為低電位（LED 關閉）
}
```

　　WiFion 和 WiFioff 分別用於開啟和關閉 WiFi 指示燈，通過 GPIOControl 設定 WiFiPin 的電位。

　　ACCESSon 和 ACCESSoff 同樣控制連線指示燈，通過 GPIOControl 設定 AccessPin 的電位。

　　GPIOControl 函數未在本程式碼中定義，其功能為設定 GPIO 腳位的電位（高/低），其函數本體內容定義在 commlib.h 中。

GPIO 控制函數(高電位 HIGH 與低電位 LOW)

```c
#define IOon HIGH
#define IOoff LOW




//----------Common Lib
void GPIOControl(int GP, int cmd)   //
{
   // GP == GPIO 號碼
   //cmd =高電位或低電位 ，cmd =>1 then 高電位， cmd =>0 then 低電位
   if (cmd==1) //cmd=1 ===>GPIO is IOon
   {
      digitalWrite(GP, IOon);
   }
   else if(cmd==0) //cmd=0 ===>GPIO is IOoff
   {
      digitalWrite(GP, IOoff) ;
```

```
    }
}
```

筆者整理了 initPins.h 檔函式庫一覽表於下表所示中,讓讀者可以更簡單明瞭整個程式的運作與原理。

表 44 initPins 檔函式庫一覽表

函式庫或程式區塊名稱	功能描述	相關變數/函數
void initWiFi() WiFi 初始化	設定模式、斷開連線、添加多熱點、嘗試連線	初始化 WiFi 連線,連上熱點
void ShowInternet() 網路資訊顯示	顯示 MAC、SSID、IP 位址	顯示目前的網路連線詳細資訊 MacData, APname, IPData
String GetMacAddress() void ShowMAC() MAC 位址處理	取得並顯示網路卡 MAC 位址	取得網路卡 MAC 位址 顯示 MAC 位址

String IpAddress2String(const IPAddress& ipAddress) IP 位址處理	將 IPAddress 轉換為字串格式	將 IPAddress 轉換為字串格式
void WiFion() void WiFioff() void ACCESSon() void ACCESSoff() LED 控制	控制 WiFi 和連線指示燈的開關	開啟 WiFi 指示燈 關閉 WiFi 指示燈 開啟連線指示燈 關閉連線指示燈
除錯輸出	根據模式開關輸出除錯訊息	DebugMsg, DebugMsgln, _Debug

如下圖所示，我們可以看到發送控制命令到 MQTT Broker 伺服器主流程。

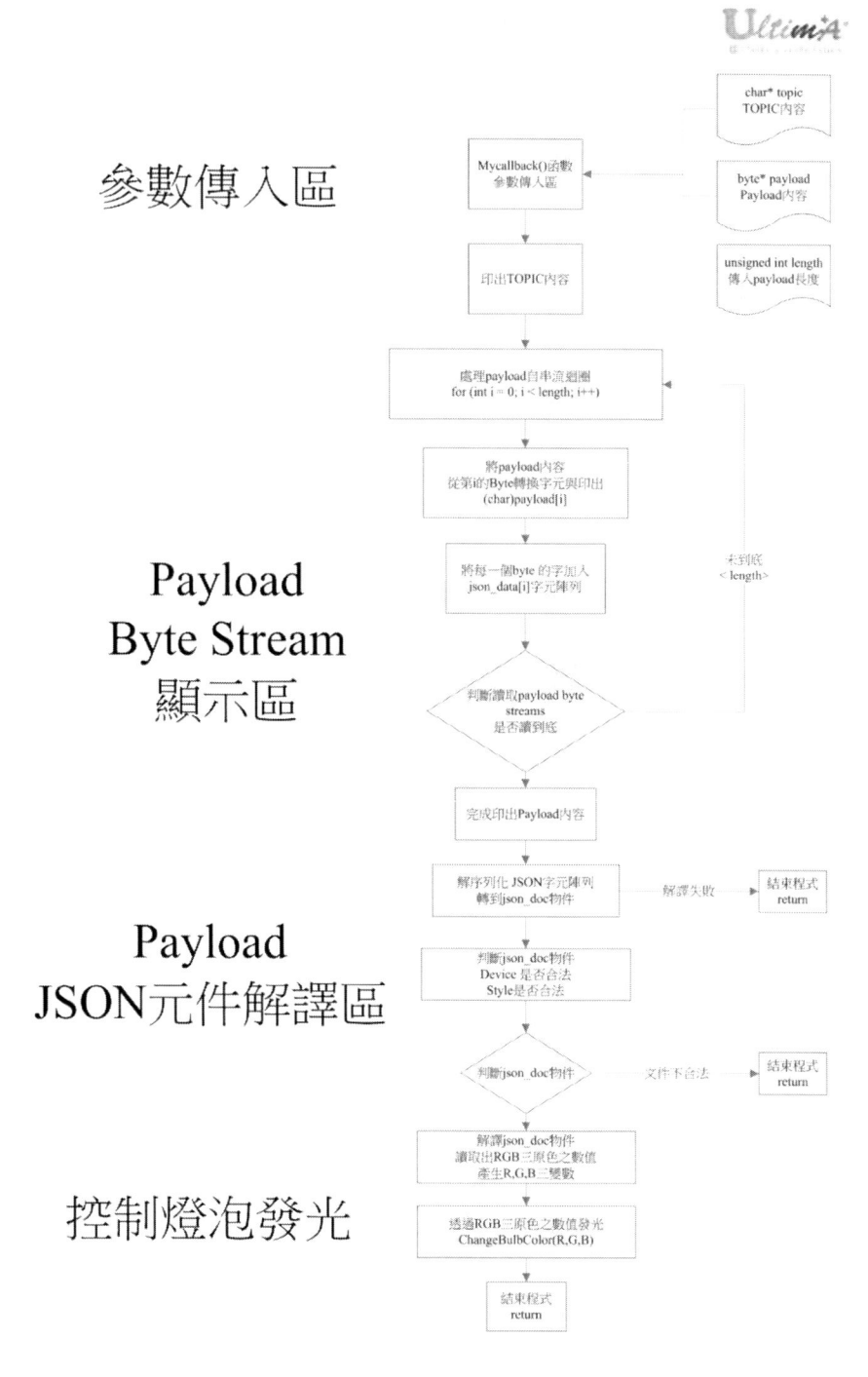

圖 198 讀取控制命令控制燈泡發光之控制流程

進行測試

本文會用到 MQTT BOX 來處理，對於 MQTT BOX 的工具安裝與基本使用，讀者可以參考附錄之雲端書庫一圖，可以了解官網與網址，進入網址參考筆者：*MQTT 基本入門*，高雄雲端書庫：https://lib.ebookservice.tw/ks/#book/b0448f03-47e4-4076-ae03-8d73e6dd5384，相關進階書籍請筆者：*使用 ESP32 設計 MQTT 遠端控制之設計*，高雄雲端書庫：https://lib.ebookservice.tw/ks/#book/ba909cee-b11d-427e-a5ff-bb455d13cf30 與筆者：*使用 Python 設計 MQTT 資料代理人之設計*，高雄雲端書庫：https://lib.ebookservice.tw/ks/#book/1a2e9431-9205-44fd-b3cf-5536527aba1e，其他縣市的雲端圖書館，請依上面斜體底線之紅字簡報書籍名稱，自行查詢就可以找到而向縣市立圖書館借閱電子書籍。

如下圖所示，首先筆者開啟 MQTT BOX，筆者使用免費的 MQTT Broker 伺服器：*broker.emqx.io*，也使用標準的通訊埠：*1883*，由於 MQTT Broker 伺服器：*broker.emqx.io* 目前提供免費使用，所以其使用者與使用者密碼都不需要設定。

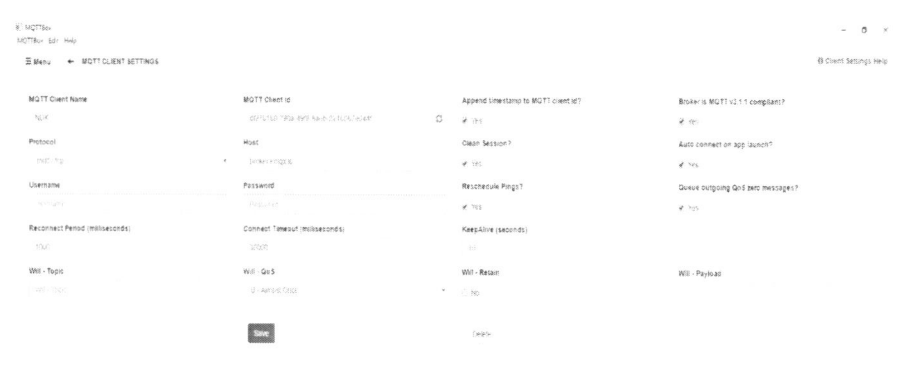

圖 199　建立 MQTT Broker 伺服器連線

如下圖所示，因為筆者用的裝置網卡 MAC Address 為：188B0E1C1838，所以訂閱主題設定為『/arduinoorg/Led/#』。

圖 200　訂閱測試主題內容

如下表所示，筆者先將『@255255255#』字串，自行進行解譯之後，轉成下表所示之控制命令之 Json 文件。

```
{
"Device":"188B0E1DD3F4",
"Style":"COLOR",
"Command":"ON",
"Color":
  {
   "R":255,
   "G":255,
   "B":255
  }
}
```

將這個 json 文件，拷貝與貼上到 MQTT BOX 發布視窗之中，並將 TOPIC to Publish 主題區設定為『/arduinoorg/Led/188B0E1DD3F4/』後，按下 Publish 按鈕就可以將上表之 json 文件傳送到『/arduinoorg/Led/188B0E1DD3F4/』主題區了。

這裡必須注意到，由於筆者考量到往後會有大量燈泡的控制命令傳輸，所以『/arduinoorg/Led/*188B0E1DD3F4/*』主題區之裝置網卡 MAC Address 必須要跟接收端燈泡控制之實際裝置網卡 MAC Address 相同，且上表 json 文件之"Device"的內容也必須設定為『*188B0E1DD3F4*』的內容，並且必須要跟接收端燈泡控制之實際裝置網卡 MAC Address 相同，就是主題區的 Led 後之網卡編號與表 json 文件之"Device"的內容必須要跟接收端燈泡控制之實際裝置網卡 MAC Address 三個都要一致相同，方可以運作。

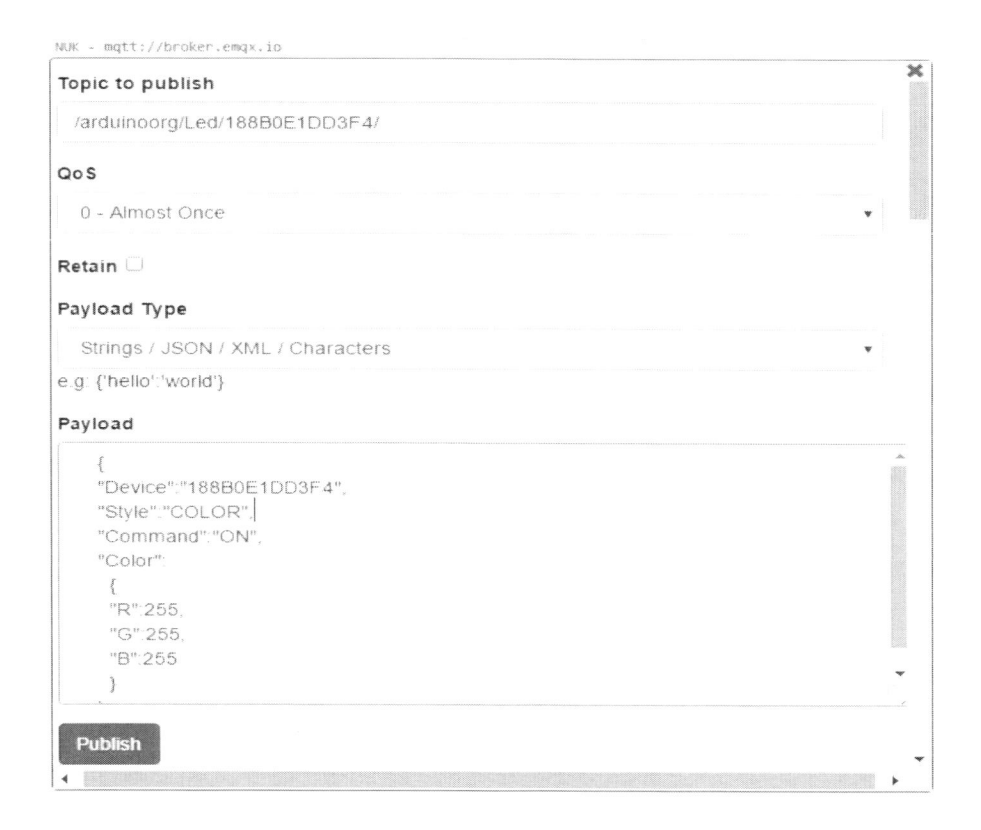

圖 201 MQTT Box 接收到送出之控制命令之 Json

如下圖所示，筆者請您回到 Arduino IDE 主畫面，如下圖紅框處所示，可以看到 ![] 的圖示，用滑鼠點下這個 ![] 圖示，可以開啟 Arduino IDE 監控視窗。

圖 202　Arduino IDE 主畫面

如下圖所示，所以可以看到 Arduino IDE 監控視窗已經收到發布主題的控制燈泡命令的內容。

```
18:19:06.336 ->         "Color":
18:19:06.336 ->         {
18:19:06.336 ->             "R":255,
18:19:06.336 ->             "G":255,
18:19:06.336 ->             "B":255
18:19:06.336 ->         }
18:19:06.336 ->     } ]
18:19:06.336 -> 改變燈泡顏色函數
18:19:11.360 -> Message arrived [/arduinoorg/Led/188B0E1DD3F4/]
18:19:11.360 -> Message is [   {
18:19:11.360 ->         "Device":"188B0E1DD3F4",
18:19:11.360 ->         "Style":"COLOR",
18:19:11.360 ->         "Command":"ON",
18:19:11.360 ->         "Color":
18:19:11.360 ->         {
18:19:11.360 ->             "R":255,
18:19:11.360 ->             "G":255,
18:19:11.360 ->             "B":255
18:19:11.360 ->         }
18:19:11.360 ->     } ]
18:19:11.360 -> 改變燈泡顏色函數
```

圖 203　Arduino IDE 監控視窗收到發布控制命令

如下圖處所示，可以看到接收端燈泡控制：實際裝置網卡 MAC Address 為『188B0E1DD3F4』，也發出 R:255、G:255、B:255，就是全亮的狀態，但是由於用手機拍照，下圖偏藍色與霧狀，希望讀者不要計較筆者拍照問題。

圖 204 實際電路控制 WS2812B 發光實照圖

透過MQTT Broker 伺服器接受燈泡開啟關閉命令控制燈泡

如下表所示，我們需要控制燈泡全亮或全暗，接受下表所示之紅色斜體底線之控制命令之 Json 文件，我們只需要考慮文件中『*"Device"*』為正確裝置之網卡 MAC Address、『*"Style"*』為"MONO"代表單色燈泡、『*"Command"*』是否為"ON"：開啟燈泡或是"OFF"：關閉燈泡二種參數內容。

```
{
    "Device":"188B0E1DD3F4",
    "Style":"MONO",
    "Command":"ON",
    "Color":
      {
        "R":255,
        "G":255,
        "B":255
      }
}
```

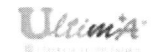

開發透過 MQTT Broker 伺服器接受燈泡開啟關閉命令控制燈泡程式

我們將 ESP32 開發板的驅動程式安裝好之後，我們打開 Arduino 開發板的開發工具：Sketch IDE 整合開發軟體（軟體下載請到：https://www.arduino.cc/en/Main/Software），攥寫一段程式，如下表所示之解析控制命令控制燈泡發光程式進行測試。

表 45 解析控制命令控制燈泡開啟關閉程式

解析控制命令控制燈泡開啟關閉程式
(MQTT_Subscribe_to_WS2812B_ESP32_C3)
#include "initPins.h"   // 腳位與系統模組
#include "WS2812BLib.h"   // MQTT Broker 自訂模組
#include "MQTTLIB.h"   // MQTT Broker 自訂模組
void WiFion() ;//控制板上 Wifi 指示燈打開
void WiFioff();   //控制板上 Wifi 指示燈關閉
void ACCESSon(); //控制板上連線指示燈打開
void ACCESSoff(); //控制板上連線指示燈關閉
void SetPin(); //設定主板 GPIO 狀態

```
void setup()
{
    initALL() ; //系統硬體/軟體初始化

    delay(2000) ; //延遲2秒鐘

    initWiFi() ;    //網路連線，連上熱點

    ShowInternet();   //秀出網路連線資訊

    initMQTT() ;    //起始 MQTT Broker 連線


    connectMQTT();   //連到 MQTT Server

    delay(1000) ; //延遲1秒鐘
}


void loop()
{
 if (!mqttclient.connected())
  {
    connectMQTT();
  }
```

```
    mqttclient.loop();

        // delay(loopdelay);
}


/* Function to print the sending result via Serial */

void initALL()   //系統硬體/軟體初始化
{
    Serial.begin(9600);

    Serial.println("System Start");

    SetPin(); //設定主板GPIO 狀態

    if (TestLed == 1)
    {
        CheckLed(); // 執行燈泡顏色檢查

        DebugMsgln("Check LED");   //送訊息:Check LED

        ChangeBulbColor(RedValue, GreenValue, BlueValue); //
重設顏色

        DebugMsgln("Turn off LED");   //送訊息:Turn off LED
```

```
    }

}


// 連線至 MQTT Broker
void connectMQTT()
{
    ACCESSon(); //控制板上連線指示燈打開

    Serial.print("MQTT ClientID is :(");

    Serial.print(clintid);

    Serial.print(")\n");


    while (!mqttclient.connect(clintid, MQTTUser, MQTTPassword)) // 嘗試連線
    {
        Serial.print("-");   //印出"-"

        delay(1000); // 每秒重試一次
    }

    Serial.print("\n"); //印出換行鍵
```

```
ACCESSoff();  //控制板上連線指示燈關閉
Serial.print("String Topic:[");  //印出 String Topic:[
Serial.print(PubTopicbuffer);   //印出 TOPIC 內容
Serial.print("]\n");    //印出換行鍵


Serial.print("char Topic:[");//印出 char Topic:[
Serial.print(SubTopicbuffer);//印出 TOPIC 內容
Serial.print("]\n");     //印出換行鍵


mqttclient.subscribe(SubTopicbuffer);  // 訂閱指定的主題
Serial.println("\n MQTT connected!");  //印出 MQTT connected!
 }
```

程式下載網址：

https://github.com/brucetsao/ESP_LedTube/tree/main/Codes

MQTT_Subscribe_to_WS2812B_ESP32_C3 主程式解釋

包含檔案：

```
#include "initPins.h"       // 引入腳位與系統模組的標頭檔案，定
```

義硬體腳位與相關設定

```
#include "WS2812BLib.h"    // 引入 WS2812B LED 燈條的自訂模組，處理燈光控制
#include "MQTTLIB.h"        // 引入 MQTT Broker 的自訂模組，負責 MQTT 通訊功能
```

　　#include "initPins.h"：pin 初始化標頭檔案，用於設定 Arduino 的 腳位 pin 配置，確保硬體接腳的正確初始化。

　　#WS2812BLib.h"：自訂的控制 WS2812b RGBLed 燈泡之函式庫檔案，用於處理控制 WS2812b RGBLed 燈泡發光、變換顏色、亮度、所有變化之? 控制功能之自訂函式，裡面包含原來控制 WS2812b RGBLed 燈泡的原廠 adafruit 的函式庫。

　　#include"MQTTLIB.h"：自訂的 MQTT 伺服器函式庫檔案，用於處理 MQTT 通信，支援發佈和訂閱功能。

函數宣告

```
// 宣告多個控制指示燈與腳位設定的函數原型
void WiFion();         // 宣告函數：控制板上的 WiFi 指示燈打開
```

```
void WiFioff();        // 宣告函數：控制板上的 WiFi 指示燈關閉
void ACCESSon();       // 宣告函數：控制板上的連線指示燈打開
void ACCESSoff();      // 宣告函數：控制板上的連線指示燈關閉
void SetPin();         // 宣告函數：設定主板 GPIO（通用輸入輸出）
腳位的初始狀態
```

void WiFion(); :宣告函數=>控制板上的 WiFi 指示燈打開

void WiFioff(); :宣告函數=>控制板上的 WiFi 指示燈關閉

void ACCESSon(); :宣告函數=>控制板上的連線指示燈打開

void ACCESSoff();:宣告函數=>控制板上的連線指示燈關閉

void SetPin(); :宣告函數=>設定主板 GPIO（通用輸入輸出）腳位的初始狀態

setup() 函數分析

```
/* Arduino 的初始化函數，程式啟動時執行一次 */
void setup()
{
    initALL();        // 呼叫函數：執行系統硬體與軟體的初始化，
包括串列通訊與 GPIO 設定
```

    delay(2000);   // 延遲 2 秒鐘，讓硬體有時間穩定，避免初始化時的錯誤

    initWiFi();   // 呼叫函數：初始化網路連線，連接到指定的 WiFi 熱點（如路由器）

    ShowInternet();   // 呼叫函數：顯示當前的網路連線資訊，例如 IP 地址，方便除錯

    initMQTT();   // 呼叫函數：初始化 MQTT Broker 連線設定，準備與伺服器通訊

    connectMQTT();   // 呼叫函數：連接到 MQTT 伺服器，建立通訊管道

    delay(1000);   // 延遲 1 秒鐘，確保連線過程完成，避免後續操作過快導致失敗
}

setup() 函數是 Arduino 程式啟動時執行的初始化函數，包含以下步驟：

initALL();：呼叫初始化函數，初始化系統硬體和軟體，包括序列埠通信。

delay(2000);：延遲 2 秒，給系統運行時間或讓用戶觀察初始狀態。

initWiFi();：初始化並連線到 WiFi，連接到指定的熱點，確保網路連通性（該函數定義在包含的標頭檔案中）。

ShowInternet();：顯示網路連線資訊，如 IP 地址，驗證網路連線成功。

initMQTT();：初始化 MQTT 客戶端對象，設定伺服器地址和端口等參數（定義在 MQTTLIB.h 中）。

connectMQTT();：呼叫連線到 MQTT 伺服器的函數。

delay(1000);：延遲 1 秒，確保連線穩定。

loop() 函數分析

```
/* Arduino 的主迴圈函數，程式啟動後無限重複執行 */
void loop()
{
    if (!mqttclient.connected())   // 檢查 MQTT 客戶端是否與伺服器斷線
    {
        connectMQTT();              // 如果斷線，重新呼叫函數以重新連接到 MQTT 伺服器
```

```
    }

    mqttclient.loop();              // 執行 MQTT 客戶端的迴圈處
理,保持連線並處理接收到的訊息
    // delay(loopdelay);            // (已註解)延遲指定的時間,
用於控制主迴圈的執行頻率,避免過快
}
```

loop() 函數是 Arduino 程式的主循環,負責持續監控和處理:

if(!mqttclient.connected()){connectMQTT();}:檢查 MQTT 客戶端是否連線,若未連線則重新呼叫 connectMQTT() 進行連線。

mqttclient.loop();:保持 MQTT 客戶端的持續運行,處理入站訊息和保持連線。

initALL() 函數詳細分析

```
/* 函數:執行系統硬體與軟體的初始化 */
void initALL()
{
    Serial.begin(9600);              // 初始化串列通訊,設定波特
```

率為 9600 bps，用於與電腦通訊

  Serial.println("System Start"); // 透過串列埠輸出訊息 "System Start"，表示系統已開始運行

  SetPin();   // 呼叫函數：設定主板 GPIO 腳位的初始狀態，例如設定輸入或輸出模式

  if (TestLed == 1)   // 檢查 TestLed 變數是否為 1，若為 1 則進行 LED 測試

  {

    CheckLed();   // 呼叫函數：執行 LED 燈泡的顏色檢查，測試硬體是否正常

    DebugMsgln("Check LED"); // 呼叫函數：送出除錯訊息 "Check LED" 到串列埠，方便監控

    ChangeBulbColor(RedValue, GreenValue, BlueValue); // 呼叫函數：設定 LED 燈泡顏色，使用指定的 RGB 值

    DebugMsgln("Turn off LED"); // 呼叫函數：送出除錯訊息 "Turn off LED" 到串列埠，表示測試結束

  }

}

initALL() 函數負責初始化系統硬體和軟體：

Serial.begin(9600);：開始序列埠通信，設定波特率為 9600，常用於與電腦或其他設備通信。

Serial.println("System Start");：傳送 "System Start" 到序列埠，顯示系統已啟動。

裡面有透過 TestLed 之 define 變數，來控制開發週期與產品週期是否測試連接之 WS2812b RGBLed 燈泡是否正常運作之 CheckLed();函式，此 CheckLed();函式也可以用來其他地方測試 WS2812b RGBLed 燈泡是否正常運作之用途。

```
if (TestLed == 1)              // 檢查 TestLed 變數是否為 1，若為 1 則進行 LED 測試
{
    CheckLed();                // 呼叫函數：執行 LED 燈泡的顏色檢查，測試硬體是否正常
    DebugMsgln("Check LED");   // 呼叫函數：送出除錯訊息 "Check LED" 到串列埠，方便監控
    ChangeBulbColor(RedValue, GreenValue, BlueValue); // 呼叫函數：設定 LED 燈泡顏色，使用指定的 RGB 值
    DebugMsgln("Turn off LED"); // 呼叫函數：送出除錯訊息 "Turn
```

off LED" 到串列埠，表示測試結束

}

connectMQTT() 函數詳細分析

```
/* 函數：連接到 MQTT Broker，建立與伺服器的通訊 */
void connectMQTT()
{
    ACCESSon();                      // 呼叫函數：打開控制板上的
連線指示燈，表示正在嘗試連線
    Serial.print("MQTT ClientID is :("); // 透過串列埠輸出 MQTT
客戶端 ID 的前綴，用於辨識設備
    Serial.print(clintid);           // 輸出實際的客戶端 ID
（clintid 為程式中預設的變數）
    Serial.print(")\n");             // 輸出右括號與換行符號，完
成 ID 的顯示格式


    // 使用 while 迴圈持續嘗試連接到 MQTT 伺服器，直到成功為止
```

```
    while (!mqttclient.connect(clintid, MQTTUser, MQTTPass-
word))  // 使用客戶端 ID、使用者名稱與密碼進行連線
    {
        Serial.print("-");              // 連線失敗時，每秒在串列埠輸出一個 "-"，表示正在重試
        delay(1000);                    // 延遲 1 秒後再次嘗試連線，避免過快重試導致負載過高
    }
    Serial.print("\n");                 // 連線成功後，輸出換行符號，區隔後續訊息
    ACCESSoff();                        // 呼叫函數：關閉控制板上的連線指示燈，表示連線已完成
    Serial.print("String Topic:[");     // 輸出發佈主題名稱的前綴，顯示程式將發送訊息的主題
    Serial.print(PubTopicbuffer);       // 輸出發佈主題的內容（PubTopicbuffer 為預設變數）
    Serial.print("]\n");                // 輸出右括號與換行符號，完成發佈主題的顯示
```

```
    Serial.print("char Topic:[");    // 輸出訂閱主題名稱的前綴，
顯示程式將接收訊息的主題
    Serial.print(SubTopicbuffer);    // 輸出訂閱主題的內容
（SubTopicbuffer 為預設變數）
    Serial.print("]\n");             // 輸出右括號與換行符號，完
成訂閱主題的顯示


    mqttclient.subscribe(SubTopicbuffer); // 呼叫函數：訂閱指
定的 MQTT 主題，以便接收相關訊息
    Serial.println("\n MQTT connected!"); // 透過串列埠輸出訊
息，表示成功連接到 MQTT 伺服器
}
```

connectMQTT() 函數負責連線到 MQTT 伺服器，並包含以下步驟：

Serial.print("MQTT ClientID is :("); Serial.print(clintid); Serial.print(")\n");：打印 MQTT 客戶端 ID，顯示為 "MQTT ClientID is :(clientid)\n"，注意 clintid 可能為拼寫錯誤，應為 clientid。

while (!mqttclient.connect(clintid, MQttUser, MQTTPassword)) { Serial.print("-"); delay(1000); }：嘗試連線到 MQTT 伺服器，使

用客戶端 ID、用戶名和密碼，若失敗則每秒打印 "-" 並重試。

Serial.print("\n");：打印換行。

Serial.print("String Topic:["); Serial.print(PubTopicbuffer); Serial.print("]\n");：打印發佈主題，顯示為 "String Topic:[PubTopicbuffer]"。

Serial.print("char Topic:["); Serial.print(SubTopicbuffer); Serial.print("]\n");：打印訂閱主題，顯示為 "char Topic:[SubTopicbuffer]"。

mqttclient.subscribe (SubTopicbuffer);：訂閱指定的主題。

Serial.println("\n MQtt connected!");：打印連線成功的訊息 "MQtt connected!"。

筆者整理了 MQTT_Subscribe_to_WS2812B_ESP32_C3 主程式程式區塊與函式一覽表於下表所示中，讓讀者可以更簡單明瞭整個程式的運作與原理。

表 46 MQTT_Subscribe_to_WS2812B_ESP32_C3 主程式程式區塊與函式一覽表

函數/宣告/變數	主要功能	相關註解
#include "initPins.h"	開發板腳位 pin 初始化，設定	用於硬體初始化，確保腳位 pin 設定正確

函數/宣告/變數	主要功能	相關註解
	Arduino pin 配置	
#include "WS2812BLib.h"	引入 WS2812B LED 燈條的自訂模組，處理燈光控制	控制發光燈條之所有函式庫
#include "MQTTLIB.h"	MQTT 通信函式庫，支援發佈和訂閱	用於 MQTT 通信，處理伺服器連線
initALL()	初始化序列埠通信，波特率 9600	硬體初始化，顯示系統啟動訊息
initWiFi()	初始化並連線到 WiFi	網路連線，確保設備連接到熱點
connectMQTT()	連線到 MQTT 伺服器，訂閱主題	MQTT 通信，顯示客戶端 ID 和主題資訊
CheckLed();	執行 LED 燈泡的顏色檢查，測試硬體是否正常	測試 WS2812b 硬體是否正常

表 47 解析控制命令控制燈泡開啟關閉程式(JSONLib.h 檔)

解析控制命令控制燈泡開啟關閉程式(JSONLib.h)

```
#include <ArduinoJson.h>    //Json 使用元件

StaticJsonDocument<500> json_doc;

unsigned char json_data[500];

DeserializationError json_error;



void initjson() //初始化 json 元件

{


}
```

程式下載網址：

https://github.com/brucetsao/ESP_LedTube/tree/main/Codes

表 48 解析控制命令控制燈泡開啟關閉程式(MQTTLib.h 檔)

解析控制命令控制燈泡開啟關閉程式(MQTTLib.h)
#include "JSONLib.h"   // 引入 JSON 處理函式庫，用於解析和生成 JSON 格式資料 #include <PubSubClient.h> // 引入 MQTT 通訊函式庫，用於與 MQTT Broker 進行訊息的發送與接收

```cpp
// 定義 MQTT Broker 的連線資訊
#define MQTTServer "broker.emqx.io"    // MQTT Broker 的網址,這裡使用公開的 EMQX 測試伺服器
#define MQTTPort 1883                  // MQTT Broker 的通訊埠,1883 是標準 MQTT 通訊埠
char* MQTTUser = "";                   // MQTT 使用者名稱,這裡留空表示不需要帳號驗證
char* MQTTPassword = "";               // MQTT 密碼,這裡留空表示不需要密碼驗證


WiFiClient mqclient;                   // 創建一個 WiFiClient 物件,用於建立 WebSocket 連線
PubSubClient mqttclient(mqclient);     // 創建一個 PubSubClient 物件,基於 WiFiClient,用於 MQTT 通訊


String payloadStr;                     // 定義一個字串變數,用於儲存 MQTT 訊息的內容
```

```cpp
    // MQTT 主題 (Topic) 定義

    const char* PubTop = "/arduinoorg/Led/%s";    // 定義發佈
(Publish) 主題的格式，%s 會被設備 ID 替換

    const char* SubTop = "/arduinoorg/Led/#";    // 定義訂閱
(Subscribe) 主題的格式，# 表示通配符，訂閱所有相關子主題

    String TopicT;                                // 暫存主題的字串
變數

    char SubTopicbuffer[200];                    // 用於儲存訂閱主
題的字元陣列，容量為 200 字元

    char PubTopicbuffer[200];                    // 用於儲存發佈主
題的字元陣列，容量為 200 字元


    // MQTT 訊息 (Payload) 格式與相關變數

    const char* PrePayload =
"{\"Device\":\"%s\",\"Style\":%s,\"Command\":%s,\"Color\":{\"R\":%d,\"G\":%d,\"B\":%d}}";

    // 定義 JSON 格式的訊息模板，包含設備 ID、模式、命令及 RGB 顏
色值

    String PayloadT;                              // 暫存訊息的字串
```

變數

  char Payloadbuffer[250];   // 用於儲存訊息內容的字元陣列，容量為 250 字元

  char clintid[20];   // 用於儲存 MQTT Client ID 的字元陣列，容量為 20 字元

  // MQTT 連線與迴圈間隔時間

  #define MQTT_RECONNECT_INTERVAL 100 // MQTT 重新連線的間隔時間，單位為毫秒（ms）

  #define MQTT_LOOP_INTERVAL 50 // MQTT 主迴圈的執行間隔時間，單位為毫秒（ms）

  // 函數宣告

  void mycallback(char* topic, byte* payload, unsigned int length); // MQTT 回呼函數，處理接收到的訊息

  void ChangeBulbColor(int r, int g, int b); // 改變燈泡顏色的函數，接收 RGB 值

  void TurnOnBulb();   // 開啟燈泡全亮函數，設定為白光全亮

void TurnOffBulb();　　　　　　　　　// 關閉燈泡函數，設定為全暗

　　　void WiFion();　　　　　　　　　　　// 開啟控制板上的 WiFi 指示燈

　　　void WiFioff();　　　　　　　　　　 // 關閉控制板上的 WiFi 指示燈

　　　void ACCESSon();　　　　　　　　　　// 開啟控制板上的連線指示燈

　　　void ACCESSoff();　　　　　　　　　 // 關閉控制板上的連線指示燈

　　　// 產生 MQTT Client ID 的函數，根據設備的 MAC 地址生成

　　　void fillCID(String mm) {

　　　　　// 功能：根據傳入的 MAC 地址字串（mm）生成唯一的 MQTT Client ID

　　　　　clintid[0] = 't';　　　　　　　 // Client ID 的第一個字元設為 't'

　　　　　clintid[1] = 'w';　　　　　　　 // Client ID 的第二個字元設為 'w'，組成 "tw" 前綴

```
        mm.toCharArray(&clintid[2], mm.length() + 1);  // 將 MAC
地址字串轉換為字元陣列，從第 3 個位置開始填入
        clintid[2 + mm.length()] = '\0';  // 在字元陣列結尾加上空
字元 '\0'，表示字串結束
        Serial.print("Client ID:(");   // 在序列埠監控器中印出提
示文字
        Serial.print(clintid);              // 印出生成的 Client ID
        Serial.print(") \n");                // 印出括號與換行符號
    }

    // 產生 MQTT Publish 與 Subscribe 主題的函數
    void fillTopic(String mm) {
        // 功能：根據傳入的 MAC 地址字串 (mm) 格式化發佈與訂閱的
主題
        sprintf(PubTopicbuffer, PubTop, mm.c_str());  // 使用
PubTop 模板生成發佈主題，填入 MAC 地址
        Serial.print("Publish Topic Name:(");           // 在序列埠
監控器中印出提示文字
        Serial.print(PubTopicbuffer);                       // 印出生
```

成的發佈主題

  Serial.print(") \n");   // 印出括號與換行符號

  sprintf(SubTopicbuffer, SubTop);   // 使用 SubTop 模板生成訂閱主題(這裡未填入 %s，因為 SubTop 使用通配符 #)

  Serial.print("Subscribe Topic Name:("); // 在序列埠監控器中印出提示文字

  Serial.print(SubTopicbuffer);   // 印出生成的訂閱主題

  Serial.print(") \n");   // 印出括號與換行符號

 }

// 產生 MQTT 訊息 (Payload) 的函數

void fillPayload(String mm, String ss, String cc, int rr, int gg, int bb) {

  // 功能：根據傳入的參數生成 JSON 格式的訊息內容

  // 參數說明：

  // mm：設備 ID(MAC 地址)，ss：模式 (MONO 或 COLOR)，cc：

命令（ON 或 OFF）

　　　　// rr, gg, bb：RGB 顏色值（0-255）

　　　　sprintf(Payloadbuffer, PrePayload, mm.c_str(), ss.c_str(), cc.c_str(), rr, gg, bb);

　　　　// 使用 PrePayload 模板格式化訊息，將參數填入對應位置

　　　　Serial.print("Payload Content:(");　　// 在序列埠監控器中印出提示文字

　　　　Serial.print(Payloadbuffer);　　　　// 印出生成的訊息內容

　　　　Serial.print(") \n");　　　　　　// 印出括號與換行符號

　　}

　　// 初始化 MQTT 連線的函數

　　void initMQTT() {

　　　　ACCESSon();　　　　　　　　// 開啟連線指示燈，表示正在進行連線

　　　　fillCID(MacData);　　　　　　// 根據設備的 MAC 地址生成 Client ID

```
        fillTopic(MacData);              // 根據設備的 MAC 地址生成發佈與訂閱主題

        mqttclient.setServer(MQTTServer, MQTTPort);   // 設定 MQTT Broker 的伺服器地址與通訊埠

        Serial.println("Now Set MQTT Server");        // 在序列埠監控器中印出提示文字

        mqttclient.setCallback(mycallback);           // 設定回呼函數，當接收到訂閱主題的訊息時觸發 mycallback

        ACCESSon();                                   // 再次開啟連線指示燈，表示連線設定完成

    }


// MQTT 回呼函數，處理接收到的訊息
void mycallback(char* topic, byte* payload, unsigned int length) {

        ACCESSon();                                   // 開啟連線指示燈，表示正在處理訊息

        Serial.print("Message arrived [");            // 在序列埠監控器中印出提示文字
```

```
        Serial.print(topic);                    // 印出接收到的主題名稱
        Serial.print("] \n");                   // 印出括號與換行符號

        Serial.print("Message is [");           // 在序列埠監控器中印出提示文字
        for (int i = 0; i < length; i++) {      // 遍歷接收到的 payload 資料
            Serial.print((char)payload[i]);     // 逐字元印出 payload 內容
            json_data[i] = (char)payload[i];    // 將 payload 的每個字元存入 json_data 陣列
        }
        Serial.print("] \n");                   // 印出括號與換行符號
        json_data[length] = '\0';               // 在 json_data 陣列結尾加上空字元，表示字串結束

        // 解析 JSON 資料
        DeserializationError error = deserializeJson(json_doc,
```

```
json_data);

        if (error) {                          // 如果解析失敗

            Serial.print(F("deserializeJson() failed: ")); // 印出錯誤提示

            Serial.println(error.c_str());    // 印出錯誤訊息

            return;                           // 結束函數執行

        }


        // 檢查設備 ID 是否匹配

        if (json_doc["Device"] == MacData) {  // 如果接收到的設備 ID 與本機 MAC 地址相符

            if (json_doc["Style"] == "COLOR") { // 如果模式為 "COLOR"，表示控制彩色燈

                int r = json_doc["Color"]["R"]; // 取得紅色值

                int g = json_doc["Color"]["G"]; // 取得綠色值

                int b = json_doc["Color"]["B"]; // 取得藍色值

                ChangeBulbColor(r, g, b);     // 呼叫函數改變燈泡顏色

                Serial.println("改變燈泡顏色函數"); // 印出提示
```

文字

```
        } else if (json_doc["Style"] == "MONO") { // 如果模
式為 "MONO"，表示控制單色燈（白光）

            if (json_doc["Command"] == "ON") {    // 如果命
令為 "ON"

                TurnOnBulb();                     // 開啟燈
泡（白光全亮）

                Serial.println("開啟燈泡全亮");   // 印出提
示文字

            } else if (json_doc["Command"] == "OFF") { // 如
果命令為 "OFF"

                TurnOffBulb();                    // 關閉燈
泡（全暗）

                Serial.println("關閉燈泡全暗");   // 印出提
示文字

            }
        } else { // 如果模式不是 "COLOR" 或 "MONO"
            Serial.println("(json_doc[\"Style\"] ==
\"COLOR\")err"); // 印出錯誤訊息
```

```
        }
    } else { // 如果設備 ID 不匹配
        Serial.println("(json_doc[\"Device\"] == MacDa-
ta)err"); // 印出錯誤訊息
    }
    ACCESSoff(); // 關閉連線指示燈，表示訊息處理完成
}
```

程式下載網址：

https://github.com/brucetsao/ESP_LedTube/tree/main/Codes

MQTTLib 副函式庫解釋

背景與目標

筆者設計這個 MQTT_Publish_ESP32_C3 這個 Arduino C 語言程式，主要目的是透過 MQTT Broker 伺服器訂閱控制燈泡的主題，透過 MQTT 協議與遠端的 MQTT Broker 通訊，在收到訂閱控制燈泡的主題所發出之如下表之 json 命令，實現對燈泡的控制開啟或關閉。

```
{
"Device":"AABBCCDDEEGG",
"Style":"MONO"/"COLOR",
"Command":"ON"/"OFF",
"Color":
    {
    "R":255,
    "G":255,
```

```
            "B":255
          }
       }
```

程式碼分析與註解過程

包含與定義函式庫：

```
#include <ArduinoJson.h> // Include ArduinoJson.h，用於處理 JSON 資料。
#include <PubSubClient.h> // Include PubSubClient.h，用於 MQTT 功能。

#define MQTTServer "broker.emqx.io" // 定義 MQTT 伺服器地址。
#define MQTTPort 1883 // 定義 MQTT 伺服器端口。
char* MQTTUser = ""; // 不需要用戶名。
char* MQTTPassword = ""; // 不需要密碼。
```

程式碼首先包含 ArduinoJson.h 和 PubSubClient.h，分別用於 JSON 處理和 MQTT 連線。

定義了 MQTT 伺服器地址（broker.emqx.io）和端口（1883），無需用戶名和密碼。

MQTT Broker 控制元件與通訊元件：

```
WiFiClient mqclient;                          // 創建一個 WiFiClient
物件，用於建立 WebSocket 連線
PubSubClient mqttclient(mqclient);    // 創建一個 PubSubClient
物件，基於 WiFiClient，用於 MQTT 通訊
```

本程式主要創建 WiFi 客戶端和 MQTT 客戶端，透過 WiFiClient mqclient;語法，使用 WiFiClient 類別(宣告<WiFi.h>)來產生 MQTT 通訊所需要的 Winsocket 通訊物件之 mqclient。

再透過 PubSubClient mqttclient(mqclient); 使用 PubSubClient 類別(宣告<PubSubClient.h>)來產生 MQTT 通訊所需要的用戶端通訊物件之 mqttclient，產生時，需要通訊之 Winsocket 通訊物件傳入(這裡使用 mqclient)。

變數與緩衝區：

```
String payloadStr;                    // 定義一個字串變數，用於
儲存 MQTT 訊息的內容


// MQTT 主題 (Topic) 定義
```

```
const char* PubTop = "/arduinoorg/Led/%s";    // 定義發佈（Publish）
主題的格式，%s 會被設備 ID 替換
const char* SubTop = "/arduinoorg/Led/#";     // 定義訂閱（Subscribe）主題的格式，# 表示通配符，訂閱所有相關子主題
String TopicT;                                // 暫存主題的字串變數
char SubTopicbuffer[200];                     // 用於儲存訂閱主題的字元陣列，容量為 200 字元
char PubTopicbuffer[200];                     // 用於儲存發佈主題的字元陣列，容量為 200 字元


// MQTT 訊息（Payload）格式與相關變數
const char* PrePayload = "{\"Device\":\"%s\", \"Style\":%s, \"Command\":%s, \"Color\":{\"R\":%d, \"G\":%d, \"B\":%d}}";
// 定義 JSON 格式的訊息模板，包含設備 ID、模式、命令及 RGB 顏色值
String PayloadT;                              // 暫存訊息的字串變數
```

```
char Payloadbuffer[250];                    // 用於儲存訊息內容
的字元陣列，容量為 250 字元
char clintid[20];                           // 用於儲存 MQTT
Client ID 的字元陣列，容量為 20 字元
```

String payloadStr; : 定義一個字串變數，用於儲存 MQTT 訊息的內容

PubTop = "/arduinoorg/Led/%s"：發布主題模板，其中 %s 通常由設備裝置 MAC 地址填充。

SubTop = "/arduinoorg/Led/#"：訂閱主題模板，使用 # 為萬用字元，訂閱所有子主題。

String TopicT; : 暫存主題的字串變數

SubTopicbuffer[200] 和 PubTopicbuffer[200]：分別用於儲存訂閱和發布主題的函式傳入參數區之暫存變數緩衝區。

主題與 payload 格式：

```
// Payload 格式
const char* PrePayload = "{\"Device\": \"%s\", \"Style\": \"%s\",
\"Command\":    \"%s\",    \"Color\":    {\"R\":%d,    \"G\":%d,
```

\"B\":%d}}" ; // JSON payload 格式字串。

PrePayload 主要設定產生 JSON payload 格式包括設備、風格（MONO 或 COLOR）、命令（ON/OFF）和顏色值（R、G、B），為了將上面變數整合程式中產生的所有變數，產生如下表之 json 命令，所以先制定一個格式化字串來用 sprintf()函式，產生下表之 json 文件。

```
{
"Device":"AABBCCDDEEGG",
"Style":"MONO"/"COLOR",
"Command":"ON"/"OFF",
"Color":
  {
  "R":255,
  "G":255,
  "B":255
  }
}
```

PrePayload 定義 JSON 格式的 payload 模板，包含裝置（Device）、風格（Style）、命令（Command）和顏色（Color：R、G、B）。

String PayloadT; : 暫存訊息內容 payload 的字串變數

Payloadbuffer[250] 用於儲存格式化後的 payload，

clintid[20] 用於儲存客戶端 ID。

延遲或控制間隔設定

```
#define MQTT_RECONNECT_INTERVAL 100            // millisecond
#define MQTT_LOOP_INTERVAL      50             // millisecond
```

MQTT_RECONNECT_INTERVAL 100：重新連線間隔為 100 毫秒。

MQTT_LOOP_INTERVAL 50：迴圈間隔為 50 毫秒。

函數宣告區：

下列為函數宣告區，接下來會逐步解釋。

```
// 函數宣告
void mycallback(char* topic, byte* payload, unsigned int length);
// MQTT 回呼函數，處理接收到的訊息
void ChangeBulbColor(int r, int g, int b); // 改變燈泡顏色的函數，接收 RGB 值
void TurnOnBulb();                         // 開啟燈泡全亮函數，設定為白光全亮
void TurnOffBulb();                        // 關閉燈泡函數，設
```

定為全暗

void WiFion();   // 開啟控制板上的
WiFi 指示燈

void WiFioff();   // 關閉控制板上的
WiFi 指示燈

void ACCESSon();   // 開啟控制板上的連
線指示燈

void ACCESSoff();   // 關閉控制板上的連
線指示燈

MQTTLib 中函數介紹：

  fillCID：根據 MAC 地址生成客戶端 ID，格式為 "tw" 加上 MAC 地址。

// 產生 MQTT Client ID 的函數，根據設備的 MAC 地址生成

void fillCID(String mm) {

  // 功能：根據傳入的 MAC 地址字串 (mm) 生成唯一的 MQTT Client ID

  clintid[0] = 't';   // Client ID 的第一個字元設

為 't'

  clintid[1] = 'w';   // Client ID 的第二個字元設為 'w'，組成 "tw" 前綴

  mm.toCharArray(&clintid[2], mm.length() + 1); // 將 MAC 地址字串轉換為字元陣列，從第 3 個位置開始填入

  clintid[2 + mm.length()] = '\0'; // 在字元陣列結尾加上空字元 '\0'，表示字串結束

  Serial.print("Client ID:("); // 在序列埠監控器中印出提示文字

  Serial.print(clintid);   // 印出生成的 Client ID

  Serial.print(") \n");   // 印出括號與換行符號

}

fillTopic：生成發布和訂閱主題，通過串列埠輸出確認。

// 產生 MQTT Publish 與 Subscribe 主題的函數
void fillTopic(String mm) {
  // 功能：根據傳入的 MAC 地址字串 (mm) 格式化發佈與訂閱的主題

  sprintf(PubTopicbuffer, PubTop, mm.c_str()); // 使用 PubTop

模板生成發佈主題，填入 MAC 地址

　　　Serial.print("Publish Topic Name:(");　　　// 在序列埠監控器中印出提示文字

　　　Serial.print(PubTopicbuffer);　　　// 印出生成的發佈主題

　　　Serial.print(") \n");　　　// 印出括號與換行符號

　　　sprintf(SubTopicbuffer, SubTop);　　　// 使用 Sub-Top 模板生成訂閱主題（這裡未填入 %s，因為 SubTop 使用通配符 #）

　　　Serial.print("Subscribe Topic Name:(");　　　// 在序列埠監控器中印出提示文字

　　　Serial.print(SubTopicbuffer);　　　// 印出生成的訂閱主題

　　　Serial.print(") \n");　　　// 印出括號與換行符號

}

fillPayload：根據參數創建 JSON payload，包含設備資訊和控制命令。

// 產生 MQTT 訊息（Payload）的函數

```
void fillPayload(String mm, String ss, String cc, int rr, int gg, int bb) {
    // 功能：根據傳入的參數生成 JSON 格式的訊息內容
    // 參數說明：
    // mm：設備 ID (MAC 地址)，ss：模式 (MONO 或 COLOR)，cc：命令 (ON 或 OFF)
    // rr, gg, bb：RGB 顏色值 (0-255)
    sprintf(Payloadbuffer, PrePayload, mm.c_str(), ss.c_str(), cc.c_str(), rr, gg, bb);
    // 使用 PrePayload 模板格式化訊息，將參數填入對應位置
    Serial.print("Payload Content:(");   // 在序列埠監控器中印出提示文字
    Serial.print(Payloadbuffer);          // 印出生成的訊息內容
    Serial.print(") \n");                 // 印出括號與換行符號
}
```

initMQTT：初始化 MQTT 連線，設定伺服器和回調函數。

```
// 初始化 MQTT 連線的函數
void initMQTT() {
```

```
        ACCESSon();                        // 開啟連線指示燈,表示正在進行連線
        fillCID(MacData);                  // 根據設備的 MAC 地址生成 Client ID
        fillTopic(MacData);                // 根據設備的 MAC 地址生成發佈與訂閱主題
        mqttclient.setServer(MQTTServer, MQTTPort); // 設定 MQTT Broker 的伺服器地址與通訊埠
        Serial.println("Now Set MQTT Server");      // 在序列埠監控器中印出提示文字
        mqttclient.setCallback(mycallback);         // 設定回呼函數,當接收到訂閱主題的訊息時觸發 mycallback
        ACCESSon();                        // 再次開啟連線指示燈,表示連線設定完成
}
```

mycallback:處理接收到的資訊,輸出主題和 payload 內容。

```
// MQTT 回呼函數,處理接收到的訊息
void mycallback(char* topic, byte* payload, unsigned int length)
```

```
{
    ACCESSon();                         // 開啟連線指示燈,表示正在處理訊息
    Serial.print("Message arrived [");  // 在序列埠監控器中印出提示文字
    Serial.print(topic);                // 印出接收到的主題名稱
    Serial.print("] \n");               // 印出括號與換行符號

    Serial.print("Message is [");       // 在序列埠監控器中印出提示文字
    for (int i = 0; i < length; i++) {  // 遍歷接收到的 payload 資料
        Serial.print((char)payload[i]); // 逐字元印出 payload 內容
        json_data[i] = (char)payload[i]; // 將 payload 的每個字元存入 json_data 陣列
    }
    Serial.print("] \n");               // 印出括號與換行符號
```

```
    json_data[length] = '\0';              // 在 json_data 陣列結
尾加上空字元，表示字串結束


    // 解析 JSON 資料
    DeserializationError error = deserializeJson(json_doc,
json_data);
    if (error) {                           // 如果解析失敗
        Serial.print(F("deserializeJson() failed: ")); // 印出
錯誤提示
        Serial.println(error.c_str()); // 印出錯誤訊息
        return;                            // 結束函數執行
    }


    // 檢查設備 ID 是否匹配
    if(json_doc["Device"] == MacData) { // 如果接收到的設備 ID
與本機 MAC 地址相符
        if (json_doc["Style"] == "COLOR") { // 如果模式為
"COLOR"，表示控制彩色燈
            int r = json_doc["Color"]["R"]; // 取得紅色值
```

```
            int g = json_doc["Color"]["G"];   // 取得綠色值
            int b = json_doc["Color"]["B"];   // 取得藍色值
            ChangeBulbColor(r, g, b);          // 呼叫函數改變燈泡顏色
            Serial.println("改變燈泡顏色函數");  // 印出提示文字
        } else if (json_doc["Style"] == "MONO") {  // 如果模式為 "MONO"，表示控制單色燈（白光）
            if (json_doc["Command"] == "ON") {     // 如果命令為 "ON"
                TurnOnBulb();                      // 開啟燈泡（白光全亮）
                Serial.println("開啟燈泡全亮");     // 印出提示文字
            } else if (json_doc["Command"] == "OFF") {  // 如果命令為 "OFF"
                TurnOffBulb();                     // 關閉燈泡（全暗）
                Serial.println("關閉燈泡全暗");     // 印出提示
```

文字

```
        }
      } else { // 如果模式不是 "COLOR" 或 "MONO"
        Serial.println("(json_doc[\"Style\"]    ==
\"COLOR\")err"); // 印出錯誤訊息
      }
    } else { // 如果設備 ID 不匹配
      Serial.println("(json_doc[\"Device\"]    ==    MacDa-
ta)err"); // 印出錯誤訊息
    }
    ACCESSoff(); // 關閉連線指示燈，表示訊息處理完成
}
```

mycallback() 是回呼函數，當訂閱的主題有新訊息時觸發。

觸發第一件事就次呼叫 ACCESSon();，也就是開啟連線指示燈，表示正在處理訊息，並在序列埠監控器中印出提示傳入主題的內容文字。

```
    Serial.print("Message is [");        // 在序列埠監控器中印出提示文字
    for (int i = 0; i < length; i++) { // 遍歷接收到的 payload 資料
```

```
            Serial.print((char)payload[i]); // 逐字元印出 payload
內容
            json_data[i] = (char)payload[i]; // 將 payload 的每個
字元存入 json_data 陣列
        }
```

上述程式為使用 for 迴圈,透過傳入 length(payload 長度),將接收到的 byte 資料轉換為 json_data[500]字元陣列中(該 json_data[500]宣告在 JSONLib.h 中),解析完畢後 json_data[500]字元陣列之最後(length+1)填入' \0',也就是在 json_data 陣列結尾加上空字元,表示字串結束。

在解析下表之 json 文件。

```
        {
        "Device":"AABBCCDDEEGG",
        "Style":"MONO"/"COLOR",
        "Command":"ON"/"OFF",
        "Color":
          {
           "R":255,
           "G":255,
           "B":255
          }
        }
```

根據 JSON 中的 "Device"用來判斷與本身裝置之 MAC Address 是否

相同，是的話再執行對應的燈泡控制動作：

接下來在根據 JSON 中的"Style"，如果 "Style" 為 "MONO"，則根據 "Command" == "ON" 則開啟白光燈泡或根據 "Command" == "OFF" 則關閉白光燈泡。

如果 "Style" 為 "COLOR"，原本設定為改變燈泡的 RGB 顏色，則參照

```
int r = json_doc["Color"]["R"]; // 取得紅色值
int g = json_doc["Color"]["G"]; // 取得綠色值
int b = json_doc["Color"]["B"]; // 取得藍色值
ChangeBulbColor(r, g, b);       // 呼叫函數改變燈泡顏色
Serial.println("改變燈泡顏色函數"); // 印出提示文字
```

讀入 r = json_doc["Color"]["R"]、g = json_doc["Color"]["G"]、b = json_doc["Color"]["B"]三原色的變數，透過 ChangeBulbColor(r, g, b);傳入(r, g, b)三原色參數來改變燈泡顏色。

最後透過 ACCESSoff();來關閉連線指示燈，表示訊息處理完成。

筆者整理了 MQTTLib.h 檔函式庫一覽表於下表所示中，讓讀者可以更簡單明瞭整個程式的運作與原理。

表 49 MQTT_Subscribe_to_WS2812B_ESP32_C3 之 MQTTLib.h 檔函式庫一覽表

組件	功能描述
ArduinoJson.h	處理 JSON 資料，解析和創建 JSON 格式內容。
PubSubClient.h	實現 MQTT 連線，發布和訂閱資訊。
MQTTServer, MQTTPort	設定 MQTT 伺服器地址和端口，無需認證。
WiFiClient, mqttclient	創建 WiFi 和 MQTT 客戶端，進行網路通信。
fillCID, fillTopic	根據 MAC 地址生成客戶端 ID 和主題。
fillPayload	創建 JSON payload，包含設備狀態和控制命令。
initMQTT, connectMQTT	初始化和連線 MQTT 伺服器，訂閱主題。
mycallback	處理接收到的資訊，輸出主題和 payload。

表 50 解析控制命令控制燈泡開啟關閉程式(WS2812BLib.h 檔)

解析控制命令控制燈泡開啟關閉程式(WS2812BLib.h)
// 定義常數與巨集
#define TestLed 1   // 測試 LED 功能開啟（1: 開啟, 0: 關閉），用來決定是否執行 LED 測試模式
#define WSPIN 10   // WS2812B 燈條控制的腳位，

指定 Arduino 的第 10 腳作為控制訊號輸出

    #define NUMPIXELS 16　　　　// 燈泡數量為 16 顆，定義燈條上 WS2812B LED 的數量

    #define CheckColorDelayTime 200 // LED 顏色檢查延遲時間（毫秒），用於測試模式中每種顏色顯示的持續時間

    // 引用外部庫

    #include <Adafruit_NeoPixel.h> // 引入 Adafruit NeoPixel 函數庫，用於控制 WS2812B LED 燈條

    // 建立 WS2812B 的控制物件

    // 參數說明：Adafruit_NeoPixel(燈泡數量, 控制腳位, 傳輸協議與速率)

    Adafruit_NeoPixel pixels = Adafruit_NeoPixel(NUMPIXELS, WSPIN, NEO_GRB + NEO_KHZ800);

    // - NUMPIXELS: 燈泡數量（16 顆）

    // - WSPIN: 控制腳位（第 10 腳）

    // - NEO_GRB + NEO_KHZ800: WS2812B 的資料傳輸格式與速率，GRB 表示顏色順序為綠、紅、藍，800KHz 是通訊速率

// 定義全域變數

byte RedValue = 0, GreenValue = 0, BlueValue = 0; // 初始 RGB 顏色值，設為 0（全暗）

String ReadStr = "   "; // 用於儲存從序列埠接收到的字串資料，預設為空白字串

// 預設顏色陣列 (R, G, B)

// 這個二維陣列儲存了 17 組預設顏色，每組包含紅 (R)、綠 (G)、藍 (B) 三個值 (0~255)

int CheckColor[][3] = {

   {255, 255, 255}, // 白色（全亮）

   {255, 0, 0},   // 紅色

   {0, 255, 0},   // 綠色

   {0, 0, 255},   // 藍色

   {255, 128, 64},   // 橙色

   {255, 255, 0},   // 黃色

   {0, 255, 255},   // 青色

   {255, 0, 255},   // 紫色

```
    {255, 255, 255},   // 白色（重複）

    {255, 128, 0},     // 深橙色

    {255, 128, 128},   // 粉紅色

    {128, 255, 255},   // 淺藍綠色

    {128, 128, 192},   // 淡紫色

    {0, 128, 255},     // 天藍色

    {255, 0, 128},     // 粉紫色

    {128, 64, 64},     // 深紅色

    {0, 0, 0}          // 黑色（全暗）
};


// 函數宣告

void CheckLed();                    // 檢查 LED 顯示顏色的函數，用於測試模式

void ChangeBulbColor(int r, int g, int b); // 改變燈泡顏色的函數，接收 RGB 值並設定到燈條

// 字串解碼函數，解析輸入字串中的 RGB 值

boolean DecodeString(String INPStr, byte *r, byte *g, byte
```

```
*b) {
    Serial.print("check string:(");
    Serial.print(INPStr);
    Serial.print(")\n"); // 印出正在檢查的輸入字串,用於除錯



    int i = 0;
    int strsize = INPStr.length(); // 取得輸入字串的長度


    // 逐字元檢查字串內容
    for (i = 0; i < strsize; i++) {
      Serial.print(i);
      Serial.print(" :(");
      Serial.print(INPStr.substring(i, i + 1));
      Serial.print(")\n"); // 印出每個字元的位置與內容,用於除錯


      // 檢查是否有 '@' 符號,'@' 是觸發 RGB 解析的標記
      if (INPStr.substring(i, i + 1) == "@") {
```

```
            Serial.print("find @ at :(");
            Serial.print(i);
            Serial.print("/");
            Serial.print(strsize - i - 1);
            Serial.print("/");
            Serial.print(INPStr.substring(i + 1, strsize));
            Serial.print(")\n"); // 印出找到 '@' 的位置與後續
字串


            // 解析 RGB 值,假設格式為 @RRRGGGBBB (例如
@255128064)
            // substring(i + 1, i + 1 + 3) 取出 RRR (紅色值)
            // substring(i + 1 + 3, i + 1 + 3 + 3) 取出 GGG (綠
色值)
            // substring(i + 1 + 3 + 3, i + 1 + 3 + 3 + 3) 取
出 BBB (藍色值)
            *r = byte(INPStr.substring(i + 1, i + 1 + 3).toInt());
// 將紅色值轉為整數並儲存
            *g = byte(INPStr.substring(i + 1 + 3, i + 1 + 3 +
```

3).toInt()); // 將綠色值轉為整數並儲存

　　　　*b = byte(INPStr.substring(i + 1 + 3 + 3, i + 1 + 3 + 3 + 3).toInt()); // 將藍色值轉為整數並儲存

　　　　Serial.print("convert into :(");

　　　　Serial.print(*r);

　　　　Serial.print("/");

　　　　Serial.print(*g);

　　　　Serial.print("/");

　　　　Serial.print(*b);

　　　　Serial.print(")\n"); // 印出解析後的 RGB 值，用於除錯

　　　　return true; // 解析成功，返回 true

　　　}

　　}

　　return false; // 未找到 '@' 或解析失敗，返回 false

}

```
// 改變燈泡顏色的函數
void ChangeBulbColor(int r, int g, int b) {
    // 對燈條上的每個燈泡設定相同的顏色
    for (int i = 0; i < NUMPIXELS; i++) {
        // 設定第 i 顆燈泡的顏色，參數為 RGB 值 (範圍 0~255)
        pixels.setPixelColor(i, pixels.Color(r, g, b));
    }
    pixels.show(); // 將設定的顏色資料傳送到 WS2812B 燈條，更新顯示
}


// 檢查 LED 顯示顏色的函數 (測試模式)
void CheckLed() {
    // 依序顯示預設顏色陣列中的 16 種顏色
    for (int i = 0; i < 16; i++) {
        // 呼叫 ChangeBulbColor 函數，使用預設顏色陣列中的 RGB 值
        ChangeBulbColor(CheckColor[i][0], CheckColor[i][1], CheckColor[i][2]);
```

```
        delay(CheckColorDelayTime);  // 延遲指定時間(200ms)，讓每種顏色可被觀察
    }
}


// 開啟燈泡全亮（白色）
void TurnOnBulb() {
    // 將所有燈泡設為白色全亮（RGB = 255, 255, 255）
    ChangeBulbColor(255, 255, 255);
}


// 關閉燈泡全暗（黑色）
void TurnOffBulb() {
    // 將所有燈泡設為全暗（RGB = 0, 0, 0）
    ChangeBulbColor(0, 0, 0);
}
```

程式下載網址：

https://github.com/brucetsao/ESP_LedTube/tree/main/Codes

WS2812BLib 副函式庫解釋

背景與目標

筆者設計這個 MQTT_Subscribe_to_WS2812B_ESP32_C3 這個 WS2812BLib 副函式庫，主要目的是透過 Adafruit 公司官方的 Adafruit_NeoPixel.h 函式庫來達到控制燈泡的發光、改變顏色、亮度、所有燈泡相關控制，本函式庫主要實現對燈泡的的發光、改變顏色、亮度或控制開啟或關閉。

程式碼分析與註解過程

定義常數與巨集：

```
// 定義常數與巨集

#define TestLed 1              // 測試 LED 功能開啟 (1: 開啟, 0: 關閉)，用來決定是否執行 LED 測試模式

#define WSPIN 10               // WS2812B 燈條控制的腳位，指定 Arduino 的第 10 腳作為控制訊號輸出

#define NUMPIXELS 16           // 燈泡數量為 16 顆，定義燈條上 WS2812B LED 的數量

#define CheckColorDelayTime 200 // LED 顏色檢查延遲時間（毫
```

秒)，用於測試模式中每種顏色顯示的持續時間

    程式碼宣告#define TestLed 1，用來控制是否一開始就執行 CheckLed()，透過 16 種測試顏色之 CheckColor[16][3]變數，進行連接之 WS2812b 之 RGB 燈泡/燈條測試是否正常運作。

    程式碼宣告#define WSPIN 10，用指定連接之 WS2812b 之 RGB 燈泡/燈條控制的腳位，指定 開發板之的 GPIO 10 腳作為控制訊號的腳位。

    程式碼宣告#define NUMPIXELS 16，用來告知開發板與系統，目前連接之 WS2812b 之 RGB 燈泡/燈條燈泡數量為 16 顆，

    程式碼宣告#define CheckColorDelayTime 200，用來控制 LED 顏色檢查延遲時間（毫秒)，用於測試模式中每種顏色顯示的持續時間。

包含與定義函式庫：

```
// 引用外部庫
#include <Adafruit_NeoPixel.h> // 引入 Adafruit NeoPixel 函數庫，用於控制 WS2812B LED 燈條

// 建立 WS2812B 的控制物件
```

```
// 參數說明：Adafruit_NeoPixel(燈泡數量, 控制腳位, 傳輸協議與速率)
Adafruit_NeoPixel pixels = Adafruit_NeoPixel(NUMPIXELS, WSPIN, NEO_GRB + NEO_KHZ800);
// - NUMPIXELS: 燈泡數量（16 顆）
// - WSPIN: 控制腳位（第 10 腳）
//
```

程式碼首先宣告透過 Adafruit 公司官方的 Adafruit_NeoPixel.h 函式庫來完成控制燈泡的發光、改變顏色、亮度、所有燈泡相關控制函式庫。

接下來使用 Adafruit_NeoPixel pixels = Adafruit_NeoPixel(NUMPIXELS, WSPIN, NEO_GRB + NEO_KHZ800);，透過 NUMPIXELS: 燈泡數量（16 顆）與 WSPIN: 控制腳位（第 10 腳）來告知 Adafruit_NeoPixel.h 函式庫，來產生 WS2812B LED 燈條元件之 pixels 物件。

```
// 定義全域變數
    byte RedValue = 0, GreenValue = 0, BlueValue = 0;    ：用來函式庫三個
```
顏色 RGB 顏色值之全域變數，期三個全域變數預設設為 0(全暗)

```
        String ReadStr = "          ";   ：用於儲存從序列埠接收到的字串資料，
```

預設為空白字串。

測試顏色陣列 (R, G, B)變數：

```
// 這個二維陣列儲存了 17 組預設顏色，每組包含紅 (R)、綠 (G)、藍 (B) 三個值 (0~255)
int CheckColor[][3] = {
  {255, 255, 255}, // 白色（全亮）
  {255, 0, 0},     // 紅色
  {0, 255, 0},     // 綠色
  {0, 0, 255},     // 藍色
  {255, 128, 64},  // 橙色
  {255, 255, 0},   // 黃色
  {0, 255, 255},   // 青色
  {255, 0, 255},   // 紫色
  {255, 255, 255}, // 白色（重複）
  {255, 128, 0},   // 深橙色
  {255, 128, 128}, // 粉紅色
  {128, 255, 255}, // 淺藍綠色
  {128, 128, 192}, // 淡紫色
```

```
    {0, 128, 255},      // 天藍色

    {255, 0, 128},      // 粉紫色

    {128, 64, 64},      // 深紅色

    {0, 0, 0}           // 黑色（全暗）
};
```

這個變數提供 void CheckLed( );來測試連接之 WS2812b RGB 彩色燈泡，連續發光之 16 種顏色，來測試 WS2812b RGB 彩色燈泡是否正常運作。

函式宣告區：

```
    void CheckLed();                    // 檢查 LED 顯示顏色的函數，用於測試模式
    void ChangeBulbColor(int r, int g, int b); // 改變燈泡顏色的函數，接收 RGB 值並設定到燈條
```

後續會針對這些函式進行更進一步的講解。

*DecodeString(String INPStr, byte *r, byte *g, byte *b)字串解碼函數，解析輸入字串中的 RGB 值：*

```
// 字串解碼函數，解析輸入字串中的 RGB 值
boolean DecodeString(String INPStr, byte *r, byte *g, byte *b)
{
  Serial.print("check string:(");
  Serial.print(INPStr);
  Serial.print(")\n"); // 印出正在檢查的輸入字串，用於除錯


  int i = 0;
  int strsize = INPStr.length(); // 取得輸入字串的長度


  // 逐字元檢查字串內容
  for (i = 0; i < strsize; i++) {
    Serial.print(i);
    Serial.print(" :(");
    Serial.print(INPStr.substring(i, i + 1));
    Serial.print(")\n"); // 印出每個字元的位置與內容，用於除錯

    // 檢查是否有 '@' 符號，'@' 是觸發 RGB 解析的標記
    if (INPStr.substring(i, i + 1) == "@") {
```

```
        Serial.print("find @ at :(");

        Serial.print(i);

        Serial.print("/");

        Serial.print(strsize - i - 1);

        Serial.print("/");

        Serial.print(INPStr.substring(i + 1, strsize));

        Serial.print(")\n"); // 印出找到 '@' 的位置與後續字串


        // 解析 RGB 值,假設格式為 @RRRGGGBBB (例如 @255128064)
        // substring(i + 1, i + 1 + 3) 取出 RRR (紅色值)
        // substring(i + 1 + 3, i + 1 + 3 + 3) 取出 GGG (綠色值)
        // substring(i + 1 + 3 + 3, i + 1 + 3 + 3 + 3) 取出 BBB (藍色值)

        *r = byte(INPStr.substring(i + 1, i + 1 + 3).toInt()); // 將紅色值轉為整數並儲存

        *g = byte(INPStr.substring(i + 1 + 3, i + 1 + 3 + 3).toInt()); // 將綠色值轉為整數並儲存

        *b = byte(INPStr.substring(i + 1 + 3 + 3, i + 1 + 3 + 3 + 3).toInt()); // 將藍色值轉為整數並儲存
```

```
        Serial.print("convert into :(");

        Serial.print(*r);

        Serial.print("/");

        Serial.print(*g);

        Serial.print("/");

        Serial.print(*b);

        Serial.print(")\n"); // 印出解析後的 RGB 值,用於除錯


        return true; // 解析成功,返回 true
      }
    }
  return false; // 未找到 '@' 或解析失敗,返回 false
}
```

　　int strsize = INPStr.length();：獲取輸入字串的長度,準備進行字符檢查。

　　for (i = 0; i < strsize; i++)：循環檢查每個字符,尋找 '@' 符號。

　　if (INPStr.substring(i, i + 1) == "@")：如果找到 '@',則假設

後續格式為 @RRRGGGBBB，其中 RRR、GGG、BBB 為三位的數字。

　　*r = byte(INPStr.substring(i + 1, i + 1 + 3).toInt());：提取紅色值，轉換為整數後存入 *r。

　　同樣地，提取綠色和藍色值，存入 *g 和 *b。

　　return true;：如果解碼成功，返回 true；否則，循環結束後返回 false。

ChangeBulbColor(int r, int g, int b) 改變燈泡顏色的函數：

```
// 改變燈泡顏色的函數
void ChangeBulbColor(int r, int g, int b)
{
  // 對燈條上的每個燈泡設定相同的顏色
  for (int i = 0; i < NUMPIXELS; i++) {
    // 設定第 i 顆燈泡的顏色，參數為 RGB 值（範圍 0~255）
    pixels.setPixelColor(i, pixels.Color(r, g, b));
  }
  pixels.show(); // 將設定的顏色資料傳送到 WS2812B 燈條，更新顯示
}
```

void ChangeBulbColor(int r, int g, int b)：改變所有 LED 顏色的函數，接受紅、綠、藍（RGB）值作為參數，接受紅、綠、藍（RGB）值作為參數，進而改變開發板連接之所有 WS2812B LED 的顏色。

程式內部邏輯：透過 for 迴圈，用 i 變數指引，循環每個 LED，通過 pixels.setPixelColor 設定顏色，然後 pixels.show() 更新燈條。

```
for(int i=0; i<NUMPIXELS; i++)
{
...
};
```

// 循環遍歷每個 LED，設定其顏色為 (r, g, b)。

pixels.setPixelColor(i, pixels.Color(r, g, b));：// 為每個 LED 設定顏色。

pixels.Color(r, g, b)為透過設定其顏色為 (r, g, b)，來取得系統所用的顏色變數。

pixels.show();：// 更新 LED 燈條，顯示新的顏色。

CheckLed 函數：

```
// 檢查 LED 顯示顏色的函數（測試模式）
void CheckLed() {
  // 依序顯示預設顏色陣列中的 16 種顏色
  for (int i = 0; i < 16; i++) {
    // 呼叫 ChangeBulbColor 函數，使用預設顏色陣列中的 RGB 值
    ChangeBulbColor(CheckColor[i][0],        CheckColor[i][1], CheckColor[i][2]);
    delay(CheckColorDelayTime); // 延遲指定時間（200ms），讓每種顏色可被觀察
  }
}
```

void CheckLed()：檢查 LED 功能，通過 for 迴圈，循環顯示預定義顏色陣列 CheckColor[16][3]。

內部邏輯：for 迴圈循環 16 次（i < 16），因為筆者連接之 WS2812B 只有設定 16 顆 RGB LED 燈泡，每次呼叫 ChangeBulbColor 設定 CheckColor[i] 指定的顏色，然後延遲 CheckColorDelayTime。

```
for(int i = 0; i <16; i++)
{
 ...
}
```

// 循環 16 次，設定每個顏色 CheckColor[i][0=Red, 1=Green, 2=Blue]。

ChangeBulbColor(CheckColor[i][0], CheckColor[i][1], CheckColor[i][2]);：

// 設定所有 LED 為 CheckColor[i] 指定的顏色。

delay(CheckColorDelayTime);：// 等待指定的時間

TurnOnBulb()開啟燈泡全亮（白色）:

```
void TurnOnBulb() {
  // 將所有燈泡設為白色全亮（RGB = 255, 255, 255）
  ChangeBulbColor(255, 255, 255);
}
```

透過 ChangeBulbColor(R, G, B)來改變顏色，因為 R=255、G=255、B=255，代表 RGB 三原色全亮，混色之後就是白光，換言之就是開啟燈泡全亮（白色）。

TurnOffBulb()關閉燈泡全暗（黑色）:

```
// 關閉燈泡全暗（黑色）
void TurnOffBulb() {
  // 將所有燈泡設為全暗（RGB = 0, 0, 0）
  ChangeBulbColor(0, 0, 0);
}
```

透過 ChangeBulbColor(R, G, B)來改變顏色，因為 R=0、G=0、B=0，代表 RGB 三原色全滅，混色之後就是不發光，換言之就是關閉燈泡全暗（黑色）。

筆者整理了 MQTT_Subscribe_to_WS2812B_ESP32_C3 之 WS2812BLib.h 檔函式庫一覽表於下表所示中，讓讀者可以更簡單明瞭整個程式的運作與原理。

表 51 MQTT_Subscribe_to_WS2812B_ESP32_C3 之 WS2812Blib.h 檔函式庫一覽表

組件	功能描述
ArduinoJson.h	處理 JSON 資料，解析和創建 JSON 格式內容。
PubSubClient.h	實現 MQTT 連線，發布和訂閱資訊。
MQTTServer, MQTTPort	設定 MQTT 伺服器地址和端口，無需認證。
WiFiClient, mqttclient	創建 WiFi 和 MQTT 客戶端，進行網路通信。
fillCID, fillTopic	根據 MAC 地址生成客戶端 ID 和主題。
fillPayload	創建 JSON payload，包含設備狀態和控制命令。
initMQTT, connectMQTT	初始化和連線 MQTT 伺服器，訂閱主題。
mycallback	處理接收到的資訊，輸出主題和 payload。

表 52 解析控制命令控制燈泡開啟關閉程式(commlib.h 檔)

解析控制命令控制燈泡開啟關閉程式(commlib.h)
#define _Debug 1 // 除錯模式開啟 (1: 開啟, 0: 關閉)
#include <String.h> // 引入處理字串的函數庫
#define IOon HIGH

```
#define IOoff LOW


// 除錯訊息輸出函數（不換行）
void DebugMsg(String msg)
{
    if (_Debug != 0)   //除錯訊息(啟動)
    {
        Serial.print(msg) ;  // 顯示訊息:msg 變數內容
    }
}


// 除錯訊息輸出函數（換行）
void DebugMsgln(String msg)
{
    if (_Debug != 0)   //除錯訊息(啟動)
    {
        Serial.println(msg) ;  // 顯示訊息:msg 變數內容
    }
```

}

//----------Common Lib

void GPIOControl(int GP, int cmd) //

{

  // GP == GPIO 號碼

  //cmd =高電位或低電位 ，cmd =>1 then 高電位， cmd =>0 then 低電位

  if (cmd==1) //cmd=1 ===>GPIO is IOon

  {

    digitalWrite(GP, IOon);

  }

  else if(cmd==0) //cmd=0 ===>GPIO is IOoff

  {

    digitalWrite(GP, IOoff) ;

  }

}

```
// 計算 num 的 expo 次方
long POW(long num, int expo)
{
    long tmp = 1;    //暫存變數

    if (expo > 0)  //次方大於零
    {
        for (int i = 0; i < expo; i++)  //利用迴圈累乘
        {
            tmp = tmp * num;    // 不斷乘以 num
        }
        return tmp;    //回傳產生變數
    }
    else
    {
        return tmp;   // 若 expo 小於或等於 0,返回 1
    }
}
```

// 生成指定長度的空格字串

String SPACE(int sp)   //sp 為傳入產生空白字串長度

{

  String tmp = "";   //產生空字串

  for (int i = 0; i < sp; i++)   //利用迴圈累加空白字元

  {

    tmp.concat(' ');   // 加入空格

  }

  return tmp;   //回傳產生空白字串

}

// 轉換數字為指定長度與進位制的字串，並補零

String strzero(long num, int len, int base)

{

  //num 為傳入的數字

  //len 為傳入的要回傳字串長度之數字

  // base 幾進位

  String retstring = String("");   //產生空白字串

```
int ln = 1;  //暫存變數

int i = 0;   //計數器

char tmp[10]; //暫存回傳內容變數

long tmpnum = num;   //目前數字

int tmpchr = 0; //字元計數器

char hexcode[] =
{'0','1','2','3','4','5','6','7','8','9','A','B','C','D','E','F'};

//產生字元的對應字串內容陣列

while (ln <= len) //開始取數字
{
    tmpchr = (int)(tmpnum % base);   //取得第n個字串的數字內容,如1='1'、15='F'

    tmp[ln - 1] = hexcode[tmpchr];   //根據數字換算對應字串

    ln++;

    tmpnum = (long)(tmpnum / base); // 求剩下數字
}

for (i = len - 1; i >= 0; i--)
{
```

```
        retstring.concat(tmp[i]);//連接字串

    }

    return retstring;    //回傳內容

}




// 轉換指定進位制的字串為數值

unsigned long unstrzero(String hexstr, int base)

{

    String chkstring; //暫存字串

    int len = hexstr.length();   // 取得長度

    unsigned int i = 0;

    unsigned int tmp = 0; //取得文字之字串位置變數

    unsigned int tmp1 = 0;   //取得文字之對應字串位置變數

    unsigned long tmpnum = 0; //目前數字

    String hexcode = String("0123456789ABCDEF");    //產生字元的對應字串內容陣列

    for (i = 0; i < len; i++)

    {
```

```
        hexstr.toUpperCase();  //先轉成大寫文字
        tmp = hexstr.charAt(i);  //取第 i 個字元
        tmp1 = hexcode.indexOf(tmp);   //根據字元,判斷十進位數字
        tmpnum = tmpnum + tmp1 * POW(base, (len - i - 1));   //計算數字
    }
    return tmpnum;   //回傳內容
}




// 轉換數字為 16 進位字串,若小於 16 則補 0
String print2HEX(int number) {
    String ttt;    //暫存字串
    if (number >= 0 && number < 16) //判斷是否在區間
    {
        ttt = String("0") + String(number, HEX);   //產生前補零之字串
    }
    else
```

```
    {
        ttt = String(number, HEX);//產生字串
    }
    return ttt; //回傳內容
}

// 將 char 陣列轉為字串
String chrtoString(char *p)
{
    String tmp; //暫存字串
    char c; //暫存字元
    int count = 0;   //計數器
    while (count < 100) //100 個字元以內
    {
        c = *p; //取得字串之每一個字元內容
        if (c != 0x00)   //是否未結束
        {
            tmp.concat(String(c));   //字元累積到字串
        }
```

```
            else
            {
                return tmp;  //回傳內容
            }
            count++;    // 計數器加一
            p++;    //往下一個字元
        }
    }


// 複製 String 到 char 陣列
void CopyString2Char(String ss, char *p)
{
    if (ss.length() <= 0)  //是否為空字串
    {
        *p = 0x00;    //加上字元陣列結束 0x00
        return;  //結束
    }
    ss.toCharArray(p, ss.length() + 1);  //利用字串轉字元命令
}
```

```c
// 比較兩個 char 陣列是否相同
boolean CharCompare(char *p, char *q)
{
    // *p 第一字元陣列的指標 :陣列第一字元的字元指標(用&chararray[0]取得)
    boolean flag = false; //是否結束旗標
    int count = 0;   //計數器
    int nomatch = 0;   //不相同比對計數器
    while (flag < 100)   ////是否結束
    {
        if (*(p + count) == 0x00 || *(q + count) == 0x00) //是否結束
            break;   //離開
        if (*(p + count) != *(q + count)) //比較不同
        {
            nomatch++;       //不相同比對計數器累加
        }
        count++;     //計數器累加
```

- 620 -

```
    }

    return nomatch == 0;   //回傳是否有不同

}



// 將 double 轉為字串,保留指定小數位數

String Double2Str(double dd, int decn)

{

    //double dd==>傳入之浮點數

    //int decn==>傳入之保留指定小數位數

    int a1 = (int)dd; // 先取整數位數字

    int a3;      //小數點站存變數

    if (decn > 0) //保留指定小數位數大於零

    {

        double a2 = dd - a1;   //取小數位數字

        a3 = (int)(a2 * pow(10, decn)); // 將取得之小數位數字放大 10 的 decn 倍

    }

    if (decn > 0) //保留指定小數位數大於零

    {
```

```
            return String(a1) + "." + String(a3);
        //將整數位轉乘之文字+小數點+小數點之擴大長度之數字轉換文字==>產生新字串回傳
    }
    else
    {
            return String(a1);//將整數位轉乘之文字==>產生新字串回傳
    }
}
```

程式下載網址：

https://github.com/brucetsao/ESP_LedTube/tree/main/Codes

接下來下表之透過簡易命令轉換控制命令傳送到 MQTT Broker 程式 (MQTT_Subscribe_to_WS2812B_ESP32_C3-commlib.h 檔)可以參考表 25 MQTT Broker 伺服器讀取控制命令程式(commlib.h 檔)內容與其下之程式解釋。

表 53 解析控制命令控制燈泡發光程式(initPins.h 檔)

解析控制命令控制燈泡發光程式(initPins.h)
`#include "commlib.h"`   // 共用函式模組
`#define WiFiPin 3`   //控制板上 WIFI 指示燈腳位
`#define AccessPin 4` //控制板上連線指示燈腳位
`#define Ledon 1`   //LED 燈亮燈控制碼
`#define Ledoff 0`   //LED 燈滅燈控制碼
`#define initDelay    6000`   //初始化延遲時間
`#define loopdelay 10000`   //loop 延遲時間
`#include <String.h>` // 引入處理字串的函數庫
`#include <WiFi.h>`   //使用網路函式庫
`#include <WiFiClient.h>`   //使用網路用戶端函式庫
`#include <WiFiMulti.h>`   //多熱點網路函式庫
`WiFiMulti wifiMulti;`   //產生多熱點連線物件
`IPAddress ip ;`   //網路卡取得 IP 位址之原始型態之儲存變

數

```
String IPData ;      //網路卡取得 IP 位址之儲存變數
String APname ;      //網路熱點之儲存變數
String MacData ;     //網路卡取得網路卡編號之儲存變數
long rssi ;          //網路連線之訊號強度'之儲存變數
int status = WL_IDLE_STATUS;   //取得網路狀態之變數
// 除錯訊息輸出函數（不換行）


String IpAddress2String(const IPAddress& ipAddress) ;
String GetMacAddress() ;// 取得網路卡 MAC 地址
void ShowMAC() ;// 在串列埠顯示 MAC 地址
void WiFion() ;//控制板上 Wifi 指示燈打開
void WiFioff();    //控制板上 Wifi 指示燈關閉
void ACCESSon(); //控制板上連線指示燈打開
void ACCESSoff(); //控制板上連線指示燈關閉
void SetPin(); //設定主板 GPIO 狀態


void SetPin() //設定主板 GPIO 狀態
```

```
{
    pinMode(WiFiPin, OUTPUT) ;    //控制板上WIFI指示燈腳位
    pinMode(AccessPin, OUTPUT) ;  //控制板上連線指示燈腳位
    WiFioff();      //控制板上Wifi指示燈關閉
    ACCESSoff();    //控制板上連線指示燈關閉
}


void initWiFi()    //網路連線,連上熱點
{
    //MacData = GetMacAddress() ;    //取得網路卡編號
    //加入連線熱點資料
    WiFi.mode(WIFI_STA);    //ESP32 C3 SuperMini 為了連網一定要加
    WiFi.disconnect();      //ESP32 C3 SuperMini 為了連網一定要加
    WiFi.setTxPower(WIFI_POWER_8_5dBm);    //ESP32 C3 Super-Mini 為了連網一定要加
    wifiMulti.addAP("NUKIOT", "iot12345");    //加入一組熱點
    wifiMulti.addAP("Lab203", "203203203");   //加入一組熱
```

點

    wifiMulti.addAP("lab309", ""); //加入一組熱點

    wifiMulti.addAP("NCNUIOT", "0123456789"); //加入一組熱點

    wifiMulti.addAP("NCNUIOT2", "12345678"); //加入一組熱點

    // We start by connecting to a WiFi network

    Serial.println();

    Serial.println();

    Serial.print("Connecting to ");

//通訊埠印出 "Connecting to "

    wifiMulti.run(); //多網路熱點設定連線

    while (WiFi.status() != WL_CONNECTED)   //還沒連線成功

    {

      // wifiMulti.run() 啟動多熱點連線物件，進行已經紀錄的熱點進行連線，

      // 一個一個連線，連到成功為主，或者是全部連不上

      // WL_CONNECTED 連接熱點成功

```
        Serial.print(".");       //通訊埠印出

        delay(500) ;     //停 500 ms

         wifiMulti.run();       //多網路熱點設定連線

    }


      WiFion();//控制板上 Wifi 指示燈打開

        Serial.println("WiFi connected");       //通訊埠印出 WiFi connected

          MacData = GetMacAddress();    // 取得網路卡的 MAC 地址

          ShowMAC();    // 在串列埠中印出網路卡的 MAC 地址


        Serial.print("AP Name: ");       //通訊埠印出 AP Name:

        APname = WiFi.SSID();

        Serial.println(APname);       //通訊埠印出 WiFi.SSID()==>從熱點名稱

        Serial.print("IP address: ");       //通訊埠印出 IP address:

        ip = WiFi.localIP();

        IPData = IpAddress2String(ip) ;
```

```
        Serial.println(IPData);      //通訊埠印出
WiFi.localIP()==>從熱點取得 IP 位址
        //通訊埠印出連接熱點取得的 IP 位址
}
    void ShowInternet()    //秀出網路連線資訊
{
    //印出 MAC Address
    Serial.print("MAC:") ;
    Serial.print(MacData) ;
    Serial.print("\n") ;
    //印出 SSID 名字
    Serial.print("SSID:") ;
    Serial.print(APname) ;
    Serial.print("\n") ;
    //印出取得的 IP 名字
    Serial.print("IP:") ;
    Serial.print(IPData) ;
    Serial.print("\n") ;
```

}

//--------------------

//--------------------

// 取得網路卡 MAC 地址

String GetMacAddress()

{

　　String Tmp = "";　　//暫存字串

　　byte mac[6];　　//取得網路卡 MAC 地址之暫存字串

　　WiFi.macAddress(mac);　　// 取得 MAC 地址

　　for (int i = 0; i < 6; i++)　　// 迴圈取得網路卡 MAC 地址每一個 BYTE

　　{

　　　Tmp.concat(print2HEX(mac[i]));　　// 將每個 MAC 位元組轉為十六進制

　　}

```
  Tmp.toUpperCase();    // 轉換為大寫

  return Tmp;  //回傳內容
}


// 在串列埠顯示 MAC 地址
void ShowMAC()
{
Serial.print("MAC Address:(");    // 印出標籤

Serial.print(MacData);    // 印出 MAC 地址

Serial.print(")\n");    // 換行

}




// IP 地址轉換函式,將 4 個字節的 IP 轉為字串
String IpAddress2String(const IPAddress& ipAddress) {
   return String(ipAddress[0]) + "." +
          String(ipAddress[1]) + "." +
          String(ipAddress[2]) + "." +
          String(ipAddress[3]);    //回傳內容
```

}

void WiFion()//控制板上 Wifi 指示燈打開

{

   //透過 GPIPControl 控制函式去設定 GPIO XX 高電位/低電位

   GPIOControl(WiFiPin, Ledon) ;

}

void WiFioff()//控制板上 Wifi 指示燈關閉

{

   //透過 GPIPControl 控制函式去設定 GPIO XX 高電位/低電位

   GPIOControl(WiFiPin, Ledoff) ;

}

void ACCESSon( ) //控制板上連線指示燈打開

{

   //透過 GPIPControl 控制函式去設定 GPIO XX 高電位/低電位

   GPIOControl(AccessPin, Ledon) ;

}

```
void ACCESSoff()//控制板上連線指示燈關閉
{
    //透過GPIPControl 控制函式去設定GPIO XX 高電位/低電位
    GPIOControl(AccessPin, Ledoff) ;
}
```

程式下載網址：

https://github.com/brucetsao/ESP_LedTube/tree/main/Codes

接下來下表之透過簡易命令轉換控制命令傳送到 MQTT Broker 程式 (MQTT_Subscribe_to_WS2812B_ESP32_C3-initPins.h 檔)可以參考表 43 訂閱MQTTBroker 伺服器接收訂閱內容顯示程式(initPins.h 檔)內容與其下之程式解釋。

需要再度瞭解之讀者，可以往前翻閱之，便可以明白與瞭解，本文就不再重複敘述之。

如下圖所示，我們可以看到發送控制命令到 MQTT Broker 伺服器主流程。

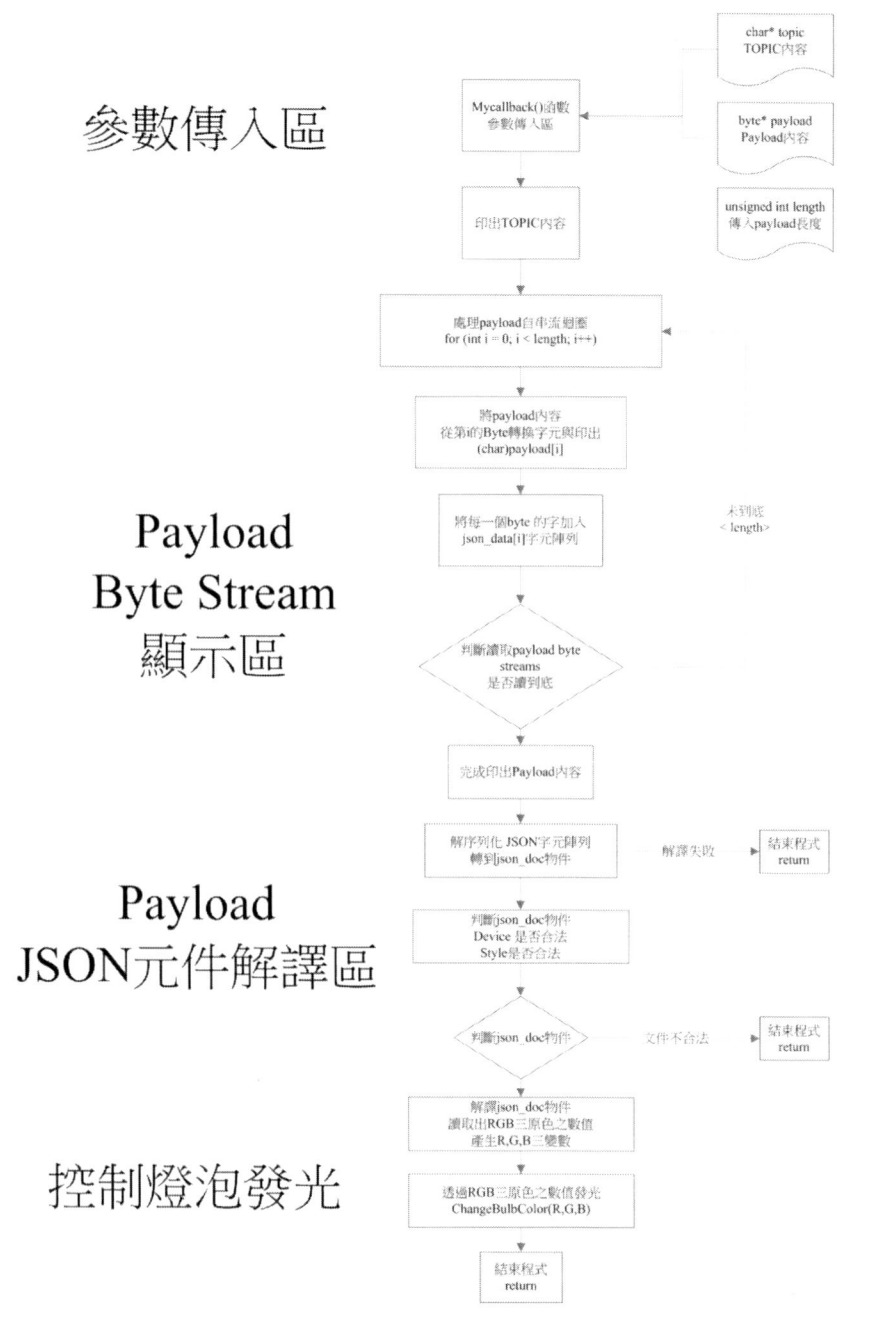

圖 205 讀取控制命令控制燈泡發光之控制流程

進行測試

本文會用到 MQTT BOX 來處理，對於 MQTT BOX 的工具安裝與基本使用，讀者可以參考附錄之雲端書庫一圖，可以了解官網與網址，進入網址參考筆者：*MQTT 基本入門*，高雄雲端書庫：https://lib.ebookservice.tw/ks/#book/b0448f03-47e4-4076-ae03-8d73e6dd5384，相關進階書籍請筆者：*使用 ESP32 設計 MQTT 遠端控制之設計*，高雄雲端書庫：https://lib.ebookservice.tw/ks/#book/ba909cee-b11d-427e-a5ff-bb455d13cf30 與筆者：*使用 Python 設計 MQTT 資料代理人之設計*，高雄雲端書庫：https://lib.ebookservice.tw/ks/#book/1a2e9431-9205-44fd-b3cf-5536527aba1e，其他縣市的雲端圖書館，請依上面斜體底線之紅字簡報書籍名稱，自行查詢就可以找到而向縣市立圖書館借閱電子書籍。

如下圖所示，首先筆者開啟 MQTT BOX，筆者使用免費的 MQTT Broker 伺服器：broker.emqx.io，也使用標準的通訊埠：1883，由於 MQTT Broker 伺服器：broker.emqx.io 目前提供免費使用，所以其使用者與使用者密碼都不需要設定

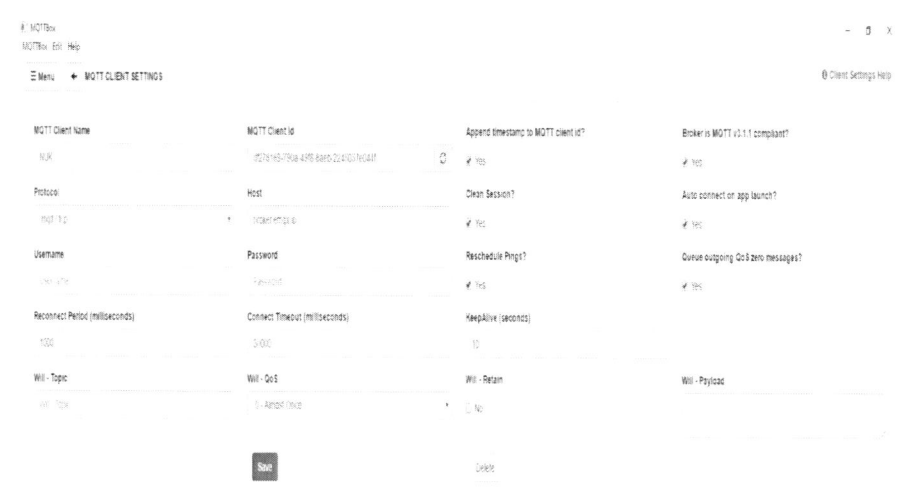

圖 206　建立 MQTT Broker 伺服器連線

如下圖所示，因為筆者用的裝置網卡 MAC Address 為：188B0E1C1838，所以訂閱主題設定為『/arduinoorg/Led/#』。

圖 207　訂閱測試主題內容

如下表所示，筆者先將『@255255255#』字串，自行進行解譯之後，轉成下表所示之控制命令之 Json 文件。

- 635 -

```
{
  "Device":"188B0E1DD3F4",
  "Style":"MONO",
  "Command":"ON",
  "Color":
    {
      "R":255,
      "G":255,
      "B":255
    }
}
```

將這個 json 文件，拷貝與貼上到 MQTT BOX 發布視窗之中，並將 TOPIC to Publish 主題區設定為『/arduinoorg/Led/188B0E1DD3F4/』後，按下 **Publish** 按鈕就可以將上表之 json 文件傳送到『/arduinoorg/Led/188B0E1DD3F4/』主題區了。

這裡必須注意到，由於筆者考量到往後會有大量燈泡的控制命令傳輸，所以『/arduinoorg/Led/*188B0E1DD3F4/*』主題區之裝置網卡 MAC Address 必須要跟接收端燈泡控制之實際裝置網卡 MAC Address 相同，且上表 json 文件之" Device" 的內容也必須設定為『_188B0E1DD3F4_』的內容，並且必須要跟接收端燈泡控制之實際裝置網卡 MAC Address 相同，就是主題區的 Led 後之網卡編號與表 json 文件之" Device" 的內容必須要跟接收端燈泡控制之實際裝置網卡 MAC Address 三個都要一致相同，方可以運作。

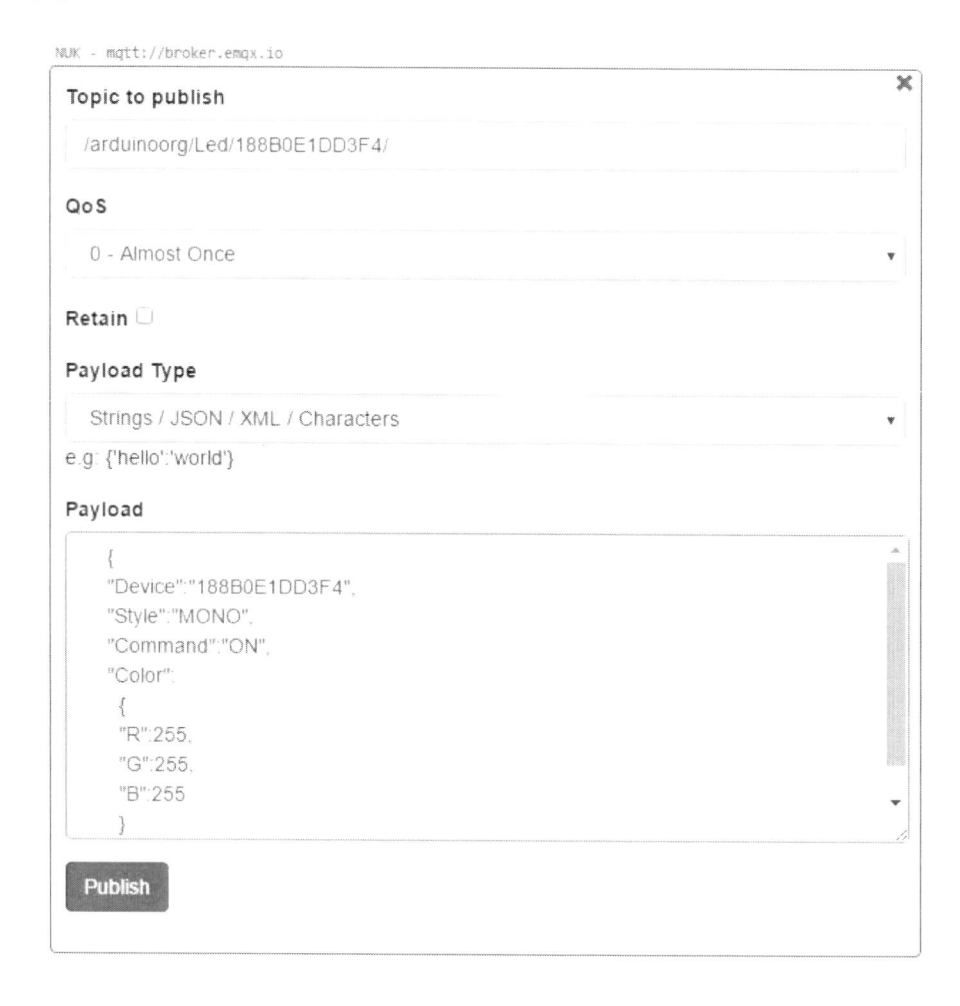

圖 208　MQTT Box 接收到送出之控制命令之 Json

如下圖所示，筆者請您回到 Arduino IDE 主畫面，如下圖紅框處所示，可以看到 的圖示，用滑鼠點下這個 圖示，可以開啟 Arduino IDE 監控視窗。

圖 209 Arduino IDE 主畫面

如下圖所示，所以可以看到 Arduino IDE 監控視窗已經起始完畢，如下圖藍色框處，可以看到連上熱點：SSID: NCNUIOT，也已取得 IP:192.168.88.80(此處熱點名稱與 IP 是讀者環境不同、亦有不同)，如看到『MQTT connected!』，代表已經連上 MQTT Broker 伺服器了。

```
12:44:55.998 -> Check LED
12:44:55.998 -> Turn off LED
12:44:55.998 ->
12:44:55.998 ->
12:44:55.998 -> Connecting to ............WiFi connected
12:45:12.829 -> MAC Address:(188B0E1DD3F4)
12:45:12.829 -> AP Name: NCNUIOT
12:45:12.829 -> IP address: 192.168.88.80
12:45:12.829 -> MAC:188B0E1DD3F4
12:45:12.829 -> SSID:NCNUIOT
12:45:12.829 -> IP:192.168.88.80
12:45:12.829 -> Client ID:(tw188B0E1DD3F4)
12:45:12.829 -> Publish Topic Name:(/arduinoorg/Led/188B0E1DD3F4)
12:45:12.829 -> Subscribe Topic Name:(/arduinoorg/Led/#)
12:45:12.829 -> Now Set MQTT Server
12:45:12.829 -> MQTT ClientID is :(tw188B0E1DD3F4)
12:45:13.757 ->
12:45:13.757 -> String Topic:[/arduinoorg/Led/188B0E1DD3F4]
12:45:13.757 -> char Topic:[/arduinoorg/Led/#]
12:45:13.757 ->
12:45:13.757 ->  MQTT connected!
```

圖 210 Arduino IDE 監控視窗看上已連上網路與 MQTT 伺服器

如下圖所示，可以紅框處看到藍色 LED 燈已經亮起來，代表系統已經連上 WIFI 網路與 MQTT Broker 伺服器。

圖 211　燈泡PCB板之WIFI燈號

如上圖所示,可以 MQTT Box 發布功能上的 Publish 按鈕,將下表內容發不到『*/arduinoorg/Led/188B0E1DD3F4/*』看主題後,可以看到 Arduino IDE 監控視窗的畫面出現接收到畫面。

```
{
  "Device":"188B0E1DD3F4",
  "Style":"MONO",
  "Command":"ON",
  "Color":
    {
     "R":255,
```

```
        "G":255,

        "B":255

    }

}
```

圖 212 Arduino IDE 監控視窗收到開啟燈光之發布控制命令

如下圖處所示,可以看到接收端燈泡控制:實際裝置網卡 MAC Address 為『188B0E1DD3F4』,其內"Style"為"MONO",在燈泡開啟關閉之下,可以看到"Command"為"ON",代表開啟燈泡。

圖 213 實際電路控制 WS2812B 發光實照圖

如上圖所示，可以 MQTT Box 發布功能上的 Publish 按鈕，將下表內容發不到『/arduinoorg/Led/188B0E1DD3F4/』看主題後，可以看到 Arduino IDE 監控視窗的畫面出現接收到畫面。

{

"Device":"188B0E1DD3F4",

"Style":"MONO",

"Command":"OFF",

"Color":

  {

  "R":255,

  "G":255,

- 642 -

```
            "B":255

        }

    }
```

圖 214 Arduino IDE 監控視窗收到關閉燈光之發布控制命令

如下圖處所示，可以看到接收端燈泡控制：實際裝置網卡 MAC Address 為『188B0E1DD3F4』，其內"Style"為"MONO"，在燈泡開啟關閉之下，可以看到"Command"為"OFF"，代表關閉燈泡。

- 643 -

圖 215 實際電路控制 WS2812B 關閉發光實照圖

章節小結

本章主要介紹之如何使用筆者設計之氣氛燈泡/智慧燈管控制器，從全亮、全暗、不同顏色等控制能力，最後筆者開發出可以透過接受 MQTT Broker 伺服器，可以接受控制燈泡命令的 json document 文件，再根據 json document 文件內容進行解析後，在控制燈泡發出對應的顏色或全亮、全暗的狀態。

透過本章節的解說，相信讀者對筆者設計之氣氛燈泡/智慧燈管控制器，控制全亮、全暗、不同顏色等控制能一一介紹原理與程式原始碼，有更深入的了解與體認，讀者可以針對其內容，進一步閱讀之後，可以進一步改善系統程式碼後，可以做更多的應用。

本書總結

　　本系列叢書的特色是一步一步教導大家使用更基礎的東西，來累積各位的基礎能力，讓大家能更在 Maker 自造者運動中，可以拔的頭籌，所以本系列是一個永不結束的系列，只要更多的東西被製造出來，相信筆者會更衷心的希望與各位永遠在這條 Maker 路上與大家同行。

作者介紹

曹永忠（Yung-Chung Tsao），國立中央大學資訊管理學系博士，目前在國高雄大學電機工程學系兼任助理教授與自由作家，專注於軟體工程、軟體開發與設計、物件導向程式設計、物聯網系統開發、Arduino 開發、嵌入式系統開發。長期投入資訊系統設計與開發、企業應用系統開發、軟體工程、物聯網系統開發、軟硬體技術整合等領域，並持續發表作品及相關專業著作。

Email：prgbruce@gmail.com

Line ID：dr.brucetsao

WeChat：dr_brucetsao

作者網站：https://www.cs.pu.edu.tw/~yctsao/myprofile.php

臉書社群（Arduino.Taiwan）：
https://www.facebook.com/groups/Arduino.Taiwan/

Github 網站：https://github.com/brucetsao

原始碼網址：https://github.com/brucetsao/ESP_LedTube/tree/main

Youtube：https://www.youtube.com/channel/UCcYG2yY_u0mIaotcA4hrRgQ

本書智慧燈炮與 PCB 板與零件網址：

https://www.motoduino.com/product/%E6%99%BA%E6%85%A7%E5%AE%B6%E5%B1%85wi-fi-%E5%A4%A2%E5%B9%BB%E7%87%88%E6%B3%A1/

- 646 -

王仁杰(Renjie Wang)，國立暨南國際大學科技學院光電科技碩士學位碩士，目前在弘光科技大學擔任技士，專長為機、水、電、消防及公用系統(鍋爐、空調、純水)卻笑維護保養工作排定及新建工程監造等。

Email: rjwang438@gmail.com

葛志聖(Chihsheng Ko)，國立暨南國際大學科技學院光電科技碩士學位碩士，目前為空軍少校。。

Email: chihsheng.ko@gmail.com

何柳霖(Liulin Ho)，國立暨南國際大學科技學院光電科技碩士學位碩士，目前為空軍上尉。

Email: wjes600013@gmail.com

周柏綸(Polun Chou)，國立暨南國際大學科技學院光電科技碩士學位碩士，目前為空軍上尉。

Email: hohcky246@gmail.com

李奇陽(Chiyang Li)，國立暨南國際大學科技學院光電科技碩士學位碩士，目前為空軍少校。

Email: blueyoun06@gmail.com

郭耀文 (Yaw-Wen Kuo) ，國立交通大學電信工程研究所博士，曾任工研院電通所工程師、合勤科技局端設備部門資深工程師，目前是國立暨南國際大學電機工程學系教授，主要研究領域是無線網路通訊協定設計、物聯網系統開發、嵌入式系統開發。

Email: ywkuo@ncnu.edu.tw

作者網站：https://sites.google.com/site/yawwenkuo/

臉書：https://www.facebook.com/profile.php?id=100007381717479

附録
Appendix

附錄

NodeMCU 32S 腳位圖

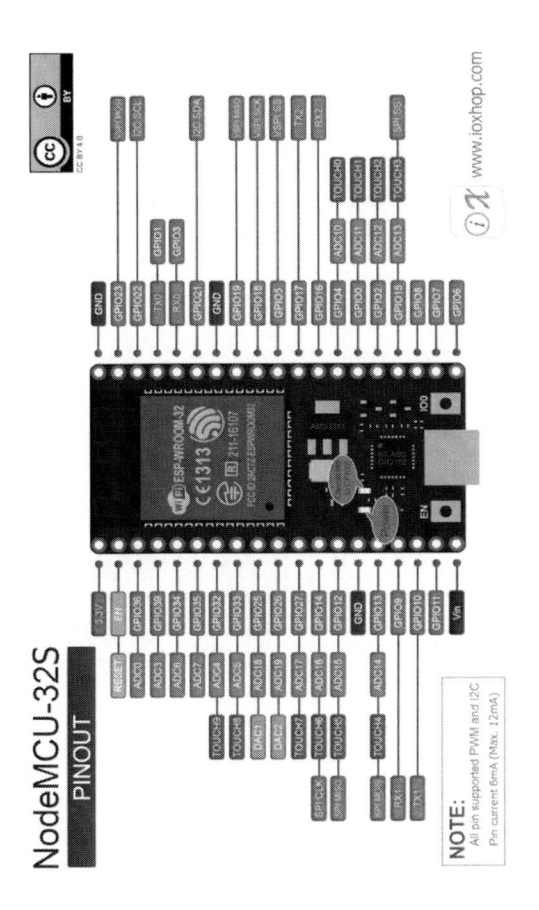

資料來源：espressif 官網：

https://www.espressif.com/sites/default/files/documentation/esp32_datasheet_en.pdf

ESP32 C3 Super Mini 腳位圖

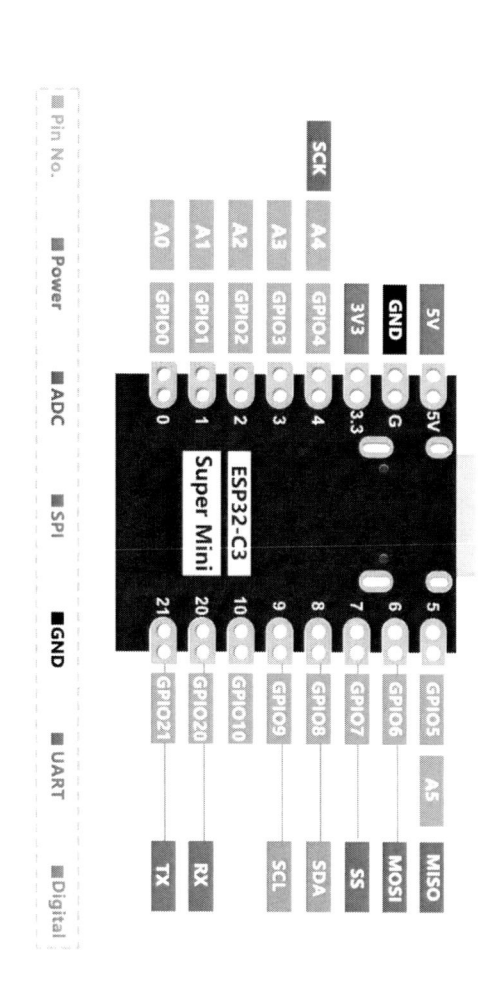

資料來源：espboards 官網：

https://www.espboards.dev/esp32/esp32-c3-super-mini/

建國老師開發燈泡 PCB 板圖

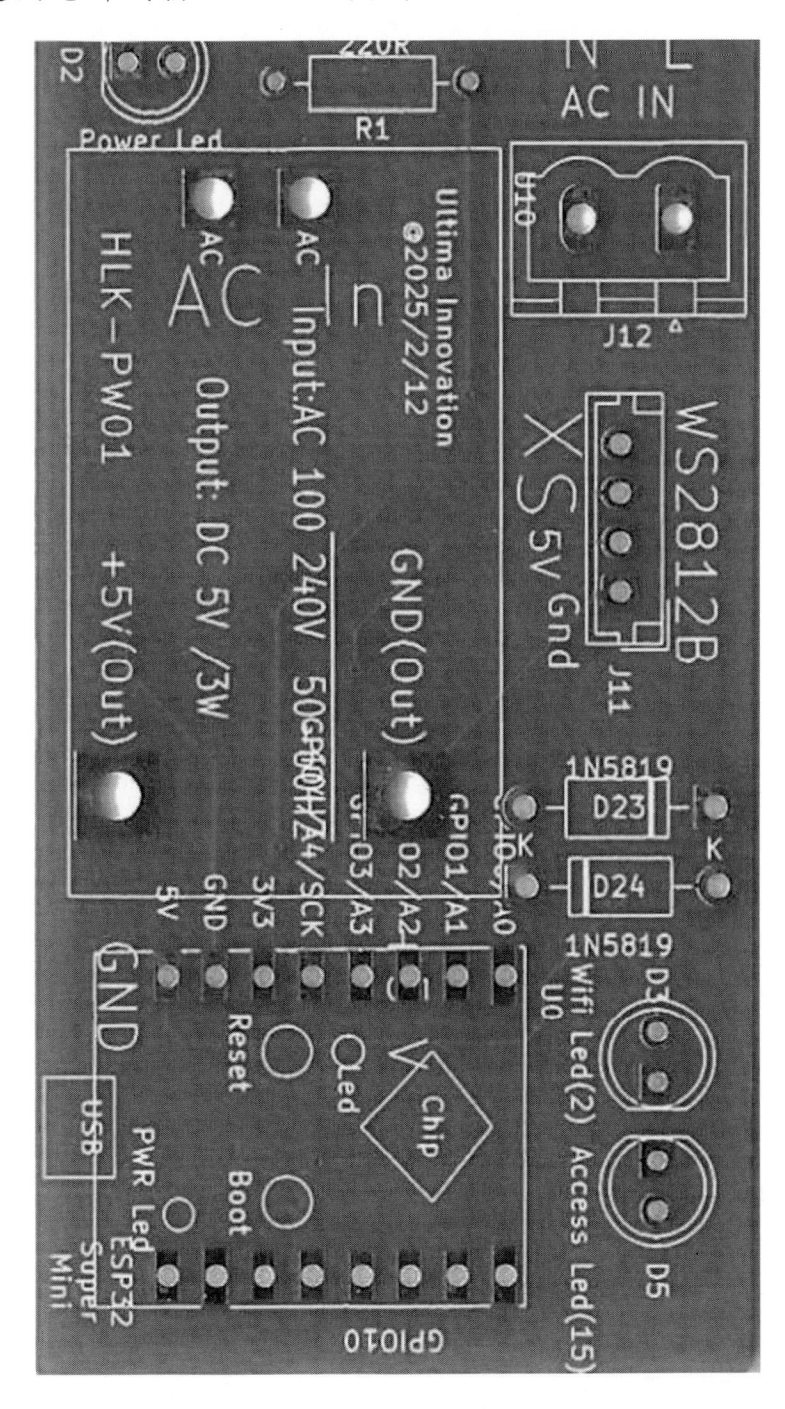

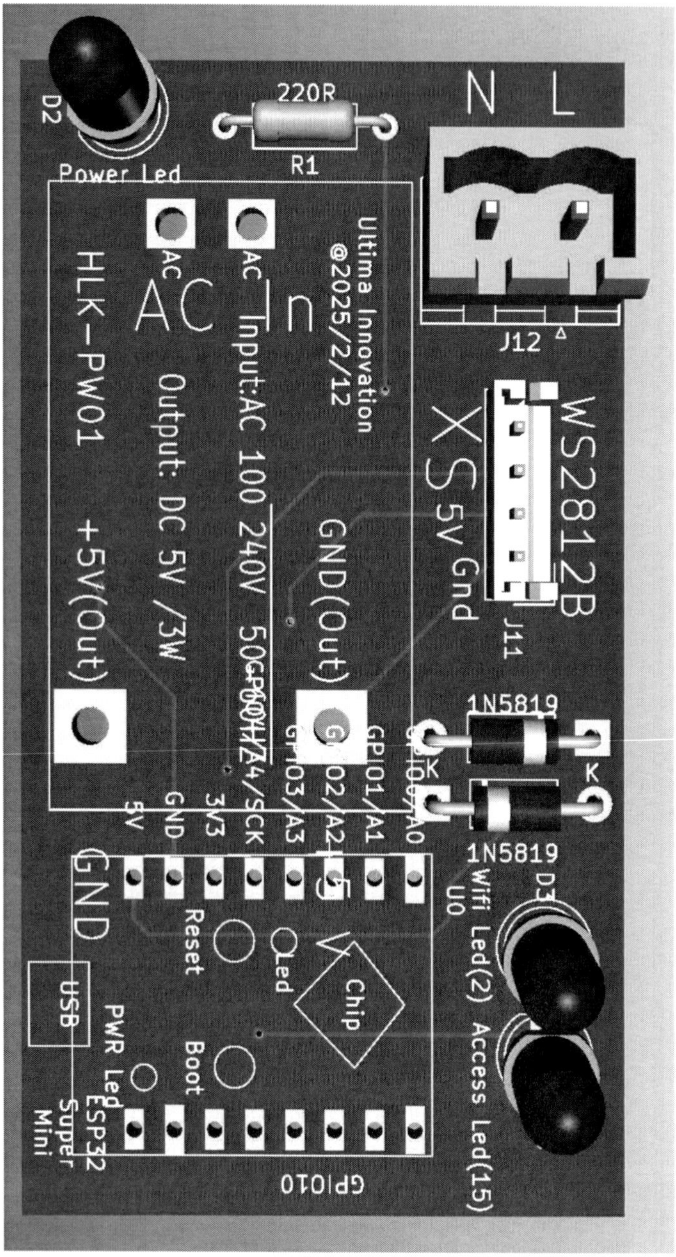
N
L
220R
R1
D2
Power Led
J12
WS2812B
J11
XS
5v Gnd
AC
AC
AC In
Ultima Innovation
@2025/2/12
Input:AC 100 240V 50/60HZ
Output: DC 5V /3W
HLK-PW01
+5V(Out)
GND(Out)
1N5819
K
K
1N5819
GPIO0/A0
GPIO1/A1
GPIO2/A2
GPIO3/A3
GPIO4/SCK
3V3
GND
5V
GND
5V
U0
D3
Wifi Led(2)
Access Led(15)
Reset
Led
Chip
Boot
USB
PWR Led
ESP32
Super
Mini
GPIO10

建國老師開發燈泡 PCB 板圖（二代圖）

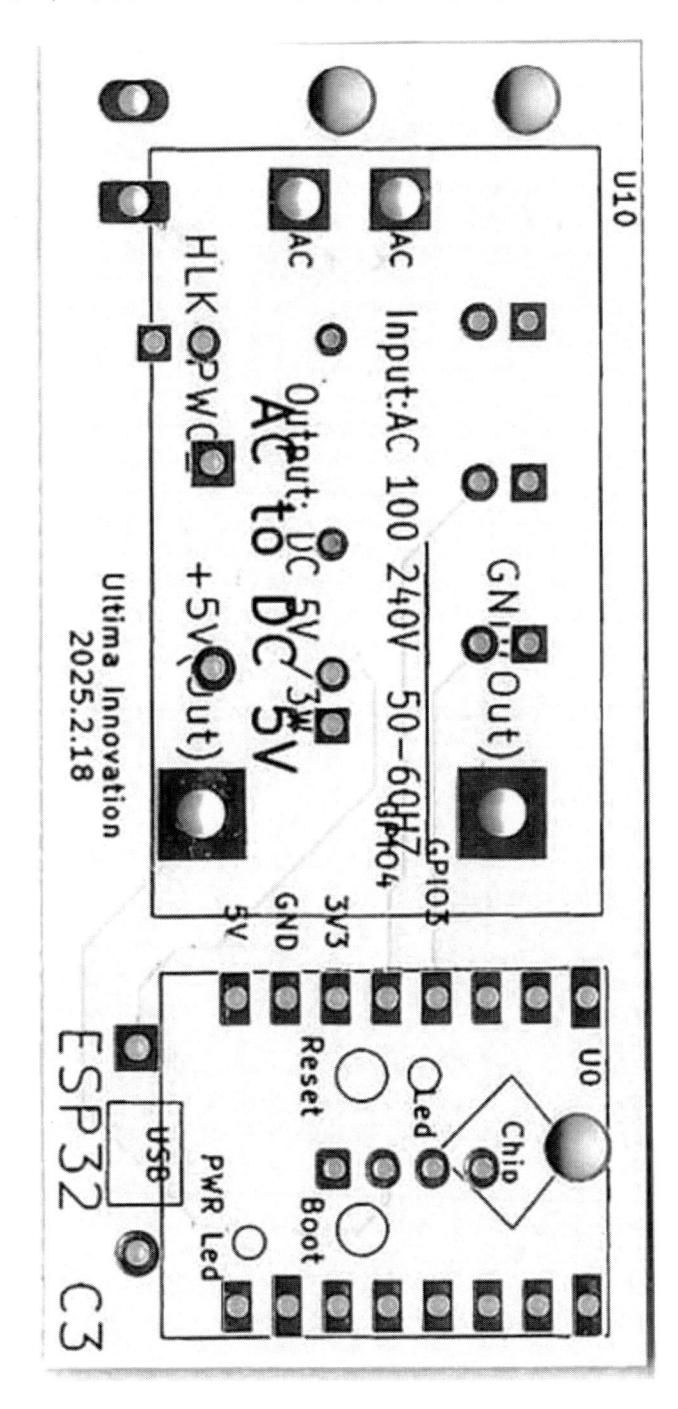

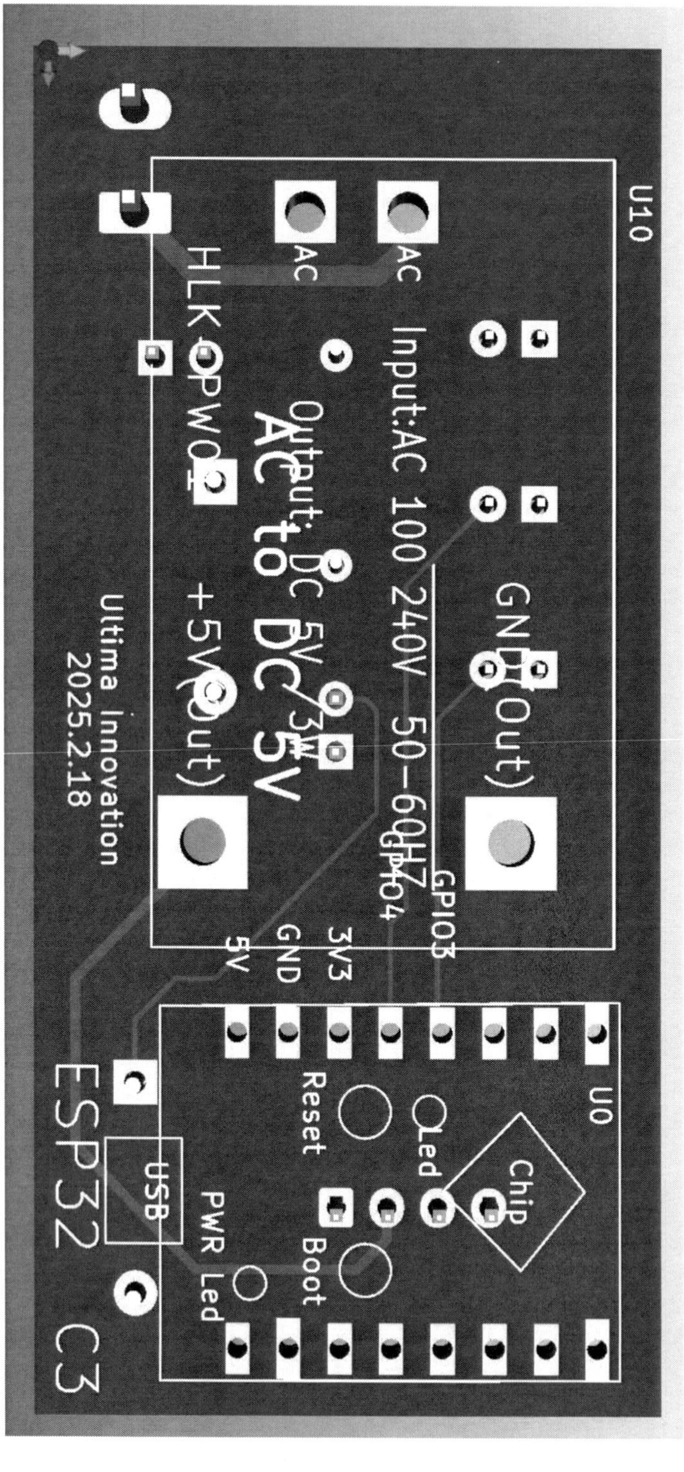
U10
AC
AC
HLK-PW01
Input:AC 100-240V 50-60HZ
Output:DC 5V 3W
AC to DC 5V
GND (Out)
+5V (Out)
Ultima Innovation
2025.2.18
GPIO3
GPIO4
3V3
GND
5V
U0
Reset
Led
Chip
USB
PWR Led
Boot
ESP32 C3

- 656 -

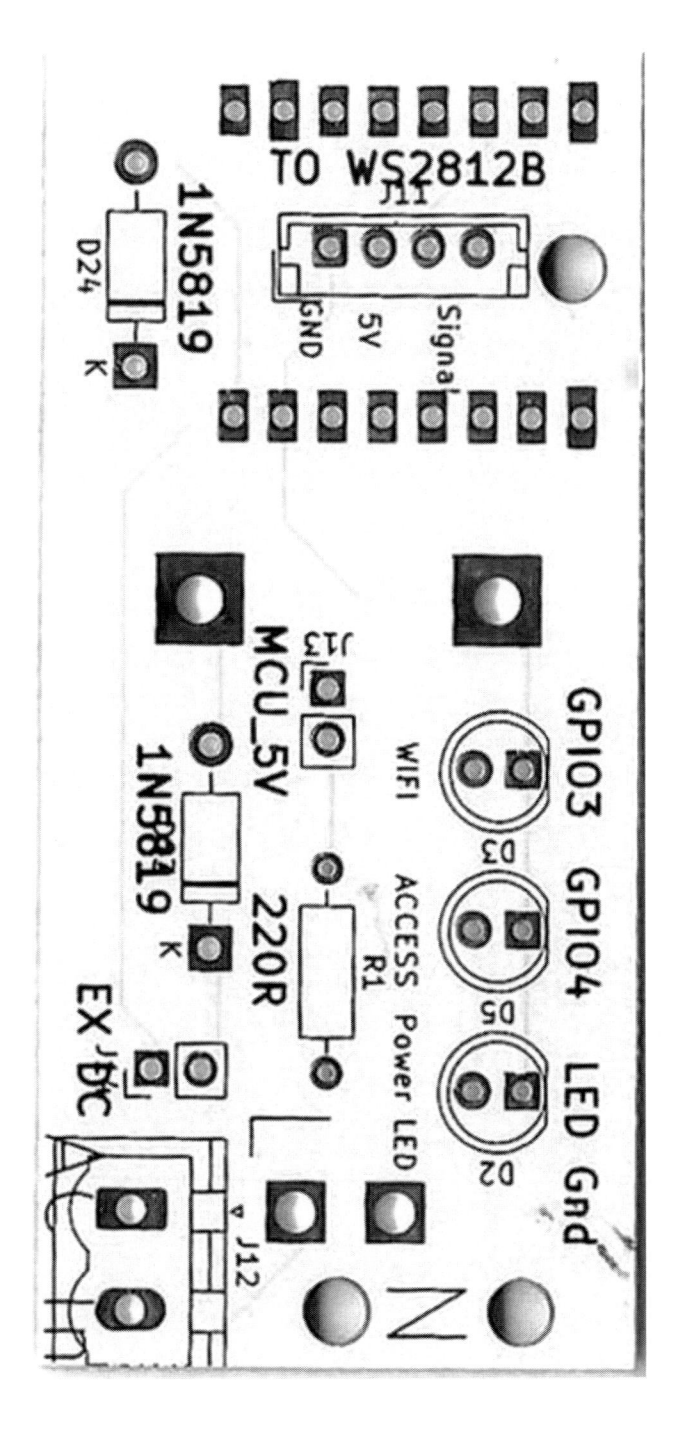

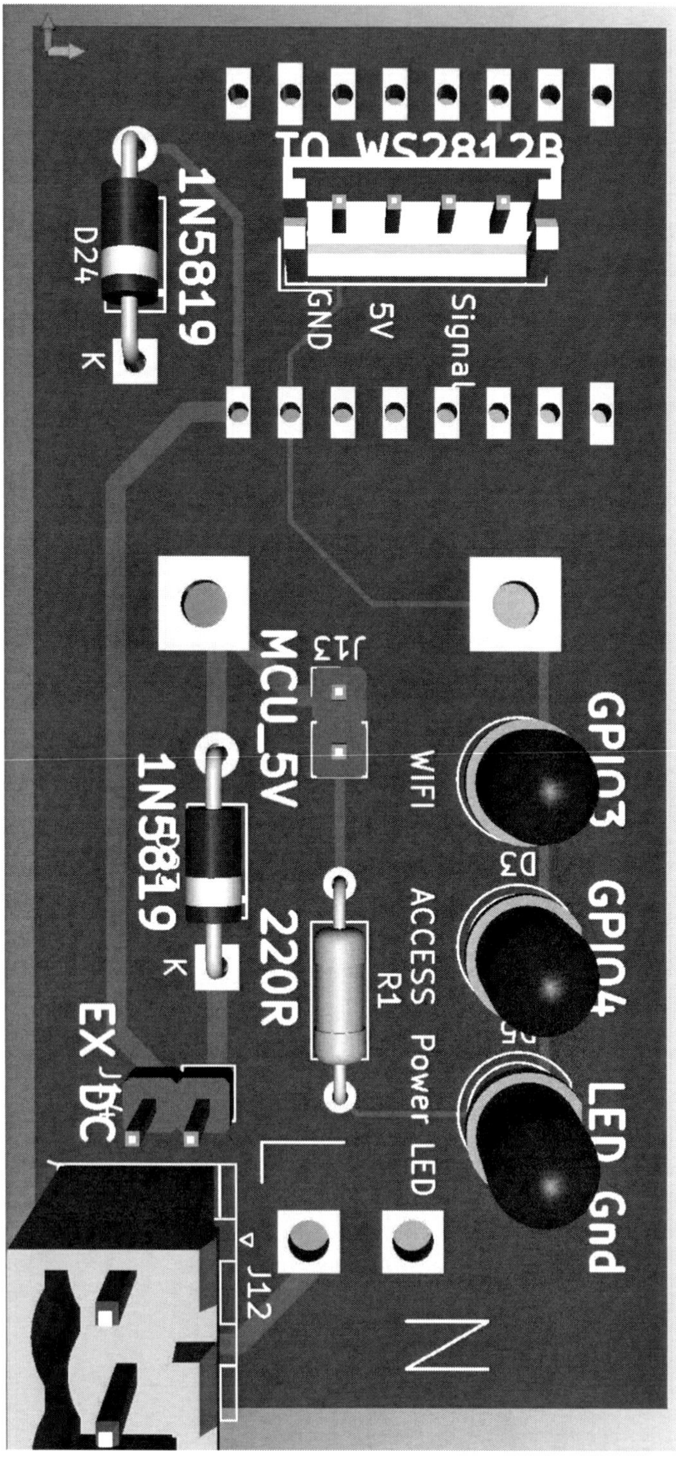
TO WS2812B
GND
5V
Signal
1N5819
D24
K
J13
MCU_5V
1N5819
K
220R
R1
GPIO3
GPIO4
LED
Gnd
D3
WIFI
ACCESS
Power
LED
EX DC
J12

建國老師開發燈泡控制器組立圖

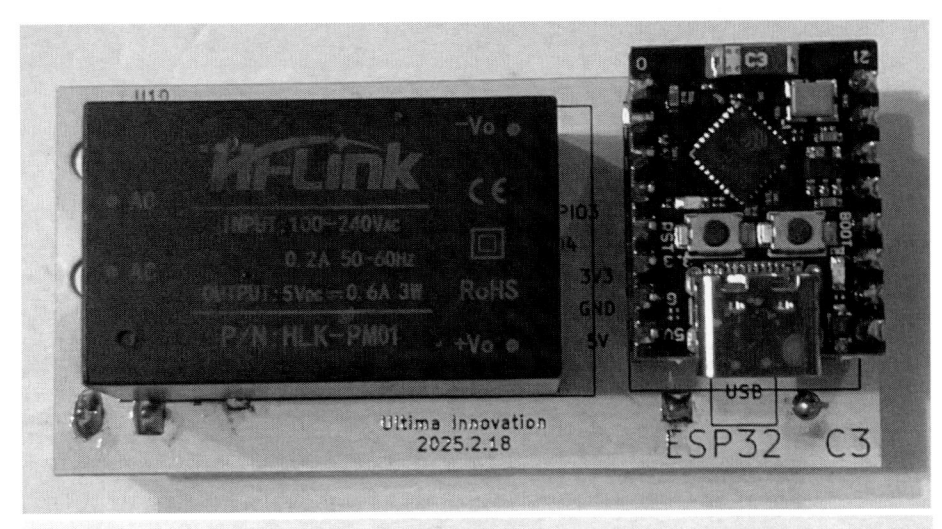

第一代變壓器腳位圖

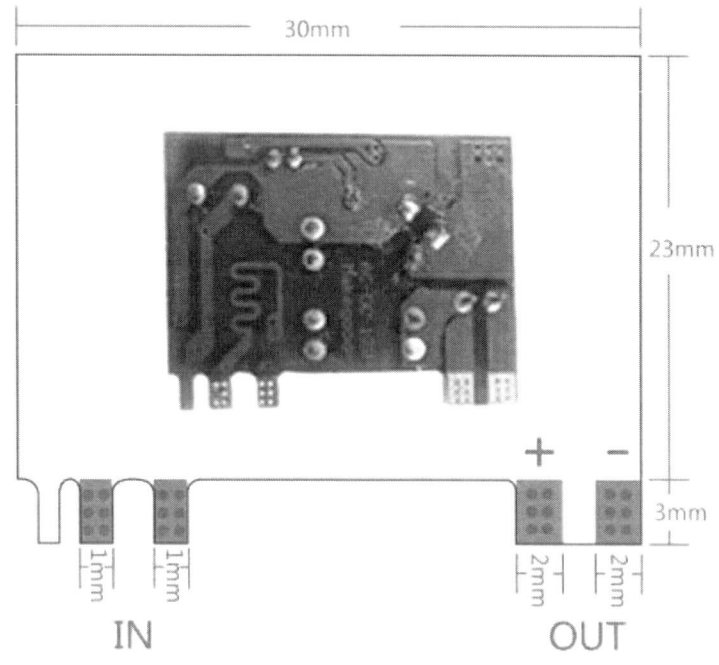

輸入

輸出

30mm

23mm

3mm

1mm 1mm

2mm 2mm

IN

+ −

OUT

燈泡變壓器腳位圖

雲端書庫官網

https://www.ebookservice.tw/

參考文獻

Chen, W.-J., Gupta, R., Lampkin, V., Robertson, D. M., & Subrahmanyam, N. (2014). *Responsive mobile user experience using MQTT and IBM MessageSight*: IBM Redbooks.

Fielding, R. T. (2000). *Architectural Styles and the Design of Network-based Software Architectures.* (Ph.D. Ph.D.). University of California,

Fielding, R. T., & Kaiser, G. (1997). The Apache HTTP server project. *IEEE Internet Computing, 1*(4), 88-90.

Hillar, G. C. (2017). *MQTT Essentials-A lightweight IoT protocol*: Packt Publishing Ltd.

Lampkin, V., Leong, W. T., Olivera, L., Rawat, S., Subrahmanyam, N., Xiang, R., . . . Keen, M. (2012). *Building smarter planet solutions with mqtt and ibm websphere mq telemetry*: IBM Redbooks.

Lee, S., Jo, J.-Y., & Kim, Y. (2015). Restful web service and web-based data visualization for environmental monitoring. *International Journal of Software Innovation (IJSI), 3*(1), 75-94.

Masse, M. (2011). *REST API Design Rulebook: Designing Consistent RESTful Web Service Interfaces*: " O'Reilly Media, Inc.".

Maurya, R., Nambiar, K. A., Babbe, P., Kalokhe, J. P., Ingle, Y., & Shaikh, N. (2021). Application of Restful APIs in IOT: A Review. *Int. J. Res. Appl. Sci. Eng. Technol, 9*, 145-151.

Pramukantoro, E. S., Bakhtiar, F. A., & Bhawiyuga, A. (2019). *A Semantic RESTful API for Heterogeneous IoT Data Storage.* Paper presented at the 2019 IEEE 1st Global Conference on Life Sciences and Technologies (LifeTech).

王仁杰. (2022). 以物聯網技術基礎之虛擬開關裝置之設計與實作. (碩士). 國立暨南國際大學, 南投縣. Retrieved from https://hdl.handle.net/11296/nz45c9

邓琪瑛. (2013). 台湾流行文化"电音三太子" 中的青少年元素探析. 青年探索, 2.

李奇陽. (2022). 以物聯網技術基礎之分散式電力插座裝置之設計與實作. (碩士). 國立暨南國際大學, 南投縣. Retrieved from https://hdl.handle.net/11296/3489y5

柯亞先. (2013). 電音三太子與哪吒信仰文化之探究. 亞東學報(33), 227-243.

曹永忠. (2016).【MAKER 系列】程式設計篇— DEFINE 的運用. 智慧家庭 . Retrieved from http://www.techbang.com/posts/47531-maker-series-program-review-define-the-application-of

曹永忠. (2017). 智慧家居-透過TCP/IP控制家居彩色燈泡. *Circuit Cellar 嵌入式科技*(國際中文版 NO.6), 82-96.

曹永忠. (2020a). *ESP32 程式设计(基礎篇):ESP32 IOT Programming (Basic Concept & Tricks)* (初版 ed.). 台湾、彰化: 渥瑪數位有限公司.

曹永忠. (2020b). *ESP32 程式設計(基礎篇): ESP32 IOT Programming (Basic Concept & Tricks)*. 台灣、台北: 千華駐科技.

曹永忠. (2020c). *ESP32 程式設計(基礎篇):ESP32 IOT Programming (Basic Concept & Tricks)* (初版 ed.). 台湾、彰化: 渥瑪數位有限公司.

曹永忠. (2020d, 2020/03/11). NODEMCU-32S 安裝 ARDUINO 整合開發環境. 物聯網. Retrieved from http://www.techbang.com/posts/76747-nodemcu-32s-installation-arduino-integrated-development-environment

曹永忠. (2020e, 2020/03/09). 安裝 NODEMCU-32S LUA Wi-Fi 物聯網開發板驅動程式. 物聯網. Retrieved from http://www.techbang.com/posts/76463-nodemcu-32s-lua-wifi-networked-board-driver

曹永忠. (2020f). 【物聯網系統開發】Arduino 開發的第一步：學會 IDE 安裝，跨出 Maker 第一步. 物聯網. Retrieved from http://www.techbang.com/posts/76153-first-step-in-development-arduino-development-ide-installation

曹永忠, 許智誠, & 蔡英德. (2014). *Arduino 光立体魔术方块开发: Using Arduino to Develop a 4* 4 Led Cube based on Persistence of Vision* (初版 ed.). 台湾、彰化: 渥瑪數位有限公司.

曹永忠, 吳佳駿, 許智誠, & 蔡英德. (2016a). *Ameba 气氛灯程序开发(智能家庭篇):Using Ameba to Develop a Hue Light Bulb (Smart Home)* (初版 ed.). 台湾、彰化: 渥瑪數位有限公司.

曹永忠, 吳佳駿, 許智誠, & 蔡英德. (2016b). *Ameba 氣氛燈程式開發(智慧家庭篇):Using Ameba to Develop a Hue Light Bulb (Smart Home)* (初版 ed.). 台湾、彰化: 渥瑪數位有限公司.

曹永忠, 吳佳駿, 許智誠, & 蔡英德. (2016c). *Ameba 程式設計(基礎篇):Ameba RTL8195AM IOT Programming (Basic Concept & Tricks)* (初版 ed.). 台湾、彰化: 渥瑪數位有限公司.

曹永忠, 吳佳駿, 許智誠, & 蔡英德. (2016d). *Ameba 程序设计(基础篇):Ameba RTL8195AM IOT Programming (Basic Concept & Tricks)* (初版 ed.). 台湾、彰化: 渥瑪數位有限公司.

曹永忠, 吳佳駿, 許智誠, & 蔡英德. (2017a). *Ameba 程式設計(物聯網基礎篇):An Introduction to Internet of Thing by Using Ameba RTL8195AM* (初版 ed.). 台湾、彰化: 渥瑪數位有限公司.

曹永忠, 吳佳駿, 許智誠, & 蔡英德. (2017b). *Ameba 程序设计(物联网基础*

篇):An Introduction to Internet of Thing by Using Ameba RTL8195AM (初版 ed.). 台灣、彰化: 渥瑪數位有限公司.

曹永忠, 吳佳駿, 許智誠, & 蔡英德. (2017c). *Arduino 程式設計教學(技巧篇):Arduino Programming (Writing Style & Skills)* (初版 ed.). 台灣、彰化: 渥瑪數位有限公司.

曹永忠, 吳佳駿, 許智誠, & 蔡英德. (2017d). *藍芽氣氛燈程式開發(智慧家庭篇) (Using Nano to Develop a Bluetooth-Control Hue Light Bulb (Smart Home Series))* (初版 ed.). 台灣、彰化: 渥瑪數位有限公司.

曹永忠, 許智誠, & 蔡英德. (2014a). *Arduino 手搖字幕機開發:The Development of a Magic-led-display based on Persistence of Vision* (初版 ed.). 台灣、彰化: 渥瑪數位有限公司.

曹永忠, 許智誠, & 蔡英德. (2014b). *Arduino 手摇字幕机开发: Using Arduino to Develop a Led Display of Persistence of Vision* (初版 ed.). 台灣、彰化: 渥瑪數位有限公司.

曹永忠, 許智誠, & 蔡英德. (2014c). *Arduino 光立體魔術方塊開發:The Development of a 4 * 4 Led Cube based on Persistence of Vision* (初版 ed.). 台灣、彰化: 渥瑪數位有限公司.

曹永忠, 許智誠, & 蔡英德. (2014d). *Arduino 旋转字幕机开发: Using Arduino to Develop a Propeller-led-display based on Persistence of Vision* (初版 ed.). 台灣、彰化: 渥瑪數位有限公司.

曹永忠, 許智誠, & 蔡英德. (2014e). *Arduino 旋轉字幕機開發: The Development of a Propeller-led-display based on Persistence of Vision* (初版 ed.). 台灣、彰化: 渥瑪數位有限公司.

曹永忠, 許智誠, & 蔡英德. (2015a). *Arduino 实作布手环:Using Arduino to Implementation a Mr. Bu Bracelet* (初版 ed.). 台灣、彰化: 渥瑪數位有限公司.

曹永忠, 許智誠, & 蔡英德. (2015b). *Arduino 程式教學(入門篇):Arduino Programming (Basic Skills & Tricks)* (初版 ed.). 台灣、彰化: 渥瑪數位有限公司.

曹永忠, 許智誠, & 蔡英德. (2015c). *Arduino 程式教學(無線通訊篇):Arduino Programming (Wireless Communication)* (初版 ed.). 台灣、彰化: 渥瑪數位有限公司.

曹永忠, 許智誠, & 蔡英德. (2015d). *Arduino 编程教学(无线通讯篇):Arduino Programming (Wireless Communication)* (初版 ed.). 台灣、彰化: 渥瑪數位有限公司.

曹永忠, 許智誠, & 蔡英德. (2015e). *Arduino 编程教学(常用模块篇):Arduino Programming (37 Sensor Modules)* (初版 ed.). 台灣、彰化: 渥玛数位有限公司.

曹永忠, 許智誠, & 蔡英德. (2015f). *Arduino 编程教学(入门篇):Arduino Programming (Basic Skills & Tricks)* (初版 ed.). 台灣、彰化: 渥玛数位有限公司.

曹永忠, 許智誠, & 蔡英德. (2016a). *Arduino 程式教學(基本語法*

篇):Arduino Programming (Language & Syntax) (初版 ed.). 台灣、彰化: 渥瑪數位有限公司.

曹永忠, 許智誠, & 蔡英德. (2016b). Arduino 程序教学(基本语法篇):Arduino Programming (Language & Syntax) (初版 ed.). 台灣、彰化: 渥瑪數位有限公司.

曹永忠, 許智誠, & 蔡英德. (2017a). Ameba 8710 Wifi 气氛灯硬件开发(智慧家庭篇) (Using Ameba 8710 to Develop a WIFI-Controled Hue Light Bulb (Smart Home Serise)) (初版 ed.). 台灣、彰化: 渥瑪數位有限公司.

曹永忠, 許智誠, & 蔡英德. (2017b). Ameba 8710 Wifi 氣氛燈硬體開發(智慧家庭篇) (Using Ameba 8710 to Develop a WIFI-Controled Hue Light Bulb (Smart Home Serise)) (初版 ed.). 台灣、彰化: 渥瑪數位有限公司.

曹永忠, 許智誠, & 蔡英德. (2018). Pieceduino 氣氛燈程式開發(智慧家庭篇): Using Pieceduino to Develop a WIFI-Controled Hue Light Bulb (Smart Home Serise) (初版 ed.). 台灣、彰化: 渥瑪數位有限公司.

曹永忠, 許智誠, & 蔡英德. (2020). ESP32 程式設計(物聯網基礎篇) ESP32 IOT Programming (An Introduction to Internet of Thing). 台灣、台北: 千華駐科技.

曹永忠, 許智誠, & 蔡英德. (2021a). Ameba 8710 Wifi 氣氛燈硬體開發(智慧家庭篇):Using Ameba 8710 to Develop a WIFI-Controled Hue Light Bulb (Smart Home Serise). 台灣、台北: 崧燁文化.

曹永忠, 許智誠, & 蔡英德. (2021b). Pieceduino 氣氛燈程式開發(智慧家庭篇):Using Pieceduino to Develop a WIFI-Controled Hue Light Bulb (Smart Home Serise). 台灣、台北: 崧燁文化.

曹永忠, 許智誠, 蔡英德, & 吳佳駿. (2021a). Ameba 氣氛燈程式開發(智慧家庭篇):Using Ameba to Develop a Hue Light Bulb (Smart Home). 台灣、台北: 崧燁文化.

曹永忠, 許智誠, 蔡英德, & 吳佳駿. (2021b). 藍芽氣氛燈程式開發(智慧家庭篇):Using Nano to Develop a Bluetooth-Control Hue Light Bulb (Smart Home Series). 台灣、台北: 崧燁文化.

曹永忠, 許智誠, 蔡英德, 鄭昊緣, & 張程. (2020). ESP32 程式設計(物聯網基礎篇):ESP32 IOT Programming (An Introduction to Internet of Thing) (初版 ed.). 台灣、彰化: 渥瑪數位有限公司.

曹永忠, 郭晉魁, 吳佳駿, 許智誠, & 蔡英德. (2016). MAKER 系列-程式設計篇：多腳位定義的技巧（上篇）. 智慧家庭. Retrieved from http://www.techbang.com/posts/48026-program-review-pin-definition-part-one

曹永忠, 郭晉魁, 吳佳駿, 許智誠, & 蔡英德. (2017). Arduino 程序设计教学(技巧篇):Arduino Programming (Writing Style & Skills) (初版 ed.). 台灣、彰化: 渥瑪數位有限公司.

曹永忠, 楊志忠, 許智誠, & 蔡英德. (2020). Wifi 氣氛燈程式開發(ESP32

篇):Using ESP32 to Develop a WIFI-Controled Hue Light Bulb (Smart Home Series) (初版 ed.). 台湾、彰化: 渥瑪數位有限公司.

曹永忠, 楊志忠, 許智誠, & 蔡英德. (2021). *Wifi 氣氛燈程式開發(ESP32 篇):Using ESP32 to Develop a WIFI-Controled Hue Light Bulb (Smart Home Series)*. 台灣、台北: 崧燁文化.

曹永忠, 蔡英德, & 許智誠. (2022a). *ESP32 物联网基础 10 門课:The Ten Basic Courses to IoT Programming Based on ESP32* (初版 ed.). 台湾、彰化: 渥瑪數位有限公司.

曹永忠, 蔡英德, & 許智誠. (2022b). *ESP32 物聯網基礎 10 門課:The Ten Basic Courses to IoT Programming Based on ESP32* (初版 ed.). 台湾、彰化: 渥瑪數位有限公司.

曹永忠, 蔡英德, & 許智誠. (2023a). *ESP32 工业物联网 6 門课:The Six Basic Courses to Industry Internet of Thing Programming Based on ESP32* (初版 ed.). 台湾、彰化: 渥瑪數位有限公司.

曹永忠, 蔡英德, & 許智誠. (2023b). *ESP32 工業物聯網 6 門課:The Six Basic Courses to Industry Internet of Thing Programming Based on ESP32* (初版 ed.). 台湾、彰化: 渥瑪數位有限公司.

曹永忠, 蔡英德, & 許智誠. (2023c). *ESP32 物聯網基礎 10 門課:The Ten Basic Courses to IoT Programming Based on ESP32* (初版 ed.). 台湾、彰化: 崧燁文化事業有限公司.

黃玲玉. (2016). 從電音三太子看藝陣的傳統與創新. *臺灣音樂研究*(22), 1-31.

廖德祿, 吳毓庭, 郭瀚鴻, & 洪勁宇. (2018). 能源作業系統之能源服務程式研發.

維基百科. (2016, 2016/011/18). 發光二極體. Retrieved from https://zh.wikipedia.org/wiki/%E7%99%BC%E5%85%89%E4%BA%8C%E6%A5%B5%E7%AE%A1

使用 ESP32 開發智慧燈管裝置 MQTT 控制篇

Using ESP32 to Develop an Intelligent Light Tube Device Controlled based on MQTT Broker Message

作　　者：	曹永忠，王仁杰，何柳霖，周柏綸，李奇陽，葛志聖，郭耀文
發 行 人：	黃振庭
出 版 者：	崧燁文化事業有限公司
發 行 者：	崧燁文化事業有限公司
E-mail：	sonbookservice@gmail.com
粉 絲 頁：	https://www.facebook.com/sonbookss/
網　　址：	https://sonbook.net/
地　　址：	台北市中正區重慶南路一段 61 號 8 樓 8F., No.61, Sec. 1, Chongqing S. Rd., Zhongzheng Dist., Taipei City 100, Taiwan
電　　話：	(02)2370-3310
傳　　真：	(02)2388-1990
印　　刷：	京峯數位服務有限公司
律師顧問：	廣華律師事務所 張珮琦律師

版權聲明

本書版權為作者所有授權崧燁文化事業有限公司獨家發行電子書及繁體書繁體字版。若有其他相關權利及授權需求請與本公司聯繫。

未經書面許可，不得複製、發行。

定　　價：950 元
發行日期：2025 年 04 月第一版
◎本書以 POD 印製

國家圖書館出版品預行編目資料

使用 ESP32 開發智慧燈管裝置 MQTT 控制篇 Using ESP32 to Develop an Intelligent Light Tube Device Controlled based on MQTT Broker Message / 曹永忠，王仁杰，何柳霖，周柏綸，李奇陽，葛志聖，郭耀文 著 . -- 第一版 . -- 臺北市：崧燁文化事業有限公司 , 2025.04
面；　公分
POD 版
ISBN 978-626-416-537-2(平裝)
1.CST: 微處理機 2.CST: 電腦程式語言
471.516　　　　114004423

電子書購買

爽讀 APP　　臉書